全国测绘地理信息类职业教育“十四五”规划教材
教育部高等学校高职高专测绘类专业教学指导委员会规划教材

地理信息系统原理

（第2版·修订版）

主　编　张东明
副主编　益鹏举　陈代鑫　迟　璐
　　　　许　文　章武英

本书电子资源

黄河水利出版社
·郑州·

内容提要

本书是全国测绘地理信息类职业教育"十四五"规划教材，由教育部高等学校高职高专测绘类专业教学指导委员会指导和组织编写的，是测量工程专业高职高专层次的专业基础课通用教材，是在原《地理信息系统原理(第2版)》的基础上修订再版的。全书共分十章，主要是对地理信息系统的基本理论、方法和技术的详细讲解。

本书可供高职高专院校地理信息系统专业、测绘类专业教学使用，也可作为测绘工程、地理信息工程技术人员和计算机技术人员的参考书。

图书在版编目(CIP)数据

地理信息系统原理/张东明主编. —2版 修订版
. —郑州：黄河水利出版社，2024. 3
全国测绘地理信息类职业教育"十四五"规划教材

ISBN 978-7-5509-3811-3

Ⅰ. ①地… Ⅱ. ①张… Ⅲ. ①地理信息系统-高等职业教育-教材 Ⅳ. ①P208

中国国家版本馆 CIP 数据核字(2024)第033740号

策划编辑：陶金志 电话：0371-66025273 E-mail：838739632@qq.com

责任编辑 陶金志 责任校对 母建茹
封面设计 黄瑞宁 责任监制 常红昕
出版发行 黄河水利出版社
地址：河南省郑州市顺河路49号 邮政编码：450003
网址：www.yrcp.com E-mail：hhslcbs@126.com
发行部电话：0371-66020550
承印单位 河南承创印务有限公司
开 本 787 mm×1 092 mm 1/16
印 张 16.25
字 数 385千字
版次印次 2024年3月第2版·修订版 2024年3月第1次印刷

定 价 48.00元

规划教材审定委员会

第2版前言

党的二十大报告对深入实施科教兴国和人才强国作出了战略部署,全面贯彻党的教育方针,落实立德树人根本任务,培养德智体美劳全面发展的社会主义建设者和接班人,关键在育人。本书具有鲜明的意识形态属性、价值传承功能,是立德树人的核心载体,是育人的重要支撑。建设高质量教材体系,是办好高质量的教育,办好人民满意的教育的重要基础和保障。本书在编写中全面贯彻党的二十大精神,旗帜鲜明地体现党和国家意志,体现马克思主义中国化的最新成果,注重学生的价值引领,培养学生吃苦耐劳、认真细致的职业素养和勇于创新、科技报国的精神情怀。

21世纪以来,随着卫星导航定位技术、遥感、地理信息系统、数字通信等高新技术的发展和广泛应用,巨大的市场潜力推动了地理信息产业的高速发展,地理信息技术应用和地理信息服务渗透到各行各业及人们的日常生活,形成极大的市场需求。地理信息系统课程是一门技术性、实践性很强的专业课程。该课程教学主要针对高职高专测绘类专业的学生在实际工作中从事地理信息数据生产所需的知识、技能和素质要求等内容来展开,围绕地理信息数据的获取、地理信息数据的编辑与处理、地理信息数据的分析和GIS产品输出等技术岗位所需的知识与技能,培养学生地理信息数据的采集、分析与应用能力,以及专题地图的制作能力和GIS职业素养,为学生的可持续发展奠定基础。

经过了十几年的教学应用和实践,为了不断提高教材质量,编者于2024年1月,根据近年来国家及行业最新颁布的规范、标准、规定等,以及在教学实践中发现的问题和错误,对全书进行了修订完善。本书是在国家测绘局评选为第六届全国高等学校优秀测绘教材二等奖的《地理信息系统原理》和教育部高等学校高职高专测绘类专业教学指导委员会"十二五"规划教材《地理信息系统原理(第2版)》的基础上修订完成的。本次修订以习近平新时代中国特色社会主义思想为指导,全面贯彻落实党的二十大精神、立德树人根本任务,补充了思政案例内容,将党的二十大精神融入教学实践中。本次修订结合高职高专测绘地理信息人才培养目标的要求,融入了地理信息系统的新技术、新方法。在编写过程中,根据高职高专教育特点和测绘类专业学生就业面向的实际,在介绍基础知识的同时,注重介绍与工程实践密切相关的作业方法和技术应用。

本书各章节的编写分工如下:第1章和第8章由陈代鑫(甘肃林业职业技术学院)编写,第2章和第7章由迟璐(吉林水利电力职业学院)编写,第3章和第4章由章武英(甘肃林业职业技术学院)编写,第5章由许文(国家能源集团青海电力有限公司)编写,第6章由张东明(昆明冶金高等专科学校)编写,第9章和第10章由益鹏举(河南测绘职业学院)编写。本书由张东明担任主编,由益鹏举、陈代鑫、迟璐、许文和章武英担任副主编。

《地理信息系统原理(第2版·修订版)》的编写得到了全国测绘地理信息职业教育教学指导委员会、广州南方测绘科技股份有限公司、武汉航天远景科技股份有限公司、中国电建集团西北勘测设计院有限公司和黄河水利出版社的大力支持。该书是参与编写的各院校教师共同努力的结晶。同时,在编写过程中参阅了大量的书籍,在此对这些参考书籍的作者表示感谢!

由于编者水平有限,本书难免存在不当之处甚至错误,恳请广大师生和读者批评指正,以使教材更加完善。

编　者

2024年1月

目 录

第1章 绪论

课件:绪论

【本章概述】

地理信息系统是利用计算机存储、处理地理信息的一种技术与工具,是一种在计算机软件、硬件支持下,把各种资源信息和环境参数按空间分布或地理坐标,以一定格式和分类编码输入、处理、存储、输出,以满足应用需要的人机交互信息系统。它通过对多要素数据的操作和综合分析,方便快速地把所需要的信息以图形、图像、数字等多种形式输出,满足各应用领域或研究工作的需要。本章将重点介绍地理信息系统的基本概念,如信息、数据、地理信息、地理数据、信息系统和地理信息系统,同时介绍其组成、功能和发展。

第1节 地理信息系统的基本概念

1 信息和数据

1.1 信息

1.1.1 信息的含义

关于信息有各种不同定义,狭义信息论将信息定义为"两次不定性之差",即指人们获得信息前后对事物认识的差别。广义信息论认为:信息是主体与外部客体之间相互联系的一种形式,是主体与客体之间一切有用的消息和知识,是表征事物特征的一种普遍形式。

信息是用文字、数字、符号、语言、图像等介质来表示事件、事物、现象等的内容、数量或特征,从而向人(系统)提供关于现实世界新的事实和知识,作为生产、建设、经营、管理、分析和决策的依据。

在信息系统中,信息是向人或机器提供关于现实世界各种事实的知识,是经过加工后的数据,是数据、消息中所包含的意义,它不随载体的物理设备形式的改变而改变。

1.1.2 信息的特点

信息来源于数据,具有以下特点:

(1)客观性。信息是客观存在的,任何信息都是与客观事物紧密联系的,但同一信息对不同的部门来说会有完全不同的重要性。任何信息都是与客观事实紧密相关的,这是信息正确性和精确度的保证。

(2)实用性。信息系统将地理空间的巨大数据流收集、组织和管理起来,经过处理、转换和分析,变为生产、管理、经营、分析和决策的依据,因而它具有广泛实用性。

(3)传输性。信息可以在信息发送者和接收者之间传输,既包括系统把有用信息送至终端设备(包括远程终端)和以一定形式或格式提供给有关用户,也包括信息在系统内同各个子系统之间的传输和交换。信息在传输、使用、交换时其原始意义不改变。

(4)共享性。在现代信息社会中,信息共享是一个最基本的特点。信息可以传输给多个用户,为多个用户共享,而其本身并无损失。

1.2　数据

对于计算机而言,数据是指输入到计算机并能被计算机进行处理的一切现象(数字、文字、符号、声音、图像等)。在计算机环境中,数据是描述实体或对象的唯一工具。数据是用以载荷信息的物理符号,没有任何实际意义,只是一种数学符号的集合,只有在其上加某种特定的含义,它才代表某一实体或现象,这时数据才能变成信息。数字、文字、符号、图像都是数据。数据是客观对象的表示;而信息则是数据内涵的意义,是数据的内容和解释。例如,从测量数据中可以抽取出地面目标或物体的形状、大小和位置等信息;从遥感图像数据中可以提取出各种地物的图形大小和专题信息。

信息与数据是不可分离的。信息由与物理介质有关的数据表达,数据中所包含的意义就是信息。数据是信息的载体,但并不就是信息。只有理解了数据的含义,对数据做出解释,才能提取数据中所包含的信息。对数据进行处理(运算、排序、编码、分类、增强等)就是为了得到数据中包含的信息。

2　地理信息和地理数据

2.1　地理信息

地理信息是指与空间地理分布有关的信息,它是指表示地表物体和环境固有的数量、质量、分布特征、联系和规律的数字、文字、图形、图像等的总称。地理信息是对表达地理特征与地理现象之间关系的地理数据的解释。地理信息除具有信息的一般特性外,还具有以下独特特性:

(1)区域性。地理信息属于空间信息,其位置是通过数据进行标识的,这是地理信息区别于其他类型信息最显著的标志。区域性是指按照特定区域的经纬网或公里网建立的地理坐标来实现空间位置的识别,并可以按照指定的区域进行信息的并或分。

(2)多维性。多维性是指在二维空间的基础上,实现多个专题的第三维结构。

(3)动态性。动态性是指地理信息的动态变化特征,即时序特征。可以按时间尺度将地理信息划分为超短期的(如台风、地震)、短期的(如江河洪水、秋季低温)、中期的(如土地利用、作物估产)、长期的(如城市化、水土流失)、超长期的(如地壳变动、气候变化)等。这就要求及时采集和更新地理信息,并根据多时相区域性指定特定的区域。

2.2　地理数据

地理数据是各种地理特征和现象间关系的符号化表示,包括空间位置、属性特征及时态特征三部分。空间位置数据描述地物所在位置,这种位置既可以根据大地参照系定义,如大地经纬度坐标,也可以定义为地物间的相对位置关系,如空间上的距离、邻接、重叠、包含等;属性特征数据又称为非空间数据,是对地物特征的定性或定量描述,即描述了信息的非空间组成部分,包括语义与统计数据等;时态特征是指地理数据采集或地理现象发生的时刻或时段,时态特征数据对环境模拟分析非常重要,越来越受到地理信息系统学界的重视。从地理实体到地理数据、从地理数据到地理信息的发展,反映了人类认识的一个巨大飞跃。

3 信息系统和地理信息系统

3.1 信息系统

信息系统是具有采集、处理、管理和分析功能的系统,它能为企业部门或组织的决策过程提供有用信息。信息系统大部分都由计算机系统支持,并由计算机硬件、软件、数据和用户四大要素组成。另外,智能化的信息系统还包括知识。计算机硬件包括各类计算机处理及终端设备;软件是支持数据信息的采集、存储加工、再现和回答用户问题的计算机程序系统;数据则是系统分析与处理的对象,构成系统的应用基础;用户是信息系统所服务的对象。

根据信息系统所执行的任务,信息系统可分为事务处理系统和决策支持系统。事务处理系统强调的是数据的记录和操作,如民航订票系统是其典型示例之一。决策支持系统是用以获得辅助决策方案的交互式计算机系统,一般是由语言系统、知识系统和问题处理系统共同构成的。在基于计算机的信息系统中,处理过程的作用是告诉人们各部分间的相互关系,如图 1-1 所示。

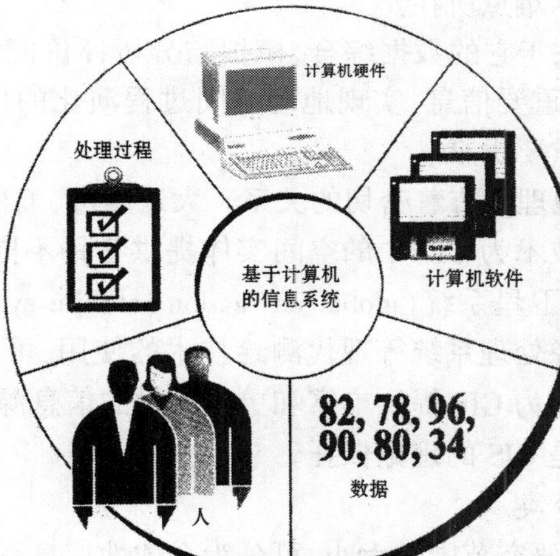

图 1-1 基于计算机的信息系统的组成

3.2 地理信息系统

3.2.1 地理信息系统的定义

地理信息系统(geographic information system, GIS)是一种特定的十分重要的空间信息系统。它是在计算机硬件、软件系统支持下,对整个或部分地球表层(包括大气层)空间中的有关地理分布数据进行采集、储存、管理、运算、分析、显示和描述的技术系统。地理信息系统处理、管理的对象是多种地理空间实体数据及其关系,包括空间定位数据、图形数据、遥感图像数据、属性数据等,用于分析和处理在一定地理区域内分布的各种现象和过程,解决复杂的规划、决策和管理问题。

地理信息系统定义为:在计算机硬件、软件支持下,以采集、存储、管理、处理、检索、分析和显示空间物体的地理分布数据及与之相关的属性,并以回答用户问题等为主要任务的技术系统。

地理信息系统具有信息系统的各种特点。地理信息系统与其他信息系统的主要区别在于其存储和处理的信息是经过地理编码的,地理位置及与该位置有关的地物属性信息成为信息检索的重要部分。在地理信息系统中,现实世界被表达成一系列的地理要素和地理现象,这些地理特征至少由空间位置参考信息和非位置信息(属性信息)两个部分组成。

通过上述的讨论,可提出 GIS 的基本概念如下:

(1)GIS 的物理外壳是计算机化的技术系统,它由若干个相互关联的子系统构成,如数据采集子系统、数据管理子系统、数据处理和分析子系统、图像处理子系统、数据产品输出子系统等,这些子系统的优劣、结构直接影响着 GIS 的硬件平台、功能、效率、数据处理的方式和产品输出的类型。

(2)GIS 的操作对象是空间数据,即点、线、面方式编码并以(x,y)坐标串储存管理的离散型空间数据,或者以一系列栅格单元表达的连续型空间数据。空间数据的最根本特点是每一个地理目标都按统一的地理坐标进行编码,实现对其定位、定性、定量和拓扑关系的描述。GIS 以空间数据作为处理和操作的主要对象,这是它区别于其他类型信息系统的根本标志,也是其技术难点所在。

(3)GIS 的技术优势在于它的数据综合、模拟与分析评价能力,可以得到常规方法或普通信息系统难以得到的重要信息,实现地理空间过程演化的模拟和预测。这就是 GIS 的研究核心,也是 GIS 的重要贡献。

(4)GIS 与测绘学和地理学有着密切的关系。大地测量、工程测量、矿山测量、地籍测量、航空摄影测量和遥感技术为 GIS 中的空间实体提供各种不同比例尺和精度的定位数据;电子全站仪、全球导航卫星系统(global navigation satellite system, GNSS)、解析或数字摄影测量工作站、遥感图像处理系统等现代测绘技术的使用,可直接、快速和自动地获取空间目标的数字信息产品,为 GIS 提供丰富和更为实时的信息源,并促使 GIS 向更高层次发展。综上所述,地理学是 GIS 的理论依托。

3.2.2 地理信息系统的分类

地理信息系统根据其研究范围的大小,可分为全球性信息系统和区域性信息系统;根据其研究内容,可分为专题信息系统和综合信息系统,如图 1-2 所示;根据其使用的数据模型,可分为矢量信息系统、栅格信息系统和混合型信息系统。

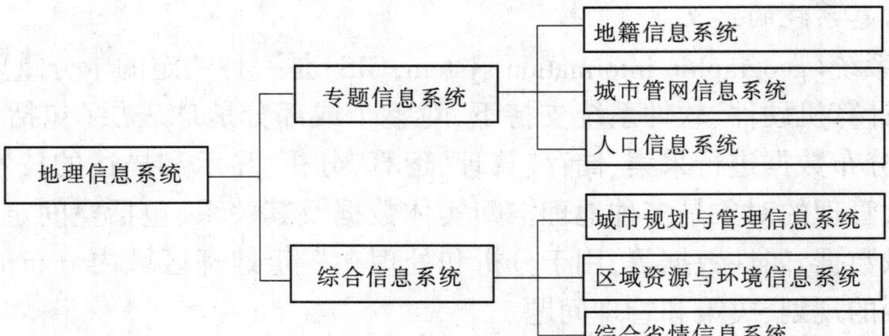

图 1-2 地理信息系统的分类

第2节 地理信息系统的组成

一个实用的地理信息系统,要支持对空间数据的采集、管理、处理、分析、建模和显示等功能,其基本组成一般包括以下五个主要部分:系统硬件、系统软件、空间数据、用户(应用人员)和应用模型。其核心部分是计算机系统(软件和硬件),空间数据反映GIS的地理内容,而管理人员和用户则决定系统的工作方式和信息表示方式。它们之间的关系如图1-3所示。

图1-3 地理信息系统的组成

1 系统硬件

系统硬件包括各种硬件设备,是系统功能实现的物质基础,GIS硬件平台的基本类型如图1-4所示,用以存储、处理、传输和显示地理信息或空间数据。计算机与一些外部设备及网络设备的连接构成GIS的硬件环境。

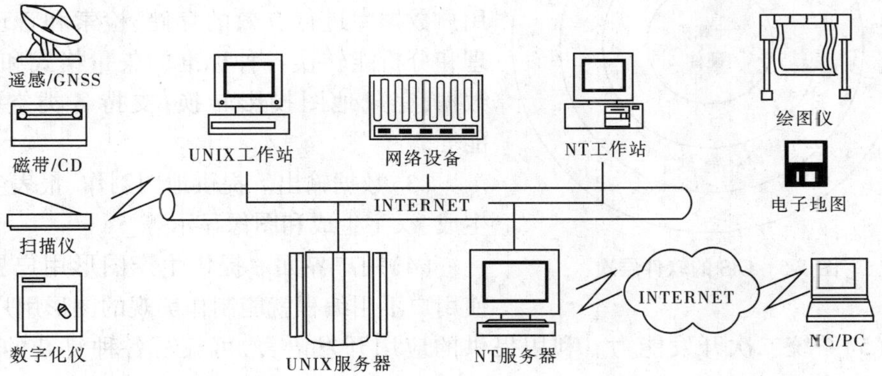

图1-4 GIS的硬件配置

计算机系统硬件是计算机系统中实际物理设备的总称,主要包括计算机主机、输入设备、存储设备、输出设备和网络设备。

(1)计算机主机。计算机是GIS的主机,它是系统硬件的核心,包括主机、服务器、桌面工作站,用于数据的处理、管理与计算。

(2)输入设备。包括数字化仪、扫描仪和全站型测量仪器等。

(3)存储设备。即磁带机、光盘机、活动硬盘和硬盘阵列等。

(4)输出设备。即绘图仪、打印机和高分辨率显示装置等。

(5)网络设备。包括布线系统、网桥、路由器和交换机等,具体的网络设备根据网络计算的体系结构来确定。

2 系统软件

计算机系统软件是GIS运行时所必需的各种程序,它由以下3部分组成。

2.1 计算机系统软件

计算机系统软件主要指计算机操作系统,这些软件通常由计算机生产厂家提供。当今使用的操作系统有WINDOWS、UNIX、LINUX、Netware Macos等。它们关系到GIS软件和开发语言使用的有效性,因此也是GIS软件、硬件环境的重要组成部分。

2.2 GIS软件及其支撑软件

GIS的软件层次见图1-5。GIS软件用于支撑对空间数据输入、存储、转换、输出和与用方接口,它包含了处理地理信息的各种高级功能,可作为其他应用系统建设的平台。其代表产品有ArcGIS、MGE、MapInfo、MapGIS、SuperMap、QGIS等。它们包含的主要核心模块如下:

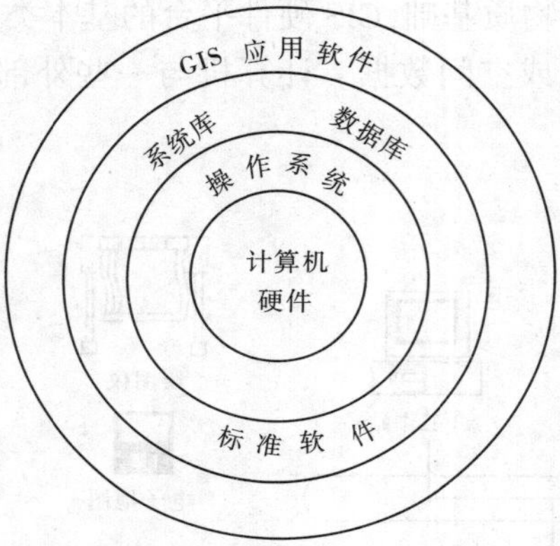

图1-5 GIS的软件层次

(1)数据输入和编辑。支持数字化仪手扶跟踪数字化、图形扫描及矢量化,以及对图形和属性数据提供修改和更新等编辑操作。

(2)空间数据管理。能对大型的、分布式的、多用户数据库进行有效的存储、检索和管理;数据处理和分析能转换各种标准的矢量格式和栅格格式数据,完成地图投影转换,支持各类空间分析功能等。

(3)数据输出。提供地图制作、报表生成、符号生成、汉字生成和图像显示等。

(4)用户界面。提供生产图形用户界面工具,使用户不用编程就能制作美观的图形用户界面。

(5)系统二次开发能力。利用提供的应用开发语言,可编写各种复杂的GIS应用系统。

2.3 应用程序

应用程序是系统开发人员或用户根据地理专题或区域分析模型编制的用于某种特定应用任务的程序,是系统功能的扩充与延伸。在GIS工具支持下,应用程序的开发应是透明的和动态的,与系统的物理存储结构无关,是随着系统应用水平的提高而不断优化和扩充的。应用程序作用于地理专题或区域数据,构成GIS的具体内容,这是用户最为关心的真正用于地理分析的部分,也是从空间数据中提取地理信息的关键。用户进行系统开发的大部分工作是开发应用程序,而应用程序的水平在很大程度上决定系统的应用性优劣和成败。

3 空间数据

空间数据是地理信息的载体,是地理信息系统的操作对象,它具体描述地理实体的空间特征、属性特征和时间特征。空间特征是指地理实体的空间位置及其相互关系;属性特征表示地理实体的名称、类型和数量等;时间特征指实体随时间而发生的相关变化。

根据地理实体的空间图形表示形式,可将空间数据抽象为点、线、面三类元素,它们的数据表达可以采用矢量和栅格两种组织形式,分别称为矢量数据结构和栅格数据结构。

在地理信息系统中,空间数据是以结构化的形式存储在计算机中的,称为地理空间数据库。数据库由数据库实体和数据库管理系统组成。数据库实体存储有许多数据文件和文件中的大量数据,而数据库管理系统主要用于对数据的统一管理,包括查询、检索、增删、修改和维护等。

4 用户(应用人员)

人是GIS中的重要构成因素,GIS不同于一幅地图,而是一个动态的地理模型。仅有系统软件、硬件和数据还不能构成完整的地理信息系统,GIS需要人进行系统组织、管理、维护和数据更新、系统扩充完善、应用程序开发,并灵活采用地理分析模型提取多种信息,为研究和决策服务。对于合格的系统设计、运行和使用来说,地理信息系统专业人员是地理信息系统应用的关键,而强有力的组织是系统运行的保障。一个周密规划的地理信息系统项目应包括负责系统设计和执行的项目经理、信息管理的技术人员、系统用户化的应用工程师及最终运行系统的用户,他们的业务素质和专业知识是GIS工程及其应用成败的关键。

5 应用模型

GIS应用模型的构建和选择也是系统应用成败至关重要的因素。虽然GIS为解决各种现实问题提供了有效的基本工具,但对于某一专门应用目的的解决,必须通过构建专门的应用模型,如土地利用适宜性模型、选址模型、洪水预测模型、人口扩散模型、森林增长模型、水土流失模型、最优化模型和影响模型等。

这些应用模型是客观世界中相应系统经由观念世界到信息世界的映射,反映了人类对客观世界利用、改造的能动作用,并且是GIS技术产生社会效益和经济效益的关键所在,也是GIS生命力的重要保证,因此在GIS技术中占有十分重要的地位。

由于地理信息系统应用范围越来越广,常规系统提供的处理和分析功能很难满足所有用户的要求。因此,一个优秀的地理信息系统应当为用户提供二次开发手段,以便用户开发新的空间分析模块,即开发各种应用模型,扩充地理信息系统的功能。

第3节 地理信息系统的功能

1 基本功能

地理信息系统的基本数据流程为:数据准备、数据输入、数据管理、数据处理、空间分析和数据输出。建立一个实用的地理信息系统,从数据准备到系统完成,内部必须经过各种数据转换。地理信息系统的功能主要是完成流程中不同阶段的数据转换工作。一般的GIS包括以下几项基本功能。

1.1 数据采集与输入

数据采集与输入是指在数据处理系统中将系统外部的原始数据传输给系统内部,并将这些数据从外部格式转换为系统便于处理的内部格式的过程。对多种形式、多种来源的信息,可实现多种方式的数据输入。主要有图形数据输入,如地形图输入;栅格数据输入,如扫描图像的输入、遥感图像的输入;测量数据输入,如全球导航卫星系统(GNSS)数据的输入;属性数据输入,如数字和文字的输入等。数据输入通常是 GIS 的主要瓶颈之一。经验表明,建立数据库的基本费用通常是 GIS 软件、硬件的 5~10 倍。

1.2 数据编辑与更新

数据编辑主要包括属性编辑和图形编辑。属性编辑主要与数据库管理结合在一起完成。图形编辑主要包括拓扑关系建立、图形编辑、图形整饰、图幅拼接、图形变换、投影变换、误差校正等功能。数据更新即以新的数据项或记录来替换数据文件或数据库中相对应的数据项或记录,它是通过删除、修改、插入等一系列操作来实现的。数据更新可以满足动态分析的需要,对自然现象的发生、发展做出合乎规律的预测预报。

1.3 数据存储与管理

数据存储,即将数据以某种格式记录在计算机内部或外部存储介质上。属性数据管理一般直接利用常用关系数据库软件,如 Oracle、SQL Server 等进行管理。空间数据管理是 GIS 数据管理的核心,各种图形或图像信息都以严密的逻辑结构存放在空间数据库中。

1.4 空间查询与分析

空间查询与分析是 GIS 的核心,是 GIS 最重要和最具有魅力的功能,也是 GIS 有别于其他信息系统的本质特征。主要包括数据操作运算、数据查询检索与数据综合分析。数据查询检索即从数据文件、数据库或存储装置中,查找和选取所需的数据。综合分析功能可以提高系统评价、管理和决策的能力,主要包括信息量测、属性分析、统计分析、二维模型分析、三维模型分析、多要素综合分析等。

1.5 数据显示与输出

数据显示是中间处理过程和最终结果的屏幕显示,通常以人机交互方式来选择显示的对象与形式,对于图形数据根据要素的信息量和密集程度,可选择放大或缩小显示。GIS 不仅可以输出全要素地图,也可以根据用户需要,分层输出各种专题地图、各类统计图、图表及数据等。

1.6 二次开发与编程

为使 GIS 技术广泛应用于各个领域,满足不同的应用需要,它必须具备二次开发的环境,用户可在自己的编程环境中调用 GIS 的命令和函数,或者系统可将某些功能做成专门的控件供用户的开发语言调用等。这样,用户就可以非常方便地编制自己的菜单和程序,生成可视化的用户应用界面,完成 GIS 的各项应用功能的开发。

2 应用功能

2.1 农业方面

在我国,从 20 世纪 80 年代中期开始,GIS 技术就被广泛应用于农业领域,包括国土资源决策管理、农业资源信息、区域农业规划、粮食生产辅助决策等方面。我国第二次全国土壤普查,即广泛使用了航空遥感技术,其成图快,精度高,省时省力,较常规方法节约3/4的经费。

2.2 林业方面

目前,GIS技术在林业上的应用主要有:环境与森林灾害监测与管理、森林调查、森林资源分析和评价、森林结构调整、森林经营、野生动植物监测与管理。

2.3 资源环境管理

资源的清查、管理和分析是地理信息系统最基本的职能,也是应用最广的领域。其主要任务是将各种来源的数据汇集在一起,并通过系统的统计和覆盖分析功能,按多种边界和属性条件,提供区域多种条件组合形式的资源统计和进行原始数据的快速再现。主要包括森林和矿产资源的管理、野生动植物的保护、土地资源潜力的评价和土地利用规划,以及水资源的时空分布特征研究等。

目前,在土地科学中的应用主要包括土地评价、土地利用规划、土地利用与土地覆盖现状分类、土地利用与土地覆盖动态监测。

2.4 城乡规划

常规的城乡规划设计是在测绘人员提供的测绘图件资料下进行的。由于GIS主要以数字地图的形式输入、输出,查询、分析直观易懂,因此很容易为规划设计人员所接受。在GIS中,由于所获取的测绘基础数据详尽、可靠、准确,大大提高了城乡规划的科学性。同时,计算机具有高速运算和极强的逻辑判断功能,可在短时间内提供多方案比选,增加了规划设计方案的合理性。而且,计算机可以自动地生成各种规划用图、表格和报告,利用数据库又易于删补、更新,因而还可以实现城市规划的动态监控和动态设计。通过对GIS的研究和使用,还可增强测绘人员和城市规划人员的协作能力,使信息的获取和使用臻于统一,促进城市规划工作。

目前,许多城市如北京、上海、天津、深圳等已经建立了较为完善的城市GIS管理系统。主要的应用方向有:土地规划与管理、资源利用规划与管理、环境规划与管理、城市规划与管理、交通管理与控制。

2.5 测绘与地图制图

地理信息系统技术源于机助制图。所有的地理信息系统都具有计算机制图的成分,GIS软件可以输出普通地图与专题地图,特别是在遥感(remote sensing,RS)和全球导航卫星系统(GNSS)的支持下,可以为地理信息系统动态提供海量的、高精度的地图数据,使得地图的成图周期大大缩短、成图精度大幅度提高、地图的品种大大丰富。

2.6 灾害评估与预测

利用GIS技术,可以对各种自然灾害或人为灾害进行监测、预报、评估、灾害保险、抗灾及应急救援、灾后恢复等。

1991年我国发生的江淮特大洪灾和1994年闵江、珠江发生的大洪灾,这两次重大灾情分别由太湖流域1:25万比例尺GIS土地规划信息库和1:20万比例尺GIS土地规划信息库,结合遥感图像对洪水进行监测,并对灾情进行准确评估,使洪水损失降到最低限度。

2.7 环境保护

利用GIS技术建立城市环境监测、分析及预报信息系统;为实现环境监测与管理的科学化、自动化提供最基本的条件;在区域环境质量现状评价过程中,利用GIS技术实现对整个区域的环境质量进行客观、全面的评价,以反映区域中受污染的程度及空间分布状态;在野生动植物保护中,世界野生动物基金会采用GIS空间分析功能,帮助世界最大的猫科动物改变目前濒于灭种的境地。以上应用都取得了很好的效果。

2.8 辅助决策

GIS利用拥有的数据库和互联网传输技术,已经实现了电子商贸的革命,满足了企业决策多维性的需求。当前在全球协作的商业时代,90%以上的企业决策与地理数据有关,如企业的分布、客货源、市场的地域规律、原料、运输、跨国生产、跨国销售等。利用GIS迅速有效地管理空间数据,进行空间可视化分析,确定商业中心位置和潜在市场的分布,寻找商业地域规律,研究商机时空变化的趋势,不断为企业创造新的商机。GIS和互联网已成为最佳的决策支持系统和威力强大的商战武器。

2.9 在公众服务领域的应用

从1999年开始,国内的GIS平台开始进军Internet,并逐步进入公众视线,应用领域也从原来的桌面地理信息应用提供者,逐步转化为网络地图服务应用的提供者,实现了地图搜索、公交换乘、线路车站查询、自驾、电子地图、网上地图、手机地图、位置服务、中国地图和各城市地图等多项功能。

第4节 GIS的发展

1 GIS的发展简史

地理信息系统脱胎于地图。地图是地理学的第二代语言,而地理信息系统将成为地理学的第三代语言。20世纪60年代初,在计算机图形学的基础上出现了计算机化的数字地图。1950年,麻省理工学院为它的“旋风一号”计算机制造了第一台图形显示器;1958年,美国的一家公司在联机的数字记录仪的基础上研制成滚筒式绘图仪;1962年,麻省理工学院的一名研究生在其博士学位论文中,首次提出了计算机图形学的术语,并论证了交互式计算机图形学是一个可行的、有用的研究领域,从而确立了这一科学分支的独立地位。在此基础上,地理信息系统发展起来了。

1.1 20世纪60年代开拓发展阶段

20世纪60年代初,计算机技术开始用于地图量算、分析和制作,由于机助制图具有快速、廉价、灵活多样、易于更新、操作简便、质量可靠,便于存储、量测、分类、合并和覆盖分析等优点而迅速发展起来。20世纪60年代中后期,许多与GIS有关的组织和机构纷纷建立并开展工作,如美国城市和区域信息系统协会(URISA)在1966年成立,美国州信息系统全国协会(NASIS)在1969年成立,城市信息系统跨机构委员会(UAAC)在1968年成立,国际地理联合会(IGU)的地理数据遥感和处理委员会在1968年成立等。这些组织和机构相继组织了一系列地理信息系统的国际讨论会。最初的系统主要是关于城市和土地利用的,如加拿大地理信息系统(CGIS)就是为处理加拿大土地调查获得的大量数据而建立的。该系统由加拿大政府组织于1963年开始研制实施,到1971年正式投入运行,被认为是国际上最早建立的、较为完善的大型使用的地理信息系统。由于计算机硬件系统功能较弱,限制了软件技术的发展。这一时期地理信息系统软件的研制主要是针对具体的GIS应用进行的,到20世纪60年代末期,针对GIS一些具体功能的软件技术有了较大进展,如栅格-矢量转换技术等。

这一时期的软件主要是针对当时的主机和外设开发的,算法尚粗糙,图形功能有限。

1.2 20世纪70年代巩固阶段

进入20世纪70年代以后,由于计算机硬件和软件技术的飞速发展,尤其是大容量存储设备——硬盘的使用,为空间数据的录入、存储、检索和输出提供了强有力的手段。用户屏幕及图形、图像卡的发展增强了人机对话和高质量图形显示功能,促使GIS朝着使用方向迅速发展。一些发达国家先后建立了许多不同专题、不同规模、不同类型的各具特色的地理信息系统。例如,美国森林调查局开发了全国林业统一使用的资源信息显示系统;美国地质调查所发展了多个地理信息系统用于获取和处理地质、地理、地形及水资源信息,较典型的有GIRAS;日本国土地理院从1974年开始建立数字国土信息系统,存储、处理和检索测量数据、航空像片信息、行政区划、土地利用、地形地质等信息,为国家和地区土地规划服务;瑞典在中央、区域和市三级建立了许多信息系统,比较典型的有区域统计数据库、道路数据库、土地测量信息系统、斯德哥尔摩地理信息系统、城市规划信息系统等;法国建立了地理数据库GITAN系统和深部地球物理信息系统等。此外,探讨以遥感数据为基础的地理信息系统逐渐受到重视,如将遥感纳入地理信息系统的可能性、接口以及遥感支持的信息系统的结构和构成等问题;美国喷气推进实验室(JPL)在1976年研制成功兼具影像数据处理和地理信息系统功能的影像信息系统IBIS(image based information system),可以处理Landsat影像多光谱数据;NASA的地球资源实验室在1979—1980年开发了一个名为ELAS的地理信息系统,该系统可以接收Landsat MSS影像数据、数字化地图数据、机载热红外多波段扫描仪以及海洋卫星合成孔径雷达的数据等,产生地面覆盖专题地图。由于这一时期GIS的需求增加,许多团体、机构和公司开展了GIS的研制工作,推动了GIS软件的发展。据IGU地理数据遥感和处理委员会1976年的调查,处理空间数据的软件已有600多个,完整的GIS有80多个。这一时期地图数字化输入技术有了一定的进展,采用人机交互方式,易于编辑修改,提高了工作效率,出现扫描输入技术系统。图形功能扩展不大,数据管理能力也较小。这一时期软件最重要的进展是人机图形交互技术的发展。

1.3 20世纪80年代突破阶段

由于计算机技术的发展,推出了图形工作站和个人计算机性能价格比大为提高的新一代计算机,计算机和空间信息系统在许多部门被广泛应用。随着计算机软件、硬件技术的发展和普及,地理信息系统也逐渐走向成熟。这一时期是地理信息系统发展的重要时期。计算机价格的大幅度下降,功能较强的微型计算机系统的普及和图形输入、输出及存储设备的快速发展,大大推动了地理信息系统软件的发展,并研制了大量的计算机GIS软件系统,GIS 软件技术在几个方面有了很大的突破。在栅格扫描输入的数据处理方面,尽管扫描数据的处理要花费很长的机时(与扫描时间相比为 10:1),但是仍可大大提高数据输入的效率;在数据存储和运算方面,随着硬件技术的发展,GIS 软件处理的数据量和复杂程度大大提高,许多软件技术固化到专用的处理器中;而且遥感影像的自动校正、实体识别、影像增强和专家系统分析软件也明显增加;在数据输出方面,与硬件技术相配合,GIS 软件可支持多种形式的地图输出;在地理信息管理方面,除数据库管理系统(datebase managment system,简称 DBMS)技术已发展到支持大型地图数据库的水平外,专门研制的适合 GIS 空间关系表达和分析的空间数据库管理系统也有了很大的发展。总之,这一时期的地理信息系统的发展有如下特点:

(1)在 20 世纪 70 年代技术开发的基础上,地理信息系统技术全面推向应用。

(2)开展工作的国家和地区更为广泛,国际合作日益加强,开始探讨建立国际性的地理信息系统,地理信息系统由发达国家推向发展中国家。

(3)地理信息系统技术进入多种学科领域,从比较简单的、单一功能的、分散的系统发展到多功能的、共享的综合性信息系统,并向智能化发展,新型的地理信息系统将运用专家系统知识进行分析、预报和决策。

(4)计算机地理信息系统蓬勃发展,并得到广泛应用。在地理信息系统理论指导下研制的地理信息系统工具具有高效率和更强的独立性及通用性,更少依赖于应用领域和计算机硬件环境,为地理信息系统的建立和应用开辟了新的途径。

我国地理信息系统方面的工作自 20 世纪 80 年代初开始。以 1980 年中国科学院遥感应用研究所成立的全国第一个地理信息系统研究室为标志,在起步发展阶段中,我国地理信息系统在理论探索、硬件配制、软件研制、规范制定、局部系统建立、初步应用实验和技术队伍培养等方面都取得了进步,积累了经验,为全国范围内开展地理信息系统的研制和应用奠定了基础。

1.4 20 世纪 90 年代社会化阶段

进入 20 世纪 90 年代,随着地理信息产业的建立和数字化信息产品在全世界的普及,地理信息系统将深入各行各业乃至各家各户,成为人们生产、生活、学习及工作中不可缺少的工具和助手。地理信息系统已成为许多机构必备的工作系统,尤其是政府决策部门在一定程度上由于受地理信息系统影响而改变了现有机构的运行方式、设置与工作计划等。而且,社会对地理信息系统的认识普遍提高,需求大幅度增加,从而导致地理信息系统应用的扩大与深化。国家级乃至全球性的地理信息系统已成为公众关注的问题。

自 20 世纪 90 年代起,中国地理信息系统步入快速发展阶段。力图使地理信息系统从初步发展时期的实验、局部应用走向实用化和生产化,为国民经济重大问题提供分析和决策依据。同时,地理信息系统的研究和应用正逐步形成行业,具备了走向产业化的条件。

1.5 21 世纪的产业化广泛应用阶段

进入 21 世纪,地理信息理论与应用技术进入了成熟的、广泛的应用阶段。随着“数字地球”概念的提出,GIS 有了一个飞跃的发展,以“3S”(RS+GIS+GNSS)集成技术为核心的 GIS 应用技术得到了广泛应用。大型 GIS 系统软件功能不断完善和增强。地理信息系统正朝着网络化、分布式、真三维和时空信息系统方向发展;空间数据和属性数据的一体化管理正逐步实现,这将极大地扩展地理信息系统的应用范围;软件系统向开放式、构件式方向发展,动态、多维、网络 GIS 软件及相应的软件系统发展迅速;地理信息系统与全球导航卫星系统、遥感、决策支持系统、办公信息系统的结合更加紧密;空间数据的综合分析应用和知识挖掘技术将进一步拓展地理信息系统的发展空间。GIS 在我国多个领域和部门得到成功应用,利用 RS 技术、GIS 技术、GNSS 技术进行全国土地利用调查,建成了国家基础地理信息数据库,"数据中国"等研究项目不断取得成果。我国许多大专院校开设了地理信息及相关专业,正在培养大批的 GIS 技术人才。

据《中国地理信息产业发展报告(2022)》分析,截至 2021 年末,测绘地理信息产业从业人员达 398 万人,同比增长 18.5%,新增登记市场主体 3.58 万家。上市企业数量不断增加,截至 2022 年 6 月,地理信息相关上市企业数量达 67 家。营收和利润增长较好,产业引领作用显著,2021 年,我国地理信息产业产值达 7 524 亿元,同比增长 9.2%,近 5 年复合增长率达 11.5%,近 10 年复合增长率达 17.5%。21 世纪,巨大的市场潜力将继续推动地理信息产业的高速发展,地理信息技术应用和地理信息服务渗透到各行各业及人们的日常生活,形成极大的市场需求。

2 GIS 的发展动态

近年来,地理信息系统技术发展迅速,其主要的原动力:一方面,来自日益广泛的应用领域对地理信息系统不断提出的要求;另一方面,计算机科学的飞速发展为地理信息系统提供了先进的工具和手段,许多计算机领域的新技术,如面向对象技术、三维技术、图像处理和人工智能技术都可直接应用到地理信息系统中。下面对当前地理信息系统研究中的几个热点研究领域作一介绍。

2.1 GIS 软件中发展的热点

2.1.1 GIS 中面向对象技术研究

面向对象方法为人们通过计算机直接描述现实世界提供了一条适合人类思维模式的方法,面向对象的技术在 GIS 中的应用,即面向对象的 GIS 已成为 GIS 的发展方向。

2.1.2 时空系统

近年来,对 GIS 中时态特性的研究变得十分活跃,即所谓"时空系统"。时空系统主要研究时空模型及时空数据的表示、存储、操作、查询和时空分析。

2.1.3 地理信息建模系统

地理信息建模系统的研究动向为:面向对象在 GIS 中的应用,面向对象技术用对象(实体属性和操作的封装)、对象类结构(分类和组装结构)、对象间的通信来描述客观世界,为描述复杂的三维空间提供了一条结构化的途径;基于图标(Icon)的用户建模界面,建模过程中的对象和空间分析操作均以图标形式展示给用户,用户亦可以自定义图标,用户在对图标的定义、选择与操作中完成模型的定义和检验;GIS 与其他模型和知识库的结合。

2.1.4 三维地理信息系统的研究

真正的三维 GIS 必须支持真三维的矢量和栅格数据模型及以此为基础的三维空间数

据库,解决三维空间操作和分析问题。主要的研究方向为:三维数据结构的研究,主要包括数据的有效存储、数据状态的表示和数据的可视化;三维数据的生成和管理;地理数据的三维显示,主要包括三维数据的操作,表面处理,栅格图像、全息图像显示,层次处理等。

2.2 地理信息系统发展趋势与展望

随着计算机和信息技术的发展,GIS迅速地变化着。

2.2.1 GIS网络化

万维网的发展给GIS数据在更大范围内的发布、出版、获取和查询提供了有效可行的途径。地理数据不仅可以按照地理位置、专题内容、生产机构、使用价格等进行搜索,甚至可以直接在网上进行数据的各类空间操作,使用网络提供的各类模型进行模拟,直接产生新的数据结果,真正地实现"网络就是计算机"这一新的概念模式。由于GIS的数据通常容量较大,而现在网络宽带的能力在中远距离的大量数据传输过程中,速度不够令人满意,这将会是网络技术在GIS发展过程中的一个瓶颈问题。到目前为止,GIS软件工业界还没有充分地将这些潜力发挥出来,许多技术在GIS领域仍然处于研究和试验阶段,达到商业化、实用化还有一定的距离。

2.2.2 GIS标准化

GIS的标准化在国际、国家、省、市、县和机构范围内多层次地进行,其内容可能包括GIS的各个组成部分、各个操作过程、各种数据类型、软件和硬件系统等。标准化的真正实现将使人们能在一个共同理解的基础上共享信息和资源。GIS的标准化对于它在国际范围内的推广和使用起到促进作用,国际标准化组织已经专门就地理空间技术从各个方面进行标准化的制定和实施。

2.2.3 数据商业化

计算机硬件设备的生命周期通常为3~5年,计算机软件的生命周期一般为7~15年,而地理数据的生命周期则为几十年。地理数据的开发、更新和维护既费时又费力。在GIS中,曾经有人统计过,GIS硬件、软件和数据的造价比是1:10:100,所以如何更有效地生产和维护地理数据是GIS未来面临的主要挑战之一。

2.2.4 系统专门化

目前,GIS软件和系统还是作为一个整体独立存在的。许多软件提供全面的GIS功能,可以在任何一种需要GIS的部门使用,没有具体专业领域的限制。从使用GIS的机构的角度看,很多机构只是需要GIS软件中的部分功能,而目前GIS软件设置使得用户在购买GIS系统时往往要求整个软件一起购买。首先,从GIS用户方面考虑,GIS可能不会作为一个独立的系统存在于机构内,而是作为机构整个管理和运作系统的一个部分,GIS的各种功能将融合在与专业领域更直接的系统之中;其次,从GIS的工业发展角度考虑,目前的GIS软件所提供的各种功能也将与各类专业软件系统融合起来,共同发展。软件的部件化是这个趋势的前兆,也为GIS软件的专业化做了必要的准备。在将来的各类应用系统中,GIS可能作为一个必需的部分存在。

2.2.5 GIS企业化

GIS网络化的发展使得GIS在机构内部各部门之间更有效地进行通信、交流和资源共享。企业及机构可以从更高的层次上对GIS在企业中的使用进行统筹安排和计划,这种方式被称为“GIS 企业化”。GIS 企业化对技术和管理人员有更高的要求,需要企业不断地对人员进行技术和管理培训。

2.2.6 GIS 全球化

网络技术的发展使得世界空间缩小,使人们之间的关系更加紧密;世界经济的发展也要求人们建立 个更稳定、和谐的环境。在这个环境中,GIS 越来越成为一种有效的工具来帮助人们了解他们所生存与依赖的自然条件状况和社会变化状况。目前,世界各国都在积极地发展和使用 GIS、制定有关地理信息的政策、开展国家的 GIS 项目,如世界银行和其他的国际信贷组织都要求在它们资助的项目中使用 GIS 来辅助决策。

2.2.7 GIS 大众化

GIS 不仅在国际舞台上越来越受到人们重视,甚至在日常生活中也潜移默化地改变着人们的生活。以往人们需要使用地图来定向、定位和导航,而现在地图已经存储在数据库中;从一个地点到另一个地点的最佳路线使用 GIS 系统就可以轻而易举地得到;到一个新地方,不需要再费力地寻找餐馆、旅店、娱乐中心、购物中心、银行、旅游景点等,GIS 就是最好的向导。

【思政案例】

热爱测量山河 忠诚描绘天地

从海之畔到山之巅,从沼泽到戈壁,从繁华到荒芜,从青春年少到耄耋之年,从大地到天空……

中华人民共和国成立以来,测绘队员的脚步从未停歇。以步为尺,测天量地,为了祖国的建设与发展,几代测绘队员奉献青春乃至生命,将无法测量的忠诚与热爱遍洒山川大地,凝聚成“热爱祖国、忠诚事业、艰苦奋斗、无私奉献”的测绘精神。

大地上那一行行测绘队员的足迹,是给祖国深情的献诗

热爱祖国,是流淌在测绘队员血液里的“基因”。因为热爱,他们心甘情愿地肩负起先行军的职责,为经济建设绘制底图。测绘队员的足迹先于城市发展,先于工程建设,甚至先于道路。无人区、生命禁区,只要祖国需要,他们无所不往。中华人民共和国成立之初,百业待兴,国防建设、经济建设急需用图。全国测绘队员满怀豪情地奔赴各测区,他们克服艰难险阻,以惊人的毅力和智慧,完成了一项项堪称不可能完成的任务,填补了我国测绘工作的一片片空白,及时有力支撑了中华人民共和国的建设。如今依然如此,高铁、机场、港珠澳大桥,每一项工程都凝聚着测绘队员的汗水。

因为热爱,测绘队员永远将国家利益置于首位,不畏艰辛,甚至不惜献出自己的生命。1960 年 4 月,国测一大队队员吴昭璞率组在新疆南湖戈壁作业,在饮用水断绝的情况下,他下令小组其他人员撤离寻找援助,将生的希望留给队友。而他自己为了保护珍贵的仪器和资料,选择留下来坚守。谁也不知他坚持了多久,吃光了牙膏,喝干了墨水,最后他把

衣物覆盖在测绘仪器上,任由自己的生命在高温里干枯。在建设新中国的伟大征程中,仅国测一大队就有46名职工在艰苦测区牺牲在工作岗位上,他们用生命谱写下可歌可泣的英雄赞歌。

因为热爱,测绘队员勇于肩负国家使命,全力捍卫国家荣耀。1984年,我国首次在南极大陆开展科考、建站活动。国测一大队工程师刘永诺在极端恶劣的条件下,废寝忘食,加班加点,圆满完成了长城站测绘等任务,填补了我国极地测绘的空白,为我国走向南极、树立大国形象立下了汗马功劳。2005年,我国开展珠峰复测,年仅26岁的国测一大队队员任秀波,背着近15 kg的重力仪,顶着大风艰苦攀爬。在7 790 m营地,他冒着双手被冻坏死的危险脱下手套,精确操作仪器,打破了重力测量世界纪录。当年测量珠峰高度为8 844.43 m,这是世界之巅的高度,也是举世瞩目的中国高度。

毕生追求无怨无悔,测绘人对事业的忠诚薪火相传

扛着沉重的测量设备和脚架,到达测量点,放平稳,全神贯注地观测,读取数字,认真记录,然后快步前往下一个测量点,这是测绘队员留给人们普遍的形象。殊不知,这一系列看似简单的重复动作是外业测量重要的基本功。在测绘队里,这些基本功都是由师傅手把手教徒弟,徒弟成长为师傅,再传给新一代徒弟。有些测绘队员,一生都在重复这一套动作,默默无闻却心甘如饴,这源自对测绘事业的忠诚。

测绘人用一生的坚守诠释对事业的忠诚。在平凡的工作岗位上,他们几十年如一日,脚踏实地,兢兢业业,做出了不平凡的成就。四川省第二测绘地理信息工程院一名普通的检查员阎晓军,扎根测绘生产一线近40年,参与过550余项国家、省级基础测绘大型图集、图册等的编制工作,制作、检查上万幅图,质量合格率为100%,累计加班4 000余个标准工天。没有轰轰烈烈的事迹,没有显赫的荣誉,只有对事业无言的热爱和一生的忠诚。正是千千万万像阎晓军这样的测绘队员,成就了我国测绘事业的快速发展。

测绘人用精益求精的追求诠释对事业的忠诚。他们从看似枯燥乏味的工作中找到乐趣,刻苦钻研,不断提升测绘产品的质量。河南省测绘地理信息局遥感测绘院绘图员李华,近30年来一直努力将美术元素运用到地图绘制中,要求自己把每一点、每条线放到精确的位置上,达到曲线流畅、地物逼真。同事们都说,看她绘制的地图,就像欣赏艺术品。天津市测绘院测绘一院外业班长柳华桥,为了提高测量速度和精度,在长年的工作中自创了仪器放置三步整平法,编写了内业绘图程序,并将自己负责项目的精度要求全部提高一倍。精益求精,意味着比别人付出更多时间和汗水,意味着对事业发自内心的热爱。

测绘人用与时俱进的创新精神诠释对事业的忠诚。他们善于把握时代脉搏,大胆创新,瞄准新需求,开拓新领域,不断提升对经济社会发展的支撑和服务能力。2011年1月18日,我国自主开发的互联网地图服务网站“天地图”正式版上线。“天地图”的诞生,促进了地理信息资源共享和利用,提高了测绘地理信息公共服务能力和水平,更好地满足了国家信息化建设的需要。两年后,“天地图”又推出了2013版本,整体服务性能比此前提升4~5倍。近年来,我国测绘地理信息技术飞速发展,许多领域走在世界前列,其根本动力便在于创新。

青春在奋斗中绽放,平凡的人生因奉献而伟大

在寒风怒吼的高原上,整夜紧紧抓住支撑帐篷的铁杆,等待黎明,等待风停;在南方潮湿闷热的草丛中,连续一个月与蛇、蚊虫做伴;在冰川里迷失方向,小心翼翼地躲过一条条致命的冰裂缝……或许我们一生都不会有这样的经历,但对测绘队员来说却是寻常之事。艰苦奋斗、无私奉献的精神,让他们一次次离开家人,离开舒适的环境,毅然地走向荒野,走向未知与危险。

对测绘队员来说,祖国建设的战场一定要留下他们的身影,但功劳簿上不必有他们的名字。原国家测绘总局首任局长陈外欧就要求测绘工作者要“走在龙头,位在龙尾”。如果把国民经济建设比作一条龙,测绘工作是尖兵,要冲在龙头,但尖兵毕竟不是主力,它的序列当然要排在后面。就是这样,一代代测绘人甘当无名英雄,为共和国建设默默奉献。

对测绘队员来说,青春只有在奋斗中才会绽放出美丽的花朵。原四川测绘局三大队女子中队成立于20世纪70年代,是全国测绘系统第一支女子测绘中队。招入的女队员都是20岁左右的年轻人。“到祖国需要的地方去,把青春献给祖国的测绘事业”,是她们共同的理想。

面对艰苦的环境和强度极高的野外工作,这些年轻的姑娘们没有退缩,她们爬山淌河,风餐露宿,为国家建设提供了急需的测绘成果。如今,每年依然有大批年轻力量源源不断注入测绘队伍中,他们放弃繁华都市,长年扎根荒野,让青春在奋斗中闪耀别样的光芒。

对测绘队员来说,当家庭和事业无法兼顾时,他们总是选择舍小家顾大家。大多数测绘队员就像长途往返的候鸟,出征时嫩绿初生,归来时已落叶飘零。有多少测绘队员第一次见到自己的孩子时,已是几个月大;有多少测绘队员没能送父母走完最后一程;有多少测绘队员在家人生病需要陪伴、子女读书需要关心时,奋战在遥远的测区。他们心中也有不舍,也有愧疚,可依然一次次踏上征程。

“热爱祖国、忠诚事业、艰苦奋斗、无私奉献”,这16个字,测绘队员用体温暖化的冰雪书写,用汗水洇湿的黄沙书写,用双脚征服的山峰书写,用一个个基站、一条条标尺、一组组数据、一幅幅地图书写,日复一日,年复一年。

他们的精神,就像插在珠峰峰顶的红色测量觇标,是自然资源战线工作者的精神高度,也是新中国建设者的精神高度。只要我们牢牢坚守这一精神高地,发扬爱国、忠诚、奉献的精神,不懈努力,中华民族伟大复兴的中国梦就一定会实现。

(内容来自《中国自然资源报》)

思考题

1. 什么是地理信息系统(GIS)?它与一般的计算机应用系统有哪些异同点?
2. GIS由哪几个主要部分组成?它的基本功能有哪些?
3. GIS可以应用于哪些领域?试结合你的专业论述GIS的应用和发展前景。
4. 与其他信息系统相比,地理信息系统的哪些功能是比较独特的?

第 2 章　地理信息系统的数据结构

课件：地理信息系统的数据结构

【本章概述】

本章主要讲述了空间数据的基本特征、空间数据的类型及空间数据的拓扑关系；详细讲述了矢量数据结构和栅格数据结构的编码方式，介绍了矢量数据结构的基本内容和栅格数据结构的基本特点及获取途径。

第 1 节　概　述

1　空间数据的基本特征

要完整地描述空间实体或现象的状态，一般需要同时有空间数据和属性数据。如果要描述空间实体或现象的变化，则还要记录空间实体或现象在某一时刻的状态。所以，一般认为空间数据具有如下 3 个基本特征（见图 2-1）。

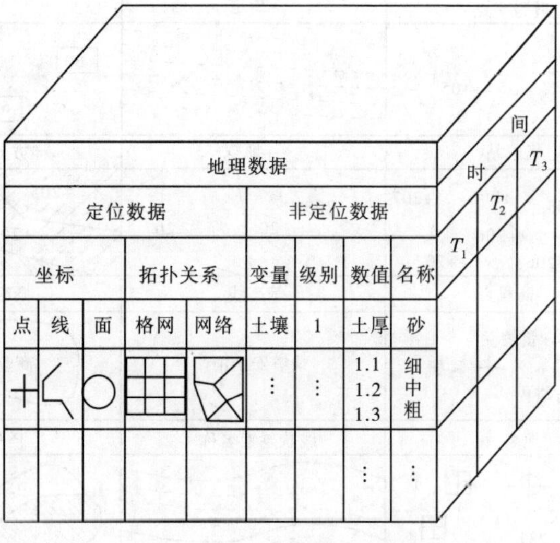

图 2-1　空间数据的基本特征

（1）空间特征：表示现象的空间位置或现在所处的地理特征。空间特征又称为几何特征或定位特征，一般以坐标数据表示。

（2）属性特征：表示现象的特征，例如变量、分类、数量特征和名称等。

（3）时间特征：指现象或物体随时间的变化。

位置数据和属性数据相对于时间来说，常常呈相互独立的变化，即在不同的时间，空间位置不变，但是属性类型可能已经发生变化或者相反。因此，空间数据的管理是十分复杂的。

有效的空间数据管理要求位置数据和非位置数据互相作为单独的变量存放,并分别采用不同的软件来处理这两类数据。这种数据组织方法,对于随时间而变化的数据具有更大的灵活性。

2　空间数据的类型

表示地理现象的空间数据从几何上可以抽象为点、线、面3类。对点、线、面数据,按其表示内容又可以分为7种不同的类型(见图2-2),它们表示的内容如下。

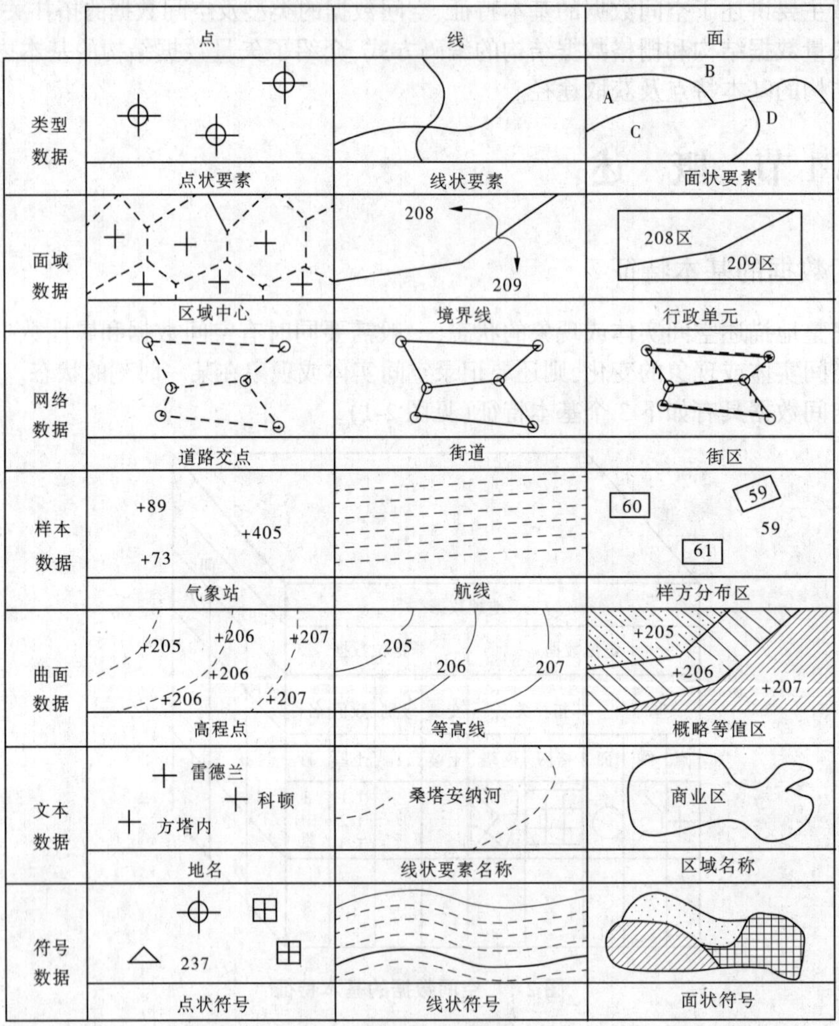

图2-2　空间数据的类型

(1)类型数据:如考古地点、道路线和土壤类型的分布等。

(2)面域数据:如随机多边形的区域中心、境界线和行政单元等。

(3)网络数据:如道路交点、街道和街区等。

(4)样本数据:如气象站、航线和样方分布区等。

(5)曲面数据:如高程点、等高线和概略等值区等。

(6)文本数据:如地名、线状要素名称和区域名称。

(7)符号数据:如点状符号、线状符号和面状符号等。

由此得出,对于点实体,它有可能是点状地物或面状地物的中心点、线状地物的交点、定位点、注记等;对于线实体和面实体也可按照上面的7种类型得出其描述内容,这些内容是点、线、面3种实体编码的主要内容。

3 空间数据结构

空间数据结构是指空间数据适合于计算机存储、管理、处理的逻辑结构。换句话说,是指空间数据以什么形式在计算机中存储和处理。对空间数据而言,则是地理实体的空间排列方式和相互关系的抽象描述。它是对数据的一种理解和解释,不说明数据结构的数据是毫无用处的,不仅用户无法理解,计算机程序也不能正确地处理。对同样一组数据,按不同的数据结构去处理,得到的可能是截然不同的内容。空间数据结构是地理信息系统沟通信息的桥梁,只有充分理解地理信息系统所采用的特定数据结构,才能正确有效地使用地理信息系统。

空间数据结构分为基于矢量的数据结构和基于栅格的数据结构。

第2节 空间数据的拓扑关系

建立拓扑关系是一种对空间结构关系进行明确定义的数学方法。具有某些拓扑关系的矢量数据结构就是拓扑数据结构,拓扑数据结构是GIS的分析和应用功能所必需的。拓扑数据结构的表示方式没有固定的格式,也还没有形成标准,但基本原理是相同的。

1 拓扑元素

对二维而言,矢量数据可抽象为点(节点)、线(链、弧段、边)、面(多边形)3种要素,即称为拓扑元素。对三维而言,则要在二维的基础上加上体。

点(节点)——孤立点、线的端点、面的首尾点、链的连接点等。

线(链、弧段、边)——两节点间的有序弧段。

面(多边形)——若干条链构成的闭合多边形。

2 最基本的拓扑关系

最基本的拓扑关系是关联关系、邻接关系和包含关系。

关联关系——不同拓扑元素之间的关系。如节点与链、链与多边形等。

邻接关系——相同拓扑元素之间的关系。如节点与节点、链与链、面与面等。邻接关系是借助于不同类型的拓扑元素描述的,如面通过链而邻接。

包含关系——面与其他拓扑元素之间的关系。如果点、线、面在该面内,则称被该面包含。如某省包含的湖泊、河流等。包含关系分简单包含、多层包含和等价包含3种形式。

在GIS的分析与应用功能中,还可以用到其他拓扑关系,例如:

连通关系——拓扑元素之间的通达关系。如点连通度、面连通度的各种特性及相互关系。

层次关系——相同拓扑元素之间的等级关系。如国家由省(自治区、直辖市)组成,省(自治区、直辖市)由县组成等。

拓扑元素量、质不变及相互关系——点、线、面拓扑元素量、质不变及相互关系。地图上,有著名的欧拉公式:

$$L + 2 = A + P \tag{2-1}$$

其中,P、L、A 表示图上点数、线数及面数(包括无穷远面),2 为欧拉示性数。这也是一种重要的拓扑关系,在拓扑一致性检验中经常使用。

实际上,按前述拓扑性质定义,拓扑关系形式、数量对具体图形而言多种多样,有些也十分复杂。GIS 中所用拓扑性质、拓扑关系也是多种多样的,应具体明确,泛指往往并不科学。

3　拓扑关系的表示

拓扑数据结构的关键是拓扑关系的表示,而几何数据的表示可参照矢量数据的简单数据结构。在目前的 GIS 中,主要表示基本的拓扑关系,而且表示方法不尽相同。下面举一个表示矢量数据拓扑关系的例子(见图 2-3)。

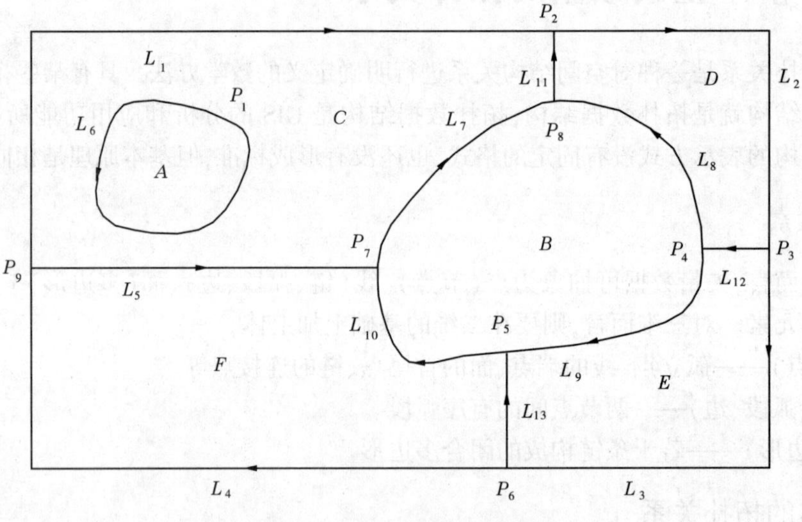

图 2-3　矢量数据拓扑关系示例

面—链关系

面	构成面的链

链—节点关系

链	链两端的节点

节点—链关系

节点	通过该节点的链

链—面关系

链	左邻面	右邻面

在图2-3中，有面 A、B、C、D、E、F，有链 L_1、L_2、L_3、L_4、L_5、L_6、L_7、L_8、L_9、L_{10}、L_{11}、L_{12}、L_{13}，有节点 P_1、P_2、P_3、P_4、P_5、P_6、P_7、P_8、P_9。拓扑关系表示为表2-1~表2-4。

表2-1　面与链的拓扑关系

面	链
A	L_6
B	L_7、$-L_8$、L_9、L_{10}
C	L_1、$-L_{11}$、$-L_7$、$-L_5$
D	L_{11}、L_2、L_{12}、L_8
E	L_{13}、$-L_9$、$-L_{12}$、L_3
F	L_4、L_5、$-L_{10}$、$-L_{13}$

表2-2　链与节点的拓扑关系

链	节点
L_1	P_9、P_2
L_2	P_2、P_3
L_3	P_3、P_6
L_4	P_6、P_9
L_5	P_9、P_7
⋮	⋮

表2-3　节点与链的拓扑关系

节点	链
P_1	L_6
P_2	L_1、L_{11}、L_2
P_3	L_2、L_{12}、L_3
P_4	L_{12}、L_8、L_9
P_5	L_9、L_{13}、L_{10}
⋮	⋮

表2-4　链与面的拓扑关系

链	左邻面	右邻面
L_1	O	C
L_2	O	D
L_3	O	E
L_4	O	F
L_5	C	F
⋮	⋮	⋮

注：O 为制图区域外部的多边形，常称为包络多边形。

空间数据的拓扑关系，对地理信息系统的数据处理和空间分析具有重要的意义，因为：

(1)根据拓扑关系，不需要利用坐标或距离，就可以确定一种地理实体相对于另一种地理实体的空间位置关系。因为拓扑数据已经清楚地反映出地理实体之间的逻辑结构关系，而且这种拓扑数据较之几何数据有更大的稳定性，即它不随地图投影而变化。

(2)利用拓扑数据有利于空间要素的查询。例如，某区域与哪些区域邻接；某条河流能为哪些政区的居民提供水源；与某一湖泊邻接的土地利用类型有哪些；特别是野生生物学家可能想确定一块与湖泊相邻的土地覆盖区，用于对生物栖息环境做出评价等，都需要利用拓扑数据。

(3)可以利用拓扑数据作为工具，重建地理实体。例如，建立封闭多边形，实现道路的选取，进行最佳路径的计算等。

第3节　矢量数据结构

基于矢量模型的数据结构称为矢量数据结构。矢量也叫向量，数学上称“具有大小和方向的量”为向量。地理信息系统中常见的图形数据结构为矢量数据结构，即通过记录坐标的方法尽可能精确地表示点、线、多边形等地理实体。坐标空间设为连续,允许任意位置、长度和面积的精确定义。事实上,由于如下原因,不可能得到绝对精确的值:表示坐标的计算机字长有限;所有矢量输出设备包括绘图仪在内,尽管分辨率比栅格设备高,但也有一定的步长;应用矢量输入法时曲线选取的点不可能太多;人工输图中不可避免地存在定位误差。

1　矢量数据结构编码的基本内容

1.1　点实体

点实体包括由单独一对(x,y)坐标定位的一切地理或坐标实体。在矢量数据结构中,除点实体的(x,y)坐标外,还应存储其他一些与点实体有关的数据来描述点实体的类型、制图符号和显示要求等。点是空间上不可再分的地理实体,可以是具体的,也可以是抽象的,如地物点、文本位置点或线段网络的节点等。如果点是一个与其他信息无关的符号,则记录时应包括符号类型、大小、方向等有关信息;如果点是文本实体,记录的数据应包括字符大小、字体、排列方式、比例、方向及与其他非图形属性的联系方式等信息。对其他类型的点实体也应做相应的处理。图 2-4 说明了点实体矢量数据结构的一种组织方式。

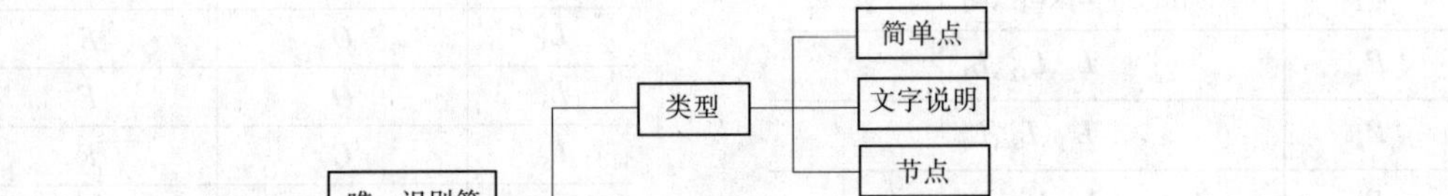

图 2-4　点实体的矢量数据结构

1.2　线实体

线实体可以定义为由直线元素组成的各种线性元素,直线元素由 2 对以上的(x,y)坐标定义。最简单的线实体只存储它的起止点坐标、属性、显示符号等有关数据。例如,线实体输出时可能用实线或虚线描绘,这类信息属符号信息,它说明线实体的输出方式。虽然线实体并不是以虚线存储的,但仍可以用虚线输出。

弧、链是 n 个坐标对的集合,这些坐标可以描述任意连续而又复杂的曲线。组成曲线的线元素越短,(x,y)坐标数量越多,就越逼近于一条复杂曲线。既要求节省空间又要求较为精确地描绘曲线,唯一的办法是增加数据处理工作量,即在线实体的记录中加入一个指示字,当启动显示程序时,这个指示字告诉程序:需要数学内插函数(如样条函数)加密数据点且与原来的点匹配,于是能在输出设备上得到较精确的曲线。不过,数据内插工作量却增加了。弧和链的存储记录中也要加入线的符号类型等信息。

线的网络结构。简单的线或链携带彼此互相连接的空间信息,而这种连接信息又是管网和道路网分析中必不可少的信息。因此,要在数据结构中建立指针系统才能让计算机在复杂的线网结构中逐线跟踪每一条线。指针的建立要以节点为基础,如建立水网中每条支流之间连接关系时必须使用这种指针系统。指针系统包括节点指向线的指针、每条从节点出发的线汇于节点处的角度等,从而完整地定义线网络的拓扑关系。

如上所述,线实体主要用来表示线状地物(公路、水系、山脊线)、符号线和多边形边界,有时也称为"弧""链""串"等,其矢量编码的基本内容如图2-5所示。

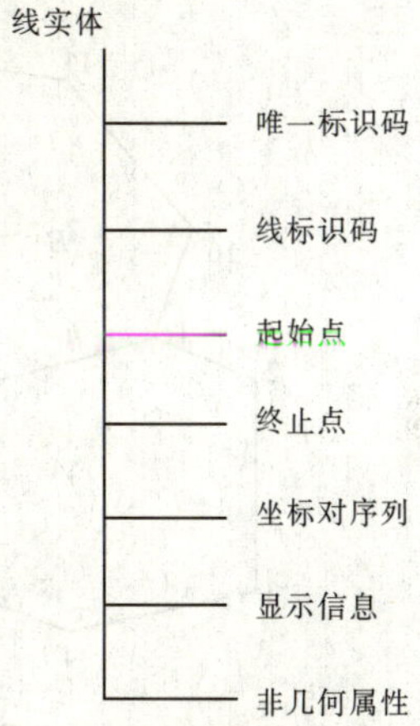

图2-5 线实体矢量编码的基本内容

其中,唯一标识码是系统排列符号;线标识码可以标识线的类型;起始点和终止点可以用点号或直接用坐标表示;显示信息是显示线的文本或符号等;与线相连的非几何属性可以直接存储于线文件中,也可以单独存储,而由标识码连接查找。

1.3 面实体

多边形(有时称为区域)数据是描述地理空间信息最重要的一类数据。在区域实体中,具有名称属性和分类属性的,多用多边形表示,如行政区、土地类型、植被分布等;具有标量属性的有时也用等值线描述,如地形、降雨量等。

多边形矢量编码,不但要表示位置和属性,更重要的是能表达区域的拓扑特征,如形状、邻域和层次结构等,以便使这些基本的空间单元作为专题地图的资料进行显示和操作。由于要表达的信息十分丰富,基于多边形的运算多而复杂,因此多边形矢量编码比点实体和线实体的矢量编码要复杂得多,也更为重要。

在讨论多边形数据结构编码时,首先对多边形的网提出如下要求:

(1)组成地图的每个多边形应有唯一的形状、周长和面积。它们不像栅格结构那样具有简单而标准的基本单元。

(2)地理分析要求的数据结构应能够记录每个多边形的邻域关系。

(3)专题地图上的多边形并不都是同一等级的多边形,而可能是多边形内嵌套小的多边形(次一级)。例如,湖泊的水涯线在土地利用图上可算是个岛状多边形,而湖中的岛屿为"岛中之岛"。这种所谓"岛"或"洞"的结构是多边形关系中较难处理的问题。

2 矢量数据结构编码的方式

矢量数据结构编码的方式,按照其功能和方法可分为实体式、索引式、双重独立式和链状双重独立式。

2.1 实体式

实体式数据结构是指构成多边形边界的各个线段,以多边形为单元进行组织。按照这种数据结构,边界坐标数据和多边形单元实体一一对应,各个多边形边界都单独编码和数字化。例如,对图2-6所示的多边形 A、B、C、D、E 可用表2-5的数据来表示。

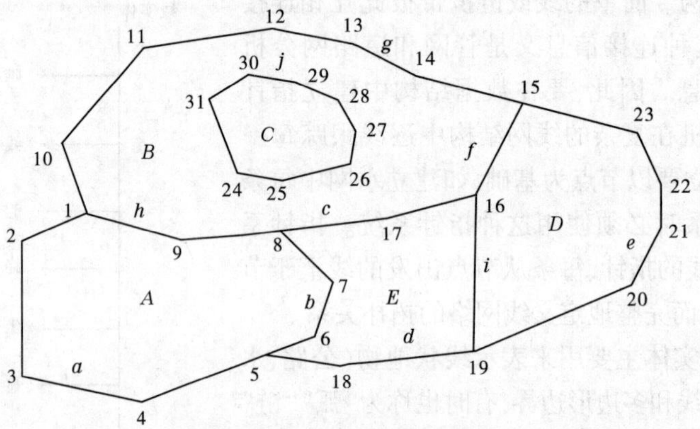

图2-6 多边形原始数据(实体式)

表2-5 多边形数据文件

多边形	数据项
A	$(x_1,y_1),(x_2,y_2),(x_3,y_3),(x_4,y_4),(x_5,y_5),(x_6,y_6),(x_7,y_7),(x_8,y_8),(x_9,y_9),(x_1,y_1)$
B	$(x_1,y_1),(x_9,y_9),(x_8,y_8),(x_{17},y_{17}),(x_{16},y_{16}),(x_{15},y_{15})(x_{14},y_{14}),(x_{13},y_{13}),(x_{12},y_{12}),(x_{11},y_{11}),(x_{10},y_{10}),(x_1,y_1)$
C	$(x_{24},y_{24}),(x_{25},y_{25}),(x_{26},y_{26}),(x_{27},y_{27}),(x_{28},y_{28}),(x_{29},y_{29}),(x_{30},y_{30}),(x_{31},y_{31}),(x_{24},y_{24})$
D	$(x_{19},y_{19}),(x_{20},y_{20}),(x_{21},y_{21}),(x_{22},y_{22}),(x_{23},y_{23}),(x_{15},y_{15}),(x_{16},y_{16}),(x_{19},y_{19})$
E	$(x_5,y_5),(x_{18},y_{18}),(x_{19},y_{19}),(x_{16},y_{16}),(x_{17},y_{17}),(x_8,y_8),(x_7,y_7),(x_6,y_6),(x_5,y_5)$

这种数据结构具有编码容易、数字化操作简单和数据编排直观等优点。但这种方法也有以下明显缺点:

(1)相邻多边形的公共边界要数字化2遍,造成数据冗余存储,可能导致输出的公共边界出现间隙或重叠。

(2)缺少多边形的邻域信息和图形的拓扑关系。

(3)岛只作为一个单个图形,没有建立与外界多边形的联系。

因此,实体式编码只用在简单的系统中。

2.2 索引式

索引式数据结构采用树状索引以减少数据冗余并间接增加邻域信息，具体方法是对所有边界点进行数字化，将坐标对以顺序方式存储，由点索引与边界线相联系，以线索引与各多边形相联系，形成树状索引结构。

树状索引结构消除了相邻多边形边界的数据冗余和不一致的问题，在简化过于复杂的边界线或合并多边形时可不必改造索引表，邻域信息和岛状信息可以通过对多边形文件的线索引处理得到，但是比较烦琐，因而给邻域函数运算、消除无用边、处理岛状信息及检查拓扑关系等带来一定的困难，而且两个编码表都要以人工方式建立，工作量大且容易出错。

图 2-7、图 2-8 分别为图 2-6 的多边形与线之间的树状索引图和点与线之间的树状索引图。

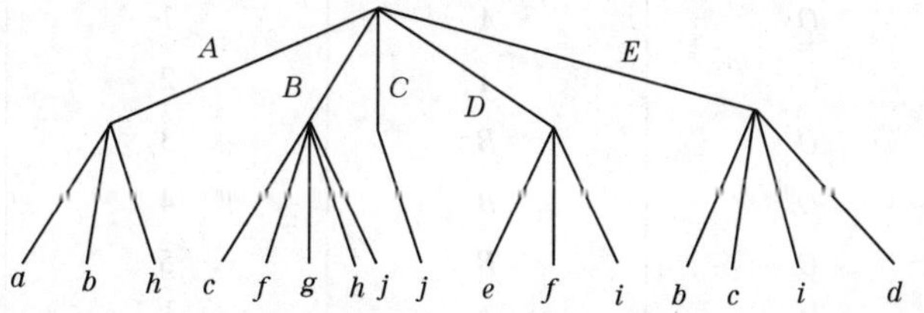

图 2-7 多边形与线之间的树状索引

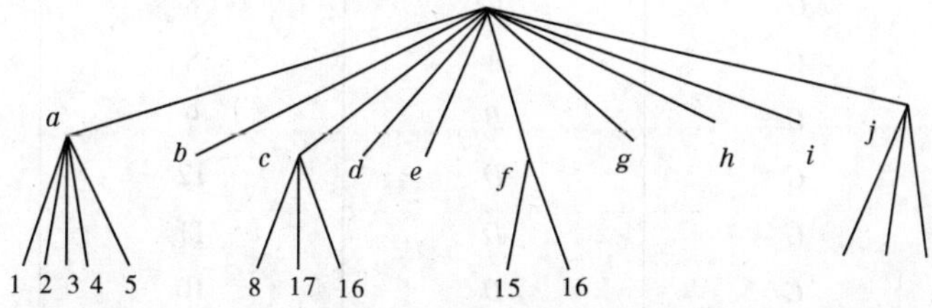

图 2-8 点与线之间的树状索引

2.3 双重独立式

双重独立式数据结构最早是由美国人口统计局研制出来进行人口普查分析和制图的，简称 DIME(dual independent map encoding)系统或双重独立式的地图编码法。它以城市街道为编码的主体。其特点是采用了拓扑编码结构。

双重独立式数据结构是对图上网状或面状要素的任何一条线段，用其两端的节点及相邻面域来予以定义。例如，对图 2-9 所示的多边形数据，用双重独立数据结构表示如表 2-6 所示。

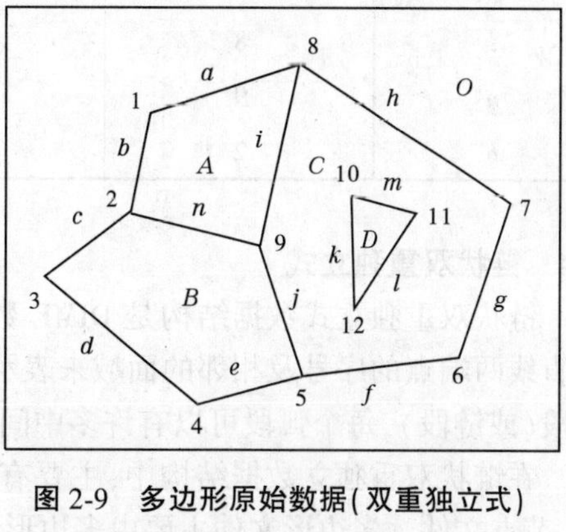

图 2-9 多边形原始数据(双重独立式)

表中的第一行表示线段 a 的方向是从节点 1 到节点 8，其左侧面域为 O，右侧面域为 A。在双重独立式数据结构中，节点与节点或者面域与面域之间为邻接关系，节点与线段或者面域与线段之间为关联关系。这种邻接和关联的关系称为拓扑关系。利用这种拓扑关系来组织数据,可以有效地进行数据存储正确性检查,在这种数据结构中,当编码数据经过计算机编辑处理以后,面域单元的第一个始节点应当和最后一个终节点相一致,而且当按照左侧面域或右侧面域来自动建立一个指定的区域单元时,其空间点的坐标应当自行闭合。如果不能自行闭合或出现多余的线段,则表示数据存储或编码有错,这样就达到数据自行编辑的目的。例如,从表 2-6 中寻找右多边形为 *A* 的记录,则可以得到组成 *A* 多边形的线段及节点,如表 2-7 所示,通过这种方法可以自动形成面文件,并可以检查文件数据的正确性。

表 2-6 双重独立式编码

线号	左多边形	右多边形	起点	终点
a	*O*	*A*	1	8
b	*O*	*A*	2	1
c	*O*	*B*	3	2
d	*O*	*B*	4	3
e	*O*	*B*	5	4
f	*O*	*C*	6	5
g	*O*	*C*	7	6
h	*O*	*C*	8	7
i	*C*	*A*	8	9
j	*C*	*B*	9	5
k	*C*	*D*	12	10
l	*C*	*D*	11	12
m	*C*	*D*	10	11
n	*B*	*A*	9	2

表 2-7 自动生成的多边形 *A* 的线及节点

线号	起点	终点	左多边形	右多边形
a	1	8	*O*	*A*
i	8	9	*C*	*A*
n	9	2	*B*	*A*
b	2	1	*O*	*A*

2.4 链状双重独立式

链状双重独立式数据结构是 DIME 数据结构的一种改进。在 DIME 中,一条边只能用直线两端点的序号及相邻的面域来表示,而在链状数据结构中,将若干直线段合为一个弧段(或链段),每个弧段可以有许多中间点。

在链状双重独立数据结构中,主要有 4 个文件:多边形文件、弧段文件、弧段坐标文件、节点文件。多边形文件主要由多边形记录组成,包括多边形号、组成多边形的弧段号及周长、面积、中心点坐标及有关“洞”的信息等，多边形文件也可以通过软件自动检索各有关弧段生成，并同时计算出多边形的周长、面积及中心点的坐标，当多边形中含有“洞”时，则此“洞”的面积为负，在总面积中减去，其组成的弧段号前也冠以负号；弧段文件主要由弧记录组成，存储弧段的起止节点号和弧段左右多边形号；弧段坐标文件由一系列点的位置坐标组成，一般从数字化过程中获取，数字化的顺序确定了这条链段的方向；节点文件由节点记录组成，存储每个节点的节点号、节点坐标及与该节点连接的弧段，节点文件一般通过软件自动生成，因为在数字化的过程中，由于数字化操作的误差，各弧段在同一节点处的坐标不可能完全一致，需要进行匹配处理。当其偏差在允许范围内时，可取同名节点的坐标平均值。如果偏差过大，则弧段需要重新数字化。

对如图 2-10 所示的矢量数据，其链状双重独立式数据结构的多边形文件、弧段坐标文件、弧段文件见表 2-8~表 2-10。

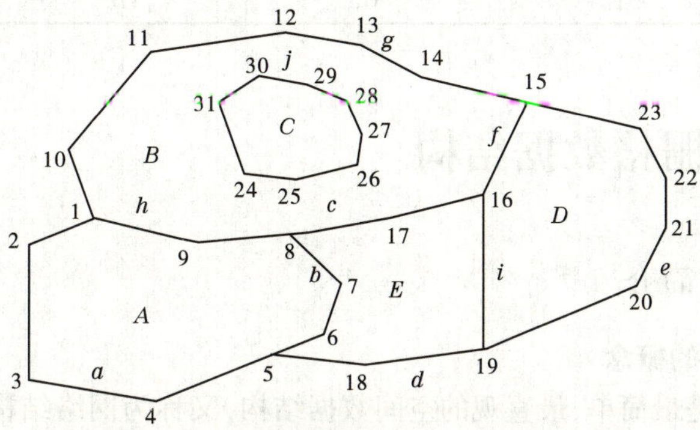

图 2-10 多边形原始数据(链状双重独立式)

表 2-8 多边形文件

多边形号	弧段号	周长	面积	中心点坐标
A	*h*,*b*,*a*			
B	*g*, *f*,*c*,*h*,-*j*			
C	*j*			
D	*e*,*i*, *f*			

表 2-9 弧段坐标文件

弧段号	点号	弧段号	点号
a	5,4,3,2,1	*f*	15,16
b	8,7,6,5	*g*	1,10,11,12,13,14,15
c	16,17,8	*h*	8,9,1
d	19,18,5	*i*	16,19
e	15,23,22,21,20,19	*j*	31,30,29,28,27,26,25,24,31

表 2-10 弧段文件

弧段号	起点	终点	左多边形	右多边形
a	5	1	*O*	*A*
b	8	5	*E*	*A*
c	16	8	*E*	*B*
d	19	5	*O*	*E*
e	15	19	*O*	*D*
f	15	16	*D*	*B*
g	1	15	*O*	*B*
h	8	1	*A*	*B*
i	16	19	*D*	*E*
j	31	31	*B*	*C*

第4节　栅格数据结构

1　栅格数据结构简介

1.1　栅格数据结构的概念

栅格数据结构是最简单、最直观的空间数据结构,又称为网络结构或像元结构,是指将地球表面划分为大小均匀紧密相邻的网格阵列,每个网格作为一个像元或像素,由行、列号定义,并包含一个代码,表示该像素的属性类型或量值,或仅仅包含指向其属性记录的指针。因此,栅格结构是以规则的阵列来表示空间地物或现象分布的数据组织,组织中的每个数据表示地物或现象的非几何属性特征。如图2-11所示,在栅格数据结构中,点用一个栅格单元表示;线状地物则用沿线走向的一组相邻栅格单元表示,每个栅格单元最多有两个相邻单元在线上;面或区域用记有区域属性的相邻栅格单元的集合表示,每个栅格单元可有多于两个的相邻单元同属一个区域。任何以面状分布的对象(土地利用、土壤类型、地势起伏、环境污染等),都可以用栅格数据逼近。遥感影像就属于典型的栅格数据结构,每个像元的数字表示影像的灰度等级。

1.2　栅格数据结构的特点

栅格数据结构的显著特点是:属性明显,定位隐含,即数据直接记录属性的指针或属性本身,而所在位置则根据行列号转换为相应的坐标,也就是说定位是根据数据在数据库中的位置得到的。由于栅格数据结构是按照一定的规则排列的,所表示的实体位置很容易隐含在网格文件的存储结构中,在后面讲述栅格数据结构编码时可以看到,每个存储单元的行列位置可以方便地根据其在文件中的记录位置得到,且行列坐标可以很容易地转换为其他坐标系下的坐标。在网格文件中每个代码本身明确地代表了实体的属性或属性的编码,如果为属性的编码,则该编码可作为指向实体属性表的指针。图2-11中表示了一个代码为6的点实体,一条代码为9的线实体,一个代码为7的面实体。由于栅格行列

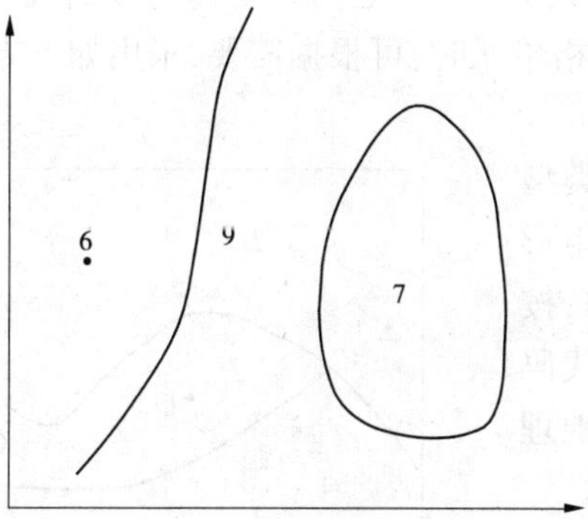

(a)点、线、面数据

0	0	0	0	9	0	0	0
0	0	0	9	0	0	0	0
0	0	0	9	0	7	7	0
0	0	0	9	0	7	7	7
0	6	9	0	7	7	7	7
0	9	0	0	7	7	7	7
0	9	0	0	7	7	7	7
9	0	0	0	0	0	0	0

(b)栅格表示

图2-11　点、线、面数据的栅格数据结构表示

阵列容易为计算机存储、操作和显示,因此这种结构容易实现、算法简单,且易于扩充、修改,也很直观,特别是易于同遥感影像结合处理,给地理空间数据处理带来了极大的方便,受到普遍欢迎,许多系统都部分或全部采用了栅格数据结构。栅格数据结构的另一个优点是,特别适用于FORTRAN语言、C语言等高级语言做文件或矩阵处理,这也是栅格数据结构易于为多数地理信息系统设计者所接受的原因之一。

栅格数据结构表示的地表是不连续的,是量化和近似离散的数据。在栅格数据结构中,地表被分成相互邻接、规则排列的矩形方块(有时也可以是三角形、六边形等),每个地块与一个栅格单元相对应。栅格数据的比例尺就是栅格大小与地表相应单元大小之比。在许多栅格数据处理时,常假设栅格所表示的量化表面是连续的,以便使用某些连续函数。由于栅格数据结构对地表的量化,在计算面积、长度、距离、形状等空间指标时,若栅格尺寸较大,则会造成较大的误差,同时由于在一个栅格的地表范围内,可能存在多于一种的地物,而表示在相应的栅格数据结构中常常只能是一个代码。这类似于遥感影像的混合像元问题,如Landsat MSS卫星影像单个像元对应地表79 m×79 m的矩形区域,影像上记录的光谱数据是每个像元所对应的地表区域内所有地物类型的光谱辐射的总和效果。因此,这种误差不仅有形态上的畸变,还可能包括属性方面的偏差。

1.3　栅格数据的获取途径

栅格数据主要可由以下4个途径得到:

(1)目读法。在专题地图上均匀划分网格,逐个网格地决定其代码,最后形成栅格数字地图文件。

(2)矢量数字化。利用数字化仪手扶或自动跟踪数字化地图,得到矢量结构数据后,再转换为栅格数据结构。

(3)扫描数字化。逐点扫描专题地图,将扫描数据重采样和再编码得到栅格数据文件。

(4)分类影像输入。将经过分类解译的遥感影像数据直接或重采样后输入系统,作为栅格数据的专题地图。

在转换和重新采样时,需尽可能保持原图或原始数据精度,通常有以下两种办法:

第一种方法,在决定栅格代码时尽量保持地表的真实性,保证最大的信息容量。

图 2-12 所示为一块矩形地表区域,其内部含有 A、B、C 3 种地物类型,O 点为中心点,将这个矩形区域近似地表示为栅格结构中的一个栅格单元时,可根据需要,采用如下方案之一决定该栅格单元的代码。

(1)中心点法:用处于栅格中心处的地物类型或现象特性决定栅格代码。在图 2-12 所示的矩形区域中,中心点 O 落在代码为 C 的地物范围内,按中心点法的规则,该矩形区域相应的栅格单元代码应为 C,中心点法常用于具有连续分布特性的地理要素,如降雨量分布、人口密度图等。

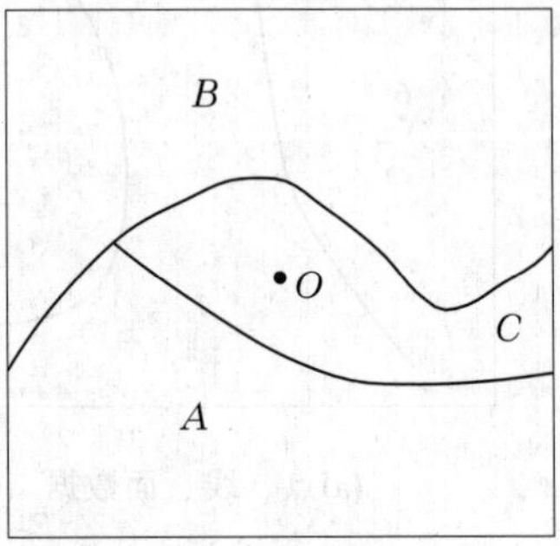

图 2-12　栅格单元代码的确定

(2)面积占优法:以占矩形区域面积最大的地物类型或现象特性决定栅格单元的代码。在图 2-12 所示的例子中,显示 B 类地物所占面积最大,故相应栅格代码定为 B。面积占优法常用于分类较细、地物类别斑块较小的情况。

(3)重要性法:根据栅格内不同地物的重要性,选取最重要的地物类型决定相应的栅格单元代码。假设图 2-12 中,A 类为重要的地物类型,即 A 类比 B 类和 C 类更为重要,则栅格单元的代码应为 A。重要性法常用于具有特殊意义而面积较小的地理要素,特别是点、线状地理要素,如城镇、交通枢纽、交通线、河流水系等,在栅格中代码应尽量表示这些重要地物。

(4)百分比法:根据矩形区域内各地理要素所占面积的百分比数确定栅格单元的代码参与,如可记面积最大的两类 B、A,也可根据 B 类和 A 类所占面积百分比数在代码中加入数字。

第二种方法,缩小单个栅格单元的面积,即增加栅格单元的总数,行列数也相应地增加。这样,每个栅格单元可代表更为精细的地面矩形单元,混合单元减少,混合类别和混合的面积都大大减小,可以大大提高量算的精度,接近真实的形态,表现更细小的地物类型。

然而,增加栅格个数、提高数据精度的同时带来了一个严重的问题,那就是数据量的大幅度增加,数据冗余严重。为了解决这个难题,已发展了一系列栅格数据压缩编码方法,如游程长度编码、块码和四叉树编码等。

2　栅格数据的压缩编码方式

2.1　链式编码(chain codes)

链式编码又称为弗里曼(Freeman)链码或边界链码。链式编码主要是记录线状地物和面状地物的边界。它把线状地物和面状地物的边界表示为:由某一起始点开始并按某些基本方向确定的单位矢量链。基本方向可定义为:东=0,东南=1,南=2,西南=3,西=4,西北=5,北=6,东北=7 等 8 个基本方向,如图 2-13 所示。

如果对于图 2-14 所示的线状地物确定其起始点为像元(1,5),则其链式编码为

1,5,3,2,2,3,3,2,3

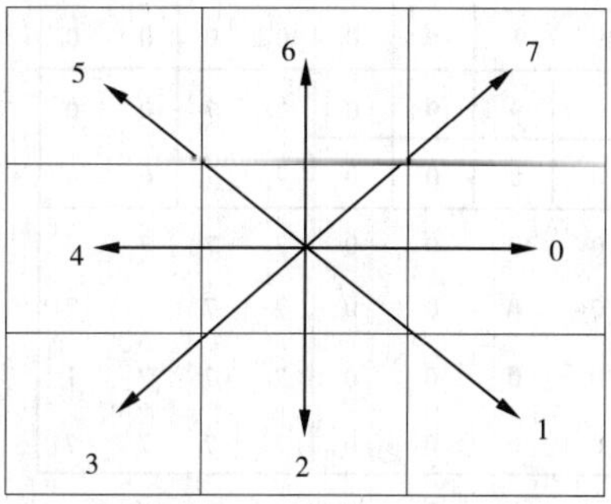

图 2-13　链式编码的方向代码

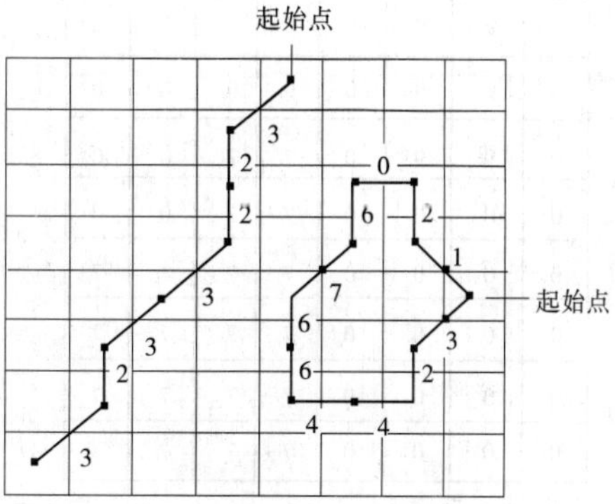

图 2-14　链式编码示意图

对于图 2-14 所示的面状地物，假设其原起始点定为像元(5,8)，则该多边形边界按顺时针方向的链式编码为

5,8,3,2,4,4,6,6,7,6,0,2,1

链式编码的前 2 个数字表示起点的行、列数，从第 3 个数字开始的每个数字表示单位矢量的方向，8 个方向以 0~7 的整数代表。

链式编码对线状和多边形的表示具有很强的数据压缩能力，且具有一定的运算功能，如面积和周长计算等，探测边界急弯和凹进部分等都比较容易，类似矢量数据结构，比较适用于存储图形数据。其缺点是对叠置运算如组合、相交等则很难实施，对局部修改将改变整体结构，效率较低，而且由于链码以每个区域为单位存储边界，相邻区域的边界则被重复存储而产生冗余。

2.2　游程长度编码(run-length code)

游程长度编码是栅格数据压缩的重要编码方法，它的基本思路是：对于一幅栅格图像，行(列)方向上相邻的若干点常常具有相同的属性代码，因而可采取某种方法压缩那些重复的记录内容。其编码方案是，只在各行(列)数据的代码发生变化时依次记录该代码及相同代码重复的个数，从而实现数据的压缩。例如，对图 2-15(a)所示的栅格数据，可沿行方向进行如下游程长度编码：

(9,4),(0,4),(9,3),(0,5),(0,1),(9,2),(0,1),(7,2),(0,2),(0,4),(7,2),(0,2),(0,4),(7,4),(0,4),(7,4),(0,4),(7,4),(0,4),(7,4)

游程长度编码对图 2-15(a)只用了 40 个整数就可以表示，而如果用前述的直接编码却需要 64 个整数表示，可见游程长度编码压缩数据是十分有效和简便的。事实上，压缩比的大小是与图的复杂程度成反比的，在变化多的部分游程数就多，变化少的部分游程数就少；图件越简单，压缩效率就越高。

游程长度编码在栅格加密时，数据量没有明显增加，压缩效率较高，且易于检索、叠加、合并等操作，运算简单，适用于机器存储容量小，数据需大量压缩，而又要避免复杂的编码解码运算增加处理和操作时间的情况。

2.3　块状编码(block code)

块状编码是游程长度编码扩展到二维的情况，采用方形区域作为记录单元，每个记录

9	9	9	9	0	0	0	0
9	9	9	0	0	0	0	0
0	9	9	0	7	7	0	0
0	0	0	0	7	7	0	0
0	0	0	0	7	7	7	7
0	0	0	0	7	7	7	7
0	0	0	0	7	7	7	7
0	0	0	0	7	7	7	7

(a)原始栅格数据

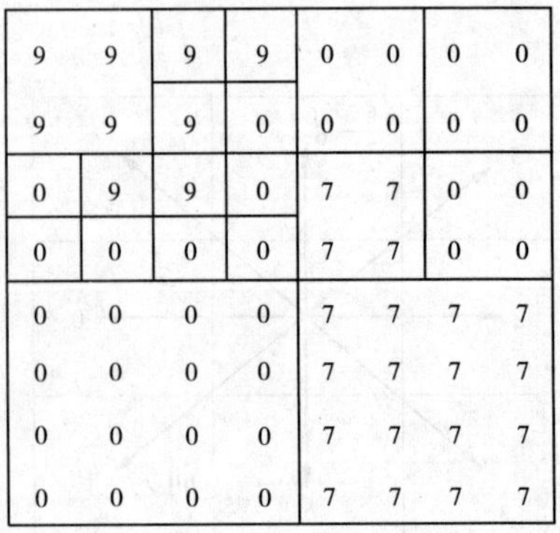

(b)块状编码示意图

图 2-15　栅格数据压缩编码示意图

单元包括相邻的若干栅格,数据结构由初始位置(行、列号)和半径,再加上记录单元的代码组成。根据块状编码的原则,对图 2-15(a)所示图像可以用 12 个单位正方形、5 个 4 单位的正方形和 2 个 16 单位的正方形完整表示,具体编码如下:

(1,1,2,9)(1,3,1,9),(1,4,1,9),(1,5,2,0),(1,7,2,0),(2,3,1,9),(2,4,1,0),(3,1,1,0),(3,2,1,9),(3,3,1,9),(3,4,1,0),(3,5,2,7),(3,7,2,0),(4,1,1,0),(4,2,1,0),(4,3,1,0),(4,4,1,0),(5,1,4,0),(5,5,4,7)

一个多边形所包含的正方形越大,多边形的边界越简单,块状编码的效果就越好。块状编码对大而简单的多边形更为有效,而对那些碎部较多的复杂多边形效果并不好。块状编码在合并、插入、检查延伸性、计算面积等操作时有明显的优越性。然而对某些运算不适应,必须转换成简单数据形式才能顺利进行。

2.4　四叉树编码(quad-tree code)

四叉树结构的基本思想是将一幅栅格地图或图像等分为 4 个部分。逐块检查其格网属性值(灰度)。如果某个子区的所有格网值都具有相同的值,则这个子区就不再继续分割,否则还要把这个子区再分割成 4 个子区。这样依次地分割,直到每个子块都只含有相同的属性值或灰度。

图 2-15(b)表示对图 2-15(a)的分割过程及其关系。这 4 个等分区称为 4 个子象限,按左上(NW)、右上(NE)、左下(SW)、右下(SE)用一个树状结构表示,如图 2-16 所示。

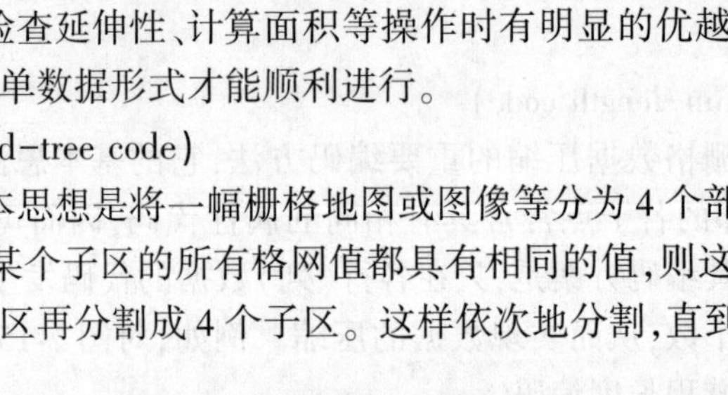

图 2-16　四叉树的树状表示

对一个由 $n \cdot n$ ($n=2 \cdot k$, $k>1$) 的栅格方阵组成的区域 P,它的 4 个子象限 P_a、P_b、P_c、P_d 分别为

$$P_a = \{P[i,j]: 1 \leqslant i \leqslant \frac{1}{2}n, 1 \leqslant j \leqslant \frac{1}{2}n\}$$

$$P_b = \{P[i,j]: 1 \leqslant i \leqslant \frac{1}{2}n, \frac{n}{2}+1 \leqslant j \leqslant n\}$$

$$P_c = \{P[i,j]: \frac{n}{2}+1 \leqslant i \leqslant n, 1 \leqslant j \leqslant \frac{1}{2}n\}$$

$$P_d = \{P[i,j]: \frac{n}{2}+1 \leqslant i \leqslant n, \frac{n}{2}+1 \leqslant j \leqslant n\}$$

再下一层的子象限分别为

$$P_{aa} = \{P[i,j]: 1 \leqslant i \leqslant \frac{1}{4}n, 1 \leqslant j \leqslant \frac{1}{4}n\}$$

$$P_{ba} = \{P[i,j]: 1 \leqslant i \leqslant \frac{1}{4}n, \frac{n}{2}+1 \leqslant j \leqslant \frac{3}{4}n\}$$

$$P_{dd} = \{P[i,j]: \frac{3}{4}n+1 \leqslant i \leqslant n, \frac{3}{4}n+1 \leqslant j \leqslant n\}$$

其中,a、b、c、d 分别表示西北(NW)、东北(NE)、西南(SW)、东南(SE)4 个子象限。根据这些表达式可以求得任一层的某个子象限在全区的行列位置,并对这个位置范围内的网格值进行检测。若数值单调,就不再细分,按照这种方法,可以完成整个区域四叉树的建立。

这种从上而下的分割需要大量的运算,因而大量数据需要重复检查才能确定划分。当 $n \cdot n$ 的矩阵比较大,且区域内容要素又比较复杂时,建立这种四叉树的速度比较慢。

另一种是采用由下而上的方法建立四叉树。对栅格数据按如下的顺序进行检测。如果每相邻 4 个网格值相同则进行合并,逐次往上递归合并,直到符合四叉树的原则。这种方法重复计算较少,运算速度较快。

从图 2-16 中可以看出,为了保证四叉树能不断地分解下去,要求图像必须为 $2^n \cdot 2^n$ 的栅格阵列,n 为极限分割次数,$n+1$ 是四叉树的最大高度或最大层数。对于非标准尺寸的图像须首先通过增加背景的方法将图像扩充为 $2^n \cdot 2^n$ 的图像,也就是说在程序设计时,对不足的部分以 0 补足(在建树时,对于补足部分生成的叶节点不存储,这样存储量并不会增加)。

四叉树编码法有许多优点:①容易且有效地计算多边形的数量特征;②阵列各部分的分辨率是可变的,边界复杂部分四叉树较高即分级多、分辨率也高,而不须表示许多细节的部分则分级少、分辨率低,因而既可精确表示图形结构又可减少存储量;③简单栅格数据结构到四叉树及四叉树到简单栅格数据结构的转换比其他压缩方法容易;④多边形中嵌套异类小多边形的表示较方便。

四叉树编码的最大缺点是转换的不定性,即用同一形状和大小的多边形可能得出多种不同的四叉树结构,故不利于形状分析和模式识别。但因为它允许多边形中嵌套多边形即所谓"洞"这种结构存在,使越来越多的地理信息系统工作者都对四叉树结构很感兴趣。

上述这些压缩数据的方法应视图形的复杂情况合理选用,同时应在系统中备有相应的程序。另外,用户的分析目的和分析方法也决定着压缩方法的选取。

四叉树结构按其编码方法的不同又分为常规四叉树和线性四叉树。常规四叉树除记录叶节点外,还要记录中间节点。节点之间借助指针联系,每个节点需要用 6 个量表达:4 个叶节点指针、1 个父节点指针和 1 个节点的属性值或灰度值。这些指针不仅增加了数据储存量,而且增加了操作的复杂性。常规四叉树主要在数据索引和图幅索引等方面应用。

线性四叉树则只存储最后叶节点的信息,包括叶节点的位置、深度和本节点的属性值或灰度值。所谓深度是指处于四叉树的第几层上,由深度可推知子区的大小。

线性四叉树叶节点的编号需要遵循一定的规则,这种编号称为地址码,它隐含了叶节点的位置和深度信息。

2.5　八叉树

八叉树结构(见图 2-17)就是将空间区域不断地分解为 8 个同样大小的子区域(即将一个六面的立方体再分解为 8 个相同大小的小立方体),分解的次数越多,子区域就越小,一直到同一区域的属性单一。按由下而上合并的方式来说,就是将研究区空间先按一定的分辨率将三维空间划分为三维栅格网,然后按规定的顺序每次比较 3 个相邻的栅格单元,如果其属性值相同则合并,否则就记盘。依次递归运算,直到每个子区域均为单值。

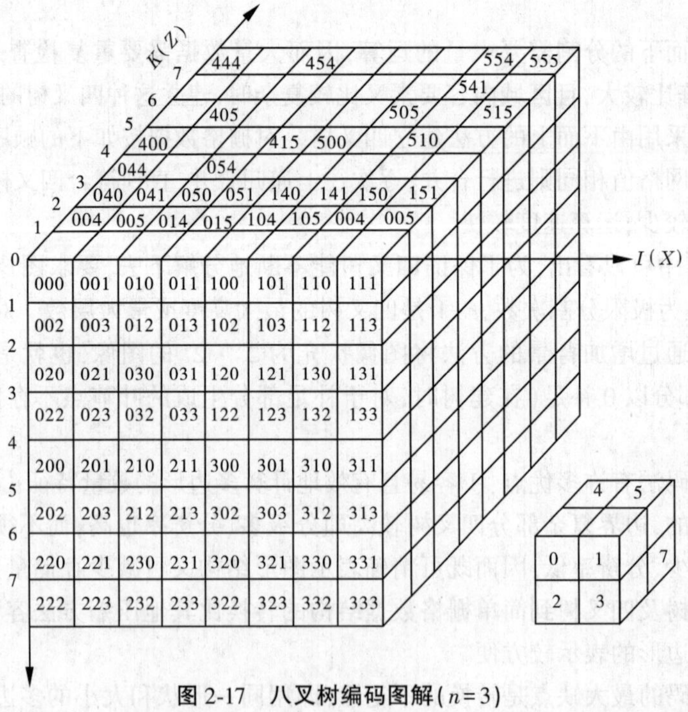

图 2-17　八叉树编码图解($n=3$)

八叉树同样可分为常规八叉树和线性八叉树。常规八叉树的节点要记录 10 个量,即 8 个指向子节点的指针、1 个指向父节点的指针和 1 个属性值(或标识号)。而线性八叉树则只需要记录叶节点的地址码和属性值。因此,它的主要优点是:其一,节省存储空间,因为只须对叶节点进行编码,节省了大量中间节点的存储,每个节点的指针也免除了,而将到某一特定节点的方向和路径的信息隐含在定位码之中,定位码数字的个位数显示分辨率的高低或分解程度;其二,线性八叉树可直接寻址,通过其坐标值则能计算出任何输入节点的定位码(称编码),而不必实际建立八叉树,并且定位码本身就是坐标的另一种形式,不必有意去存储坐标值,若需要的话还能从定位码中获取其坐标值(称解码);其三,在操作方面,所产生的定位码容易存储和执行,容易实现对象集合、相加等组合操作。

八叉树主要用来解决地理信息系统中的三维问题。

思考题

1. 空间数据的基本特征是什么?
2. 举例说明空间数据的类型。
3. 什么是关联关系、邻接关系和包含关系?举例说明。
4. 什么叫矢量数据结构?什么叫栅格数据结构?二者有何区别?
5. 简述矢量数据结构的编码方式。
6. 简述栅格数据的获取途径。
7. 举例说明游程长度编码的基本思路。
8. 四叉树编码有哪些优点?
9. 什么情况下采用八叉树结构?
10. 矢量数据结构与栅格数据结构相比较,各有何优缺点?

第3章　空间数据的获取与处理

课件:空间数据的获取与处理

【本章概述】

空间数据的获取与处理是地理信息系统建设首先要进行的任务,它可通过数据转换、遥感数据处理及数字测量等方式完成,其中已有地图的数字化录入,是目前被广泛采用的手段。在GIS中,录入的内容包括空间信息和非空间信息。空间信息的录入主要有两种方式,即数字化仪数字化和扫描矢量化,本章具体介绍这两种方式及相关的算法,同时介绍数据质量的基本内容及拓扑建立的过程。

第1节　GIS的数据来源

1　地图数据

地图是地理数据的传统描述形式,是具有共同参考坐标系统的点、线、面的二维平面形式的表示,内容丰富,图上实体间的空间关系直观,而且实体的类别或属性可以用各种不同的符号加以识别和表示。地图是GIS重要的数据源。我国大多数的GIS系统其图形数据大部分都来自地图。但基于地图以下的特点,在应用时须加以注意:

(1)地图存储介质的缺陷。地图多为纸质,由于存放条件的不同,都存在不同程度的变形,具体应用时,须对其进行纠正。

(2)地图现势性较差。由于传统地图更新需要的周期较长,造成现存地图的现势性不能完全满足实际的需要。

(3)地图投影的转换。由于地图投影的存在,使得对不同地图投影的地图数据进行交流前,须先进行地图投影的转换。

(4)在计算机图形图像技术应用于地图制作之前,各部门一般都使用纸质地图或工程图纸。图纸在查阅、计算距离和标注地名符号等方面都是人工操作;另外,不能对一幅纸质地图进行修改、缩小比例和分层读图,至于地图局部放大只能借助于放大镜,被放大的区域很小且操作不方便。

随着技术的发展,人们对地图的要求进一步提高。通过GIS工具,可以把纸质地图经过一系列处理而转换成可以在屏幕上显示的电子化地图,可以满足人们使用地图的新的要求。

当纸质地图经过矢量化,或者实地数字测绘,生成可以为地理信息系统显示、修改、标注、漫游、计算、管理和打印的矢量地图数据文件,这种与纸质地图相对应的计算机数据文件称为矢量化电子地图(矢量化地图)。这种地图工作时需要有应用软件和硬件系统的支持。对矢量化地图的操作是以人机交互方式,通过GIS应用软件对硬件设备的控制来实现的。矢量化电子地图与纸质地图相比有如下优点:

(1)计算距离和标注地名符号快速准确。

(2)可对地图局部放大、全图缩小和移动显示,漫游功能很强。

(3)分层显示地图。当对地图上各种信息分不同层归类存放后,则可以显示某些层,关闭不显示的层。

(4)可以以图元为单位进行信息编辑修改,人机交互画线、标注符号文字,删除地图上多余的信息。

(5)可以通过计算机网络进行电子地图传递,提供信息共享。其传递速度快,保密性强。如果能有效解决地图符号自动分割和识别问题,则能实现地图的智能矢量化。

2 遥感数据

20世纪60年代以来,遥感技术在国民经济的各个方面都有了广泛的应用。例如,检测地表资源、环境变化;了解沙漠化、土壤侵蚀等缓慢变化;监视森林火灾、洪水和天气迅速变化状况;进行作物估产。

卫星遥感资料可以及时地提供广大地区在同一时相、同一波段、同一比例尺、同一精度的空间信息,航空遥感可以快速获取小范围地区的详细资料。

遥感影像对空间信息的描述主要是通过不同的颜色和灰度来表示的。这是因为地物的结构、成分、分布等不同,其反射光谱特性和发射光谱特性也各不相同,传感器记录的各种地物在某一波段的电磁辐射反射能量也各不相同,反映在遥感影像上,则表现为不同的颜色和灰度信息。如图3-1所示为一幅遥感图像。

图3-1 遥感影像对空间信息的描述

遥感作为获取和更新空间数据的有力手段,能为地理信息系统及时、正确、综合和大范围地提供各种资源和环境数据。遥感所具有的动态特点对地理信息系统数据库多时相更新极为有利。在解决大范围的以统计为主的地理信息系统中,获取遥感信息显得尤为重要。

2.1 经过目视判读,编制出的各种专题地图数据

利用这些专题地图,经数字化后可将所需信息输入到地理信息系统中。这种方式一直是遥感和地理信息系统结合的主要形式。这些专题系列图的各专题要素因来自同一信息源,保证了时相和图幅位置配准,很适合地理信息系统中进行多重信息的综合分析,从而派生综合性数据及图件。

2.2 遥感数据经识别处理直接进入地理信息系统数据库

当遥感数据进入计算机后,经自动识别分类,编辑处理成专题地图,然后进入地理信息系统,实现高效快速获取数据的目的。整个过程是在“全数字化”环境下进行的。其工作流程见图3-2。其中,预处理是为了得到专题内容而提高遥感图像的可分性;遥感图像的识别分类是影响自动获取数据的关键;后处理是对分类结果进行再处理,如在分类中出现面积过小的图斑的处理等。另外,由于最后所得到的专题图像其数据结构仍为栅格数据,其中很可能出现不够平滑等问题,为此还需要进行处理,并对得到的图中某些不合理

现象,如不应出现的间断等进行编辑加工,并将其转换成地理信息系统要求的数据格式,送到地理信息系统数据库。

3 数字化测绘数据

随着测绘仪器的更新和测绘技术、计算机技术的发展,传统的测绘技术方法逐渐被数字测绘技术方法所取代。各种测绘新技术可直接获得矢量数据,主要有 GNSS 的定位数据、全站仪外业实测数据、全数字摄影测量数据等。这些数据可以形成高精度的地形、地籍和其他专题电子地图,是 GIS 的一个很准确和很现势的资料。

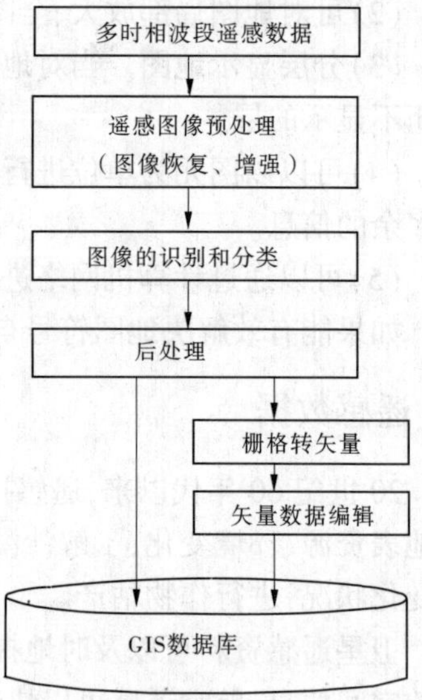

图 3-2 遥感数据转为 GIS 数据工作流程

4 其他 GIS 数据源

4.1 实验观测数据

目前,随着各种专题图件的制作和各种 GIS 系统的建立,直接获取数字数据和属性数据的可能性越来越大。数字数据也成为 GIS 信息源不可缺少的一部分。但对数字数据的采用需注意数据格式的转换和数据精度、可信度的问题。

4.2 社会经济数据

国民经济的各种统计数据也常常是 GIS 的数据源,如人口数量、人口构成、国内生产总值等。

4.3 各种文字报告和立法文件

各种文字报告和立法文件在一些管理类的 GIS 中有很大的应用。例如,在城市规划管理信息系统中,各种城市管理法规及规划报告在规划管理工作中起着很大的作用。

对于一个多用途的或综合型的系统,一般都要建立一个大而灵活的数据库,以支持其非常广泛的应用范围。而对于专题型和区域型统一的系统,则数据类型与系统功能之间具有非常密切的关系。

第 2 节 空间数据的编码

在地理信息系统中,按照其特征,数据可分为 3 种类型:空间特征数据(定位数据)、时间属性数据(尺度数据)和专题属性数据(非定位数据)。对于绝大部分地理信息系统的应用来说,时间属性数据和专题属性数据结合在一起共同作为属性特征数据(属性数据),而空间特征数据和属性特征数据统称为空间数据(或地理数据)。

1 空间数据的编码过程

空间数据的编码是空间数据结构的组织和实质。它实质上反映了一种转换过程,是在数据结构的指导下,把空间的图形数据和属性数据经过分类、量化和组织转换成计算机所能接收的形式,以便进行各种处理分析。因此,可以把空间数据编码看成是把反映空间实体的信息转换成计算机所要求的信息,并将其存入计算机接口中,如图3-3所示。

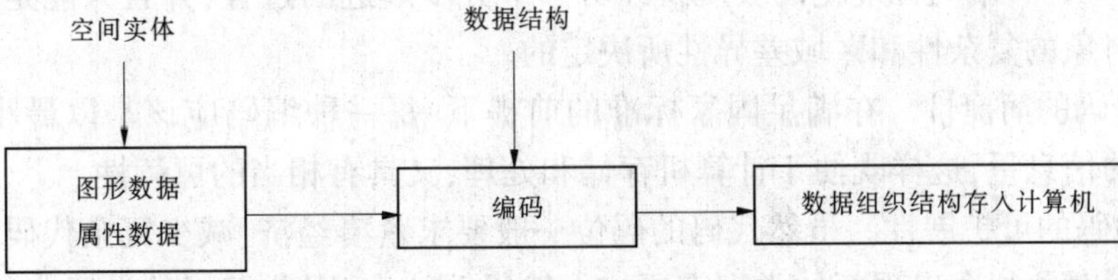

图3-3　空间数据编码

不管是属性数据,还是图形数据,对其进行编码都需要注意标准化问题,如在确定专业分类分级体系时必须注意各专业的分级标准,对图形图像数据库需要注意现有标准格式。此外,编码要注意灵活性、唯一性及特征性。

空间实体的编码是地理信息系统设计中最主要的技术步骤之一,它同用户的要求、数据源质量、精度和类型有一定关系,并以一定数据结构为支撑。不同类型数据,必须用合适的数据结构进行组织才能便于处理分析。空间数据编码过程如图3-4所示。

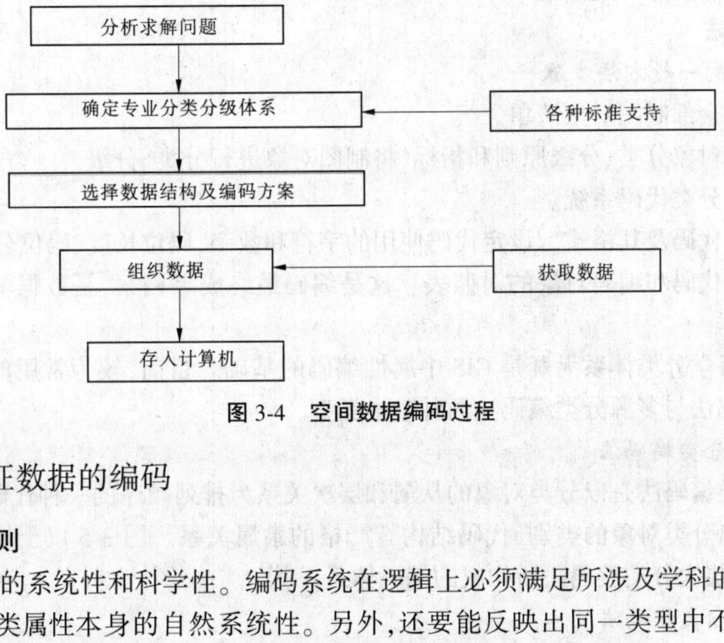

图3-4　空间数据编码过程

2　属性特征数据的编码

2.1　编码原则

(1)编码的系统性和科学性。编码系统在逻辑上必须满足所涉及学科的科学分类方法,以体现该类属性本身的自然系统性。另外,还要能反映出同一类型中不同级别的特点。一个编码系统能否有效运作,其核心问题就在于此。

(2)编码的一致性。一致性是指对象的专业名词、术语的定义等必须严格保证一致,对代码所定义的同一专业名词、术语必须是唯一的。

(3)编码的标准化和通用性。为满足未来有效的信息传输和交流,所制定的编码系统必须在有可能的条件下实现标准化。

我国研究编码的标准化问题,对某些项目作了规定。例如,《中华人民共和国行政区划代码》(GB/T 2260—2007)使用国家颁布的标准编码,其中有省(直辖市、自治区)3位,县(区)3位。其余3位由用户自己定义,最多为10位。编码的标准化就是拟定统一的代码内容、码位长度、码位分配和码位格式为大家所采用。编码的标准化为数据的通用性创造了条件。当然,编码标准化的实现将经历一个分步渐进的过程,并且只能是适度的,这是由地理对象的复杂性和区域差异性所决定的。

(4)编码的简捷性。在满足国家标准的前提下,每一种编码应该是以最小的数据量载负最大的信息量,这样既便于计算机存储和处理,又具有相当的可读性。

(5)编码的可扩展性。虽然代码的码位一般要求紧凑经济、减少冗余代码,但应考虑到实际使用时往往会出现新的类型需要加入编码系统中,因此编码的设置应留有扩展的余地,避免新对象的出现使原编码系统失效,造成编码错乱现象。

2.2 编码内容

属性编码一般包括3个方面的内容:

(1)登记部分,用来标识属性数据的序号,可以是简单的连续编号,也可划分不同层次进行顺序编码。

(2)分类部分,用来标识属性的地理特征,可采用多位代码反映多种特征。

(3)控制部分,用来通过一定的查错算法,检查在编码、录入和传输中的错误,在属性数据量较大情况下具有重要意义。

2.3 编码方法

2.3.1 编码的一般方法步骤

(1)列出全部制图对象清单。

(2)制定对象分类、分级原则和指标,将制图对象进行分类、分级。

(3)拟定分类代码系统。

(4)设定代码及其格式。设定代码使用的字符和数字、码位长度、码位分配等。

(5)建立代码和编码对象的对照表。这是编码最终成果档案,是数据输入计算机进行编码的依据。

属性的科学分类体系无疑是GIS中属性编码的基础。目前,较为常用的编码方法有层次分类编码法与多源分类编码法两种基本类型。

2.3.2 层次分类编码法

层次分类编码法是以分类对象的从属和层次关系为排列顺序的一种代码。其优点是能明确表示出分类对象的类别,代码结构有严格的隶属关系。图3-5以土地利用类型编码为例,说明层次分类编码法所构成的编码体系。

2.3.3 多源分类编码法

多源分类编码法又称独立分类编码法,是指对于一个特定的分类目标,根据诸多不同的分类依据分别进行编码,各位数字代码之间并没有隶属关系。表3-1以河流为例说明了属性数据多源分类编码法的编码方法。

例如,表中常年河、通航,主流长7 km,宽25 m,平均深度为50 m在该表中表示为:11454。由此可见,该种编码方法一般具有较大的信息载量,有利于对空间信息的综合分析。在实际工作中,也往往将以上两种编码方法结合使用,以达到更理想的效果。

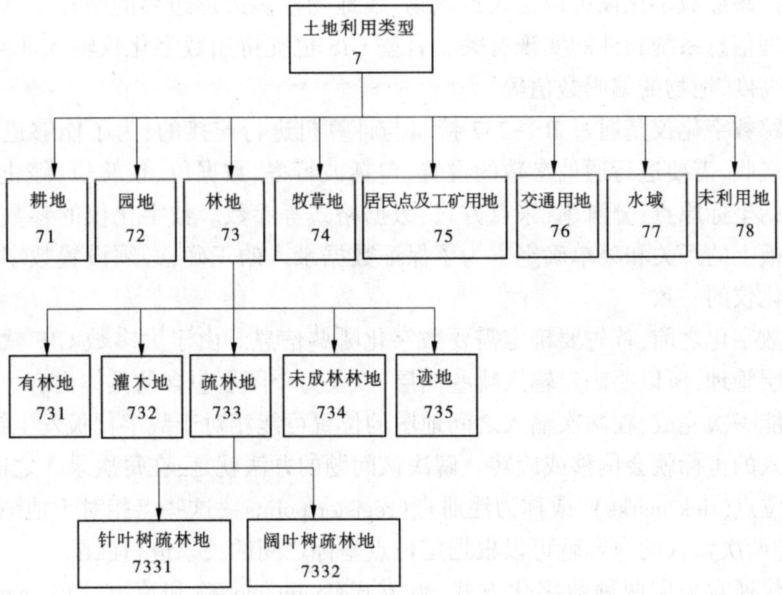

图 3-5 土地利用类型编码(层次分类编码法)

表 3-1 河流类型的多源分类编码方案

通航情况	流水季节	河流长度	河流宽度	河流深度
通航:1	常年河:1	<1 km:1	<1 m: 1	5~10 m: 1
不通航:2	时令河:2	<2 km:2	1~2 m: 2	10~20 m: 2
	消失河:3	<5 km:3	2~5 m: 3	20~30 m: 3
		<10 km:4	5~20 m:4	30~60 m: 4
		>10 km:5	20~50 m:5	60~120 m: 5
			>50 m: 6	120~300 m: 6
				300~500 m: 7
				>500 m: 8

第3节 空间数据的获取

1 矢量数据的录入

1.1 数字化仪数字化

数字化仪是获取矢量数据的主要途径。数字化一幅复杂地图是十分艰苦的工作,它需要操作人员把图固定在数字化面板上,然后用定标器对地图的各种区域边界和其他标志信息如道路、等高线等要素进行跟踪描绘。为了便于对输入数据建立拓扑关系,有些系统在输入面状(区域)边界时,还需要输入附加信息。

利用手扶跟踪数字化仪可以输入点地物、线地物及多边形边界的坐标。其具体的输入方式与地理信息系统软件的实现有关。有些 GIS 也支持用数字化仪输入非空间信息,如等高线的高度、地物的编码数值等。

手扶跟踪数字化仪是通过 RS-232 接口与计算机进行连接的,为了能够进行正确的数据发送和接收,需要进行通信参数的设置,包括波特率、数据位、校验位、停止位等。数字化仪还包括坐标原点、分辨率、采点方式、数据格式等参数。数字化仪的参数通常可以利用数字化板上的开关和菜单确定。为了保证数据录入的正确,必须设置数字化软件的参数与数字化仪的一致。

在进行数字化之前,首先要确定需要数字化哪些信息。由于大多数 GIS 软件对空间数据采用分层管理,所以要确定输入哪些图层,以及每个图层包含的具体内容。由于数字化过程不可能一次完成,在两次输入之间地图的位置可能相对于数字化板发生错动,这样前后两次录入的坐标就会偏移或旋转。解决该问题的办法就是,在每次录入之前,先输入至少 3 个定位点(tick marks),或称为注册点(register points),这些点相对于地图的位置是固定的,这样两次输入的内容就可以根据定位点坐标之间的关系进行匹配。

数字化仪通常采用两种数字化方式:点方式(point mode)和流方式(stream mode)。点方式是当录入人员按下游标(puck)的按键时,向计算机发送一个点的坐标。输入点状地物要素时必须使用点方式;线和多边形地物的录入也可以使用点方式,在输入时,输入者可以有选择地输入曲线上的采样点,而采样点必须能够反映曲线的特征。

流方式录入能够加快线或多边形地物的录入速度。在录入过程中,当录入人员沿着曲线移动游标时,能够自动记录经过点的坐标。采用流方式录入曲线时,往往采集点的数目要多于点方式,造成数据量过大,一个解决方案是对记录的点进行实时采样,即尽管系统接收到了点的坐标,但是可以根据采样原则确定是否记录该点。目前,大多数系统采用两种采样原则,即距离流方式(distance stream)和时间流方式(time stream),如图 3-6 所示。

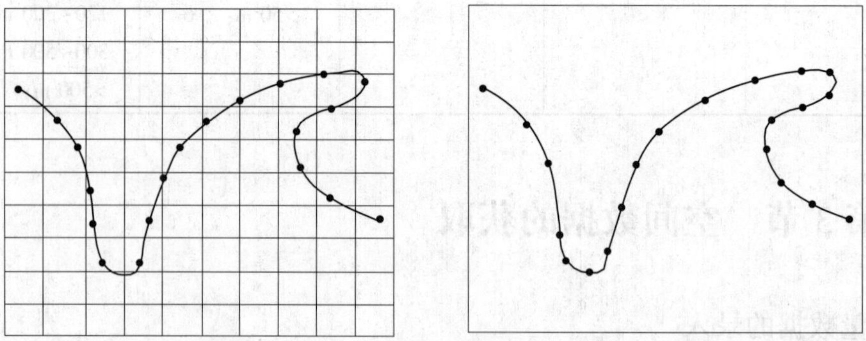

(a)距离流方式　(b)时间流方式

图 3-6　距离流方式和时间流方式

(1)距离流方式是当前接收的点与上一点距离超过一定阈值,才记录该点。

(2)采用时间流方式时,按照一定时间间隔对接收的点进行采样。

采用时间流方式录入时,一个优点是当录入曲线比较平滑时,录入人员往往移动游标比较快,这样记录点的数目少;而曲线比较弯曲时,游标移动较慢,记录点的数目就多。而采用距离流方式录入时,容易遗漏曲线拐点,从而使曲线形状失真。所以,在保证曲线的形状方面,时间流方式要优于距离流方式。

在实际的录入过程中,可以根据不同的录入对象选择不同的录入方式。例如,当录入地块图时,由于其边界多为直线且点的数据较少,可以采用点方式录入;录入交通线时,因为要保证某些特征点位置的准确性,也可以使用点方式录入;而等高线的录入由于数据量大,使用流方式可以加快录入速度。

1.2 扫描矢量化

空间数据获取成本成为 GIS 项目中最主要的成本。由于手扶跟踪数字化需要大量的人工操作,使得它成为以数字为主体的应用项目的瓶颈。扫描技术的出现无疑为空间数据录入提供了有力的工具。

常见的地图矢量化处理的过程如图 3-7 所示。由于扫描仪扫描幅面一般小于地图幅面,因此大的纸质地图需先分块扫描,然后进行相邻图拼接;当显示终端分辨率及内存有限时,拼接后的数字地图还要裁剪成若干个矩形块,对每个矩形块进行矢量化处理后生成便于编辑处理的矢量地图,最后把这些矢量化的矩形图块合成为一个完整的矢量电子地图,并进行修改、标注、计算和漫游等编辑处理。

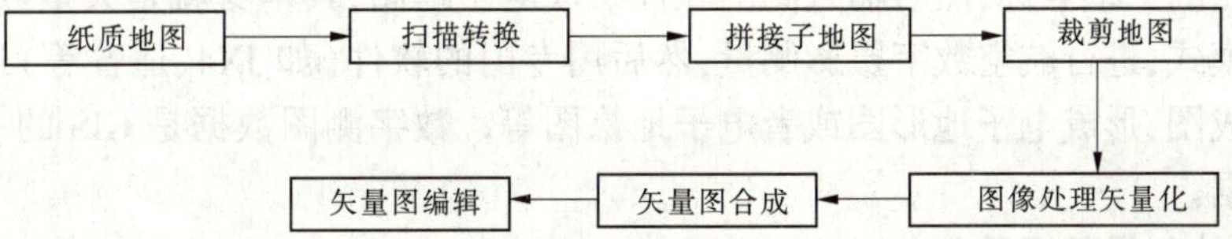

图 3-7 地图矢量化处理流程图

扫描矢量化过程通常有三种方法:①完全手工矢量化,这种方法与数字化仪的点方式基本一致,只是数字化仪在数字化面板上采点,而该方式是在计算机屏幕上采点。②交互跟踪矢量化,或者称为半自动矢量化。该方法首先要选择采集数据要素栅格的灰度阈值或者 RGB 色彩阈值,然后进行交互跟踪矢量化,这时计算机会根据设置的阈值自动进行跟踪矢量化,当计算机在模糊不清的地方无法跟踪时,操作者会给出提示。③完全自动矢量化,经过一系列的图像处理后扫描矢量化可以自动进行,但是扫描地图中包含多种信息,系统难以自动识别分辨。例如,在一幅地形图中,有等高线、道路、河流等多种线地物,尽管不同地物有不同的线型、颜色,但是对于计算机系统而言,仍然难以对它们进行自动区分,这使得完全自动矢量化的结果不那么“可靠”,除非扫描的质量非常好。所以,在实际应用中,常常采用交互跟踪矢量化。

将栅格图像转换为矢量地图一般需要以下步骤:

(1)图像二值化。图像二值化用于从原始扫描图像计算得到黑白二值图像,通常将图像上白色区域的栅格点赋值为 0,黑色区域的栅格点赋值为 1,黑色区域对应了要矢量化提取的地物,又称为前景。

(2)图像平滑。图像平滑用于去除图像中的随机噪声,通常表现为斑点。

(3)细化。细化是将一条线细化为只有一个像素宽,是矢量化过程中的重要步骤,也是矢量化的基础。

(4)链式编码。链式编码将细化后的图像转换成点链的集合,其中每个点链对应于一条弧段。

(5)矢量线提取。将每个点链转化成一条矢量线。每条线由一系列点组成,点的数目取决于线的弯曲程度和要求的精度。

扫描矢量化能否快速完成,与扫描质量的好坏及量化软件的程序算法有关。随着扫描技术、计算机技术、人工智能、神经网络技术的发展,扫描矢量化在半自动和全自动矢量化方面必将得到发展,地图矢量化将以扫描矢量化为主。

1.3　全球导航卫星系统(GNSS)数据录入

GNSS 可以快速、准确地确定地球表面的特征位置,并直接以坐标数据输入计算机。因此,GNSS 技术将成为野外实地测量地图数据的重要工具。目前,结合实地调查,已用 GNSS 获取很多大比例尺地图数据。作为一种输入手段,它必将成为地理信息系统的重要组成部分。

1.4　数字测图数据

数字测图可直接获得矢量数据,主要有全站仪和测图软件模式。全站仪外业采集数据为地面点的三维坐标,然后输入测图软件绘成电子地图,其本身就是矢量数据;全数字摄影测量模式,进行航空数字摄影测量,然后用专门的软件(如 JX4、适普等)进行三维坐标的采集成图,形成电子地形图或者电子地籍图等。数字测图数据是 GIS 的一个高精度的矢量数据。

1.5　其他的矢量数据录入

1.5.1　其他数据转换

其他格式数据的转换包括三种情形:

(1)其他矢量格式数据(往往由其他 GIS 软件制订)的转换。

(2)坐标数据,往往表现为关系数据库表的形式,如表 3-2 所示。

表 3-2　测站信息表(部分)

测站编码	经度/(°)	纬度/(°)
68013344	102.2	29.8
68026785	113.5	30.2

(3)位置描述信息,以关系数据表形式存取,同样可以转换为不太精确的坐标数据,如表 3-3 所示。

1.5.2　键盘录入

对于数据量较小并且已知地物精确坐标的情况,可以采用键盘录入。此外,键盘录入也是录入属性数据的主要手段。

1.5.3　鼠标录入

用鼠标点取坐标,有时可设置捕捉对象的特征点,如线段的中点、圆的圆心点。捕捉点取对象的特征点，获得矢量数据。

表 3-3　企业员工信息表(部分)

姓名	住址
张三	甘肃省兰州市
李四	北京市海淀区

2　矢量数据的编辑

2.1　矢量数据误差或错误的检查

通过矢量数字化或扫描数字化所获取的原始空间数据，都不可避免地存在着错误或误差，属性数据在建库输入时，也难免会存在错误。所以，对图形数据和属性数据进行一定的检查、编辑是很有必要的。

图形数据主要包括以下几个问题：

(1)空间数据的不完整或重复。主要包括空间点、线、面数据的丢失或重复，区域中心点的遗漏，栅格数据矢量化时引起的断线等。

(2)空间数据的位置不准确。主要包括空间点位的不准确、线段过长或过短、线段的断裂、相邻多边形节点的不重合等。

(3)空间数据的比例尺不准确。

(4)空间数据的变形。

图 3-8 是几种数字化误差的示例。为发现并有效消除误差，一般采用如下方法进行检查。

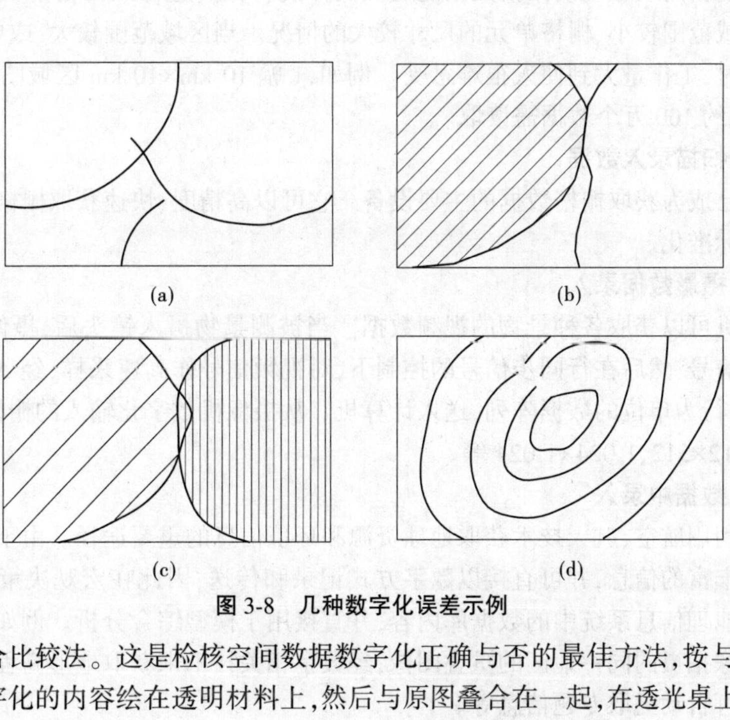

图 3-8　几种数字化误差示例

(1)叠合比较法。这是检核空间数据数字化正确与否的最佳方法，按与原图相同的比例尺把数字化的内容绘在透明材料上，然后与原图叠合在一起，在透光桌上仔细地观察和比较。一般对于空间数据的比例尺不准确和空间数据的变形马上就可以观察出来,对于空间数据的位置不完整和不准确则须用粗笔把遗漏、位置错误的地方明显地标注出来。如果数字化的范围比较大,分块数字化时,除检核一幅(块)图内的差错外,还应检核已存入计算机的其他图幅的接边情况。

(2)目视检查法。目视检查法指在屏幕上用目视检查的方法,检查一些明显的数字化误差与错误,如图3-8所示,包括线段过长或过短、多边形的重叠和裂口、线段的断裂等。

(3)逻辑检查法。如根据数据拓扑一致性进行检验,将弧段连成多边形。

进行数字化误差的检查,有许多软件已能自动进行多边形节点的自动平差。另外,对属性数据的检查一般也最先用这种方法,检查属性数据的值是否超过其取值范围,属性数据之间或属性数据与地理实体之间是否有荒谬的组合。

2.2 矢量数据编辑

对于空间数据的不完整或位置的误差,主要是利用GIS的图形编辑功能进行处理,如删除(目标、属性、坐标)、修改(平移、拷贝、连接、分裂、合并、整饰)、插入等。

对空间数据比例尺的不准确和变形,可以通过比例变换和纠正来处理。

3 栅格数据的录入

3.1 目读法录入

目读法获取栅格数据时,首先将一张透明格网纸叠置于某图件上,根据单位格网面积占优法、单位格网交点归属法或单位格网长度占优法,直接用人工方法获取相应的栅格数据属性。所选格网尺寸应使栅格数据能反映实体的特征。这种人工栅格数据的获取,适用于所选区域范围较小、栅格单元的尺寸较大的情况。当区域范围较大,或要求栅格单元尺寸比较小时,工作量大到使人很难忍受。例如,1幅10 km×10 km区域图要以10 m的间隔取数,有约100万个数据需读取。

3.2 扫描仪扫描录入数据

扫描仪已成为获取栅格数据的主要设备。它可以高精度、快速获取栅格数据,其数据格式也已经标准化。

3.3 摄像机摄影数据录入

用摄像机可以获取各种景物的视频数据。当被测景物摄入镜头后,摄像机输出按行扫描的视频信号,然后在行同步信号的控制下,对视频信号作高速采样,经A/D转换器转换后,形成以行为单位的数据阵列,送入计算机。从摄像机数字化输入的栅格元素是相对固定的,如512×512、1 024×1 024等。

3.4 从遥感数据中录入

遥感是利用航空、航天技术获取地球资源和环境信息的重要途径。由于它能周期性、动态地获取丰富的信息,并可直接以数字方式记录和传送,因此在宏观决策中,常用它来获取和更新地理信息系统中的数据库内容,并直接用于模型综合分析。例如,利用航空照片和卫星图像拍摄的同一地区的重叠图像,经数字相关技术来获取地形高程信息。此外,遥感影像还可自动提取专题信息等。

3.5 从矢量数据转换栅格数据

把矢量结构的数据通过适当算法,用软件将其转换成栅格结构数据,这是获取栅格数据的方法之一。例如,从专题地图上获取的矢量数据结构的地块图、积温图或降雨量分布图,用软件将其转成栅格结构数据图,并对其进行叠置分析。

4 栅格数据的编辑

4.1 栅格数据的误差纠正

此处的栅格数据主要指通过扫描得到的地形图和遥感影像。由于如下原因,使扫描得到的地形图数据和遥感数据存在变形,必须加以纠正。

(1)受地形图介质及存放条件等因素的影响,地形图的实际尺寸发生变形。

(2)在扫描过程中,工作人员的操作会产生一定的误差,如扫描时地形图或遥感影像没被压紧、产生斜置或扫描参数的设置等因素都会使被扫入的地形图或遥感影像产生变形,直接影响扫描质量和精度。

(3)遥感影像本身就存在着几何变形。

(4)所需地图图幅的投影与资料的投影不同,或须将遥感影像的中心投影或多中心投影转换为正射投影等。

(5)扫描时受扫描仪幅面大小的影响,有时须将一幅地形图或遥感影像分成几块扫描,这样会使地形图或遥感影像在拼接时难以保证精度。

对扫描得到的图像进行纠正,主要是建立要纠正的图像与标准的地形图或地形图的理论数值或纠正过的正射影像之间的变换关系。主要的变换函数有:仿射变换、双线性变换、平方变换、双平方变换、立方变换、四阶多项式变换等。具体采用哪一种,则要根据纠正图像的变形情况、所在区域的地理特征及所选点数来决定。

栅格地形图和遥感影像的纠正过程及具体步骤如下。

4.1.1 栅格地形图的纠正

对地形图的纠正,一般采用四点纠正法或逐网格纠正法。四点纠正法,一般是根据选定的数学变换函数,输入需纠正地形图的图幅行列号、比例尺、图幅名称等,生成标准图廓,分别采集4个图廓控制点坐标来完成。逐网格纠正法,是在四点纠正法不能满足精度要求的情况下采用的。这种方法和四点纠正法的不同点就在于采样点数目的不同,它是逐方里网进行的,也就是说,对每一个方里网,都要采点。

具体采点时,一般要先采源点(需纠正的地形图),后采目标点(标准图廓);先采图廓点和控制点,后采方里网点。

4.1.2 遥感影像的纠正

遥感影像的纠正,一般选用和遥感影像比例尺相近的地形图或正射影像图作为变换标准,选用合适的变换函数,分别在要纠正的遥感影像和标准地形图或正射影像图上采集同名地物点。

具体采点时,要先采源点(影像),后采目标点(地形图)。选点时,要注意选点的均匀分布,点不能太多。如果在选点时没有注意点位的分布或点太多,这样不但不能保证精度,反而会使影像产生变形。另外,点位应选由人工建筑构成的且不会移动的地物点,如渠或道路交叉点、桥梁等,尽量不要选河床、易变动的河流交叉点,以免点的移位影响配准精度。

4.2　栅格数据的编辑

栅格数据的编辑主要是对扫描影像不清晰、不需要的栅格数据加以处理,以便提取需要的、准确的数据,主要有擦除、锐化等处理方法。

4.3　图像解译

遥感影像的信息要进入 GIS,很重要的一步就是图像解译,即从图像中提取有用信息的过程。

对图像进行解译,是一项涉及诸多内容的复杂过程。这些内容包括:研究地理区域的一般知识,掌握影像分析的经验和技能,对影像特征的深入理解。有时,在图像解译之前,还会对其进行图像增强处理。

图像解译过程一般建立在对图像及其解译区域进行系统研究的基础之上,具体包括图像的成像原理、图像的成像时间、图像的解译标志、成像地区的地理特征、地图、植被、气候学及区域内有关人类活动的各种信息。

遥感图像的解译有目视判读和计算机自动解译两种方法。其中,计算机自动解译又可分为监督分类和非监督分类两种。

第4节　空间数据录入后的处理

1　图形坐标变换

在地图录入完毕后,经常需要进行投影变换,得到所需要的参照系下的地图。对各种投影进行坐标变换的主要原因是输入时地图是一种投影,而输出的地图产物是另外一种投影。进行投影变换有两种方式:一种是利用多项式拟合,类似于图像几何纠正;另一种是直接应用投影变换公式进行变换。

1.1　坐标系及坐标变换

1.1.1　几种常用坐标系

用户坐标系:通常是笛卡儿直角坐标系。

设备坐标系:如图形终端、绘图仪、数字化仪等设备都有自己的坐标系,如图3-9所示。

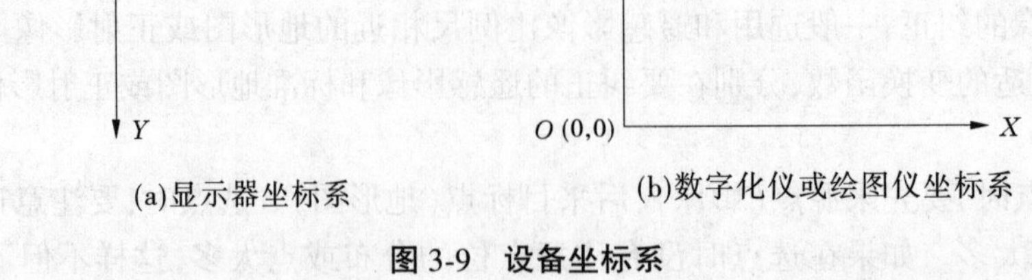

(a)显示器坐标系　(b)数字化仪或绘图仪坐标系

图3-9　设备坐标系

1.1.2 从窗口区到视图区的变换

用户坐标系的定义从理论上讲是连续无限的，而设备坐标系是有界的。用户可以在用户坐标系下指定任意的、感兴趣的区域输出到设备上，这个区域称为窗口区。所以，窗口区是用户图形的一部分。

图形设备上输出图形的最大区域称屏幕域，任何小于或等于屏幕域的区域称为视图区。所以，视图区是用户在屏幕上定义的显示区域。从窗口区到视图区的变换实质上是从用户坐标到屏幕坐标的变换。

如图3-10所示，设用户坐标系窗口左下角和右上角的坐标分别为(W_{XL}, W_{YB})和(W_{XR}, W_{YT})。设备坐标系下的视图区左下角和右上角的坐标分别为(V_{XL}, V_{YB})和(V_{XR}, V_{YT})，现在在用户坐标系下有一点$W(X_W, Y_W)$，要转换到设备坐标系下的点$S(X_S, Y_S)$。可根据相似理论求得：

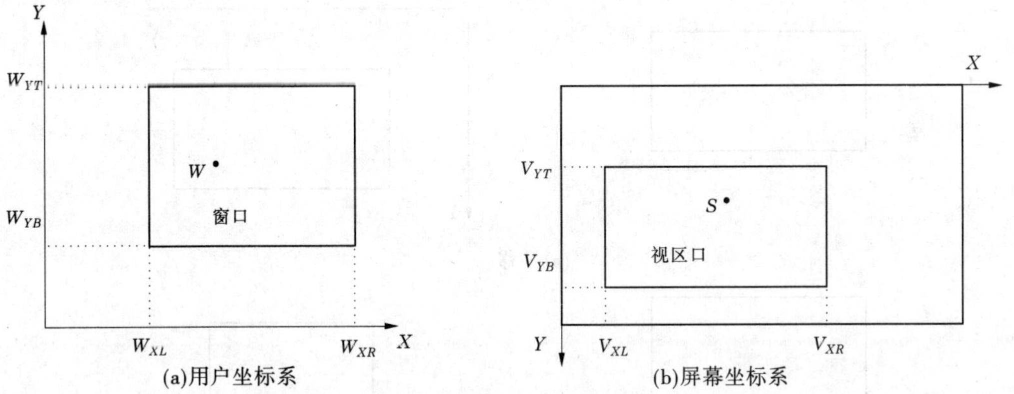

图3-10 用户坐标系及屏幕坐标系

$$\frac{X_S - V_{XL}}{V_{XR} - V_{XL}} = \frac{X_W - W_{XL}}{W_{XR} - W_{XL}}$$

$$\frac{Y_S - V_{YB}}{V_{YT} - V_{YB}} = \frac{Y_W - W_{YB}}{W_{YT} - W_{YB}}$$

$$\left.\begin{aligned} X_S &= \frac{V_{XR} - V_{XL}}{W_{XR} - W_{XL}}(X_W - W_{XL}) + V_{XL} \\ Y_S &= \frac{V_{YT} - V_{YB}}{W_{YT} - W_{YB}}(Y_W - W_{YB}) + V_{YB} \end{aligned}\right\} \quad (3\text{-}1)$$

如果设

$$a = \frac{V_{XR} - V_{XL}}{W_{XR} - W_{XL}} \quad b = V_{XL} - W_{XL}\frac{V_{XR} - V_{XL}}{W_{XR} - W_{XL}}$$

$$c = \frac{V_{YT} - V_{YB}}{W_{YT} - W_{YB}} \quad d = V_{YB} - W_{YB}\frac{V_{YT} - V_{YB}}{W_{YT} - W_{YB}}$$

则方程式(3-1)可以简化为：

$$\left.\begin{aligned} X_S &= aX_W + b \\ Y_S &= cY_W + d \end{aligned}\right\} \quad (3\text{-}2)$$

在式(3-2)中,a、c 表示视图区和窗口区之间在 X 轴和 Y 轴方向上的伸缩比;b、d 表示定位在 X 轴和 Y 轴方向上的偏移量。

1.2　图形的几何变换

1.2.1　基本坐标变换

在投影变换过程中,有以下三种基本的操作:平移、缩放和旋转。

1.2.1.1　平移

平移是将图形的一部分或者整体移动到笛卡儿坐标系中另外的位置,如图 3-11(a)所示,其变换公式如下:

$$\left.\begin{aligned} X' &= X + T_X \\ Y' &= Y + T_Y \end{aligned}\right\} \tag{3-3}$$

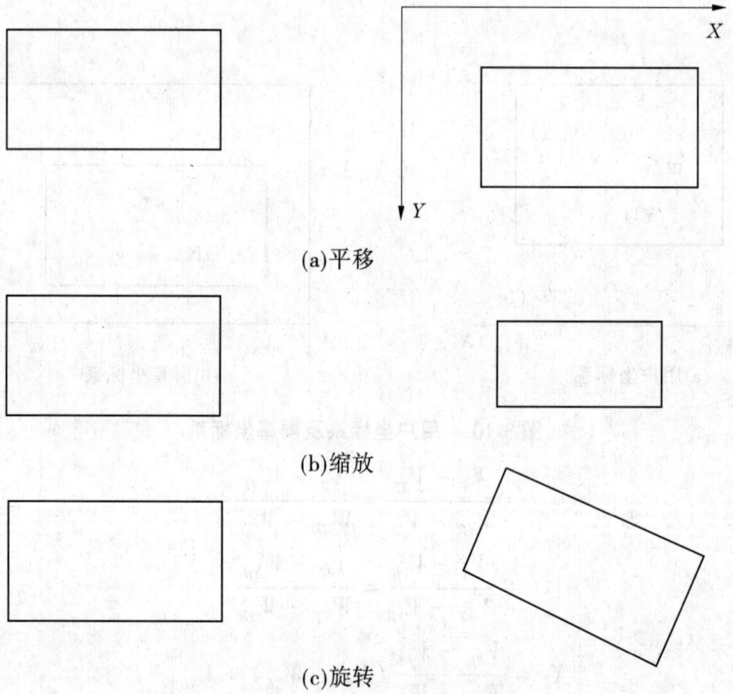

图 3-11　图形坐标变换

1.2.1.2　缩放

缩放操作可以用于输出大小不同的图形,如图 3-11(b)所示,其公式为

$$\left.\begin{aligned} X' &= XS_X \\ Y' &= YS_Y \end{aligned}\right\} \tag{3-4}$$

1.2.1.3　旋转

在地图投影变换中,经常要应用旋转操作,如图 3-11(c)所示,实现旋转操作要用到三角函数,假定顺时针旋转角度为 θ,其公式为

$$
\left.\begin{aligned} X' &= X\cos\theta + Y\sin\theta \\ Y' &= X\sin\theta + Y\cos\theta \end{aligned}\right\} \tag{3-5}
$$

1.2.2 仿射变换

如果综合考虑图形的平移、缩放和旋转,则其坐标变换公式如下:

$$
(X',Y') = \lambda \begin{bmatrix} \cos\theta & \sin\theta \\ -\sin\theta & \cos\theta \end{bmatrix} \begin{bmatrix} X \\ Y \end{bmatrix} + \begin{bmatrix} T_X \\ T_Y \end{bmatrix} \tag{3-6}
$$

式(3-6)是一个正交变换,其一般的形式是:

$$
(X',Y') = \lambda \begin{bmatrix} a & b \\ c & d \end{bmatrix} \begin{bmatrix} X \\ Y \end{bmatrix} + \begin{bmatrix} T_X \\ T_Y \end{bmatrix} \tag{3-7}
$$

式(3-7)被称为二维的仿射变换,仿射变换在不同的方向可以有不同的压缩和扩张,可以将球变为椭球,将正方形变为平行四边形,如图 3-12 所示。

2 图形拼接

图 3-12 仿射变换

在对底图进行数字化以后,由于图幅比较大或者使用小型数字化仪时,难以将研究区域的底图以整幅的形式来完成,这时需要将整个图幅划分成几部分分别输入。在所有部分都输入完毕并进行拼接时,常常会有边界不一致的情况,需要进行边缘匹配处理,如图 3-13 所示。

除了图幅尺寸的原因,在 GIS 实际应用中,由于经常要输入标准分幅的地形图,也需要在输入后进行拼接处理。这时,一般需要先进行投影变换,通常的做法是从地形图使用的高斯-克吕格投影转换到经纬度坐标系中,然后进行拼接。

3 投影转换

当系统使用的数据取自不同地图投影的图幅时,需要将一种投影的数字化数据转换为所需要投影的坐标数据。投影转换的方法可以采用如下几种。

3.1 正解变换

通过建立一种投影变换为另一种投影的严密或近似的解析关系式,直接由一种投影的数字化坐标(x,y)变换到另一种投影的直角坐标(X,Y)。

3.2 反解变换

反解变换即由一种投影的坐标反解出地理坐标(x、$y \to B$、L),然后将地理坐标代入另一种投影的坐标公式中(B、$L \to X$、Y),从而实现由一种投影的坐标到另一种投影坐标的变换(x、$y \to X$、Y)。

3.3 数值变换

根据两种投影在变换区内的若干同名数字化点,采用插值法、有限差分法、最小二乘法、有限元法或待定系数法等,从而实现由一种投影坐标到另一种投影坐标的变换。

目前,大多数 GIS 软件采用正解变换法来完成不同投影之间的转换,并直接在 GIS 软件中提供常见投影之间的转换。

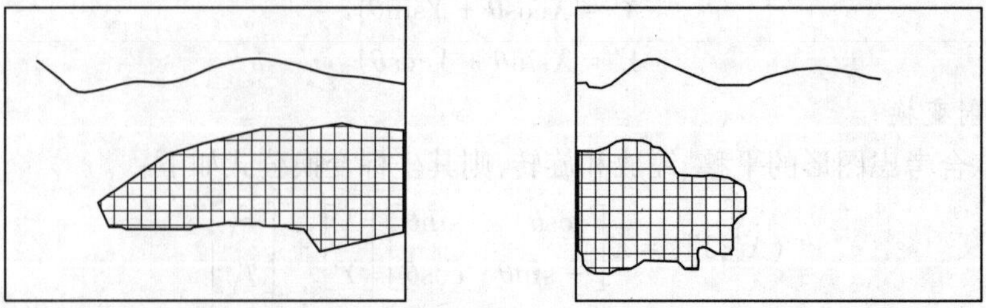

(a)拼接前

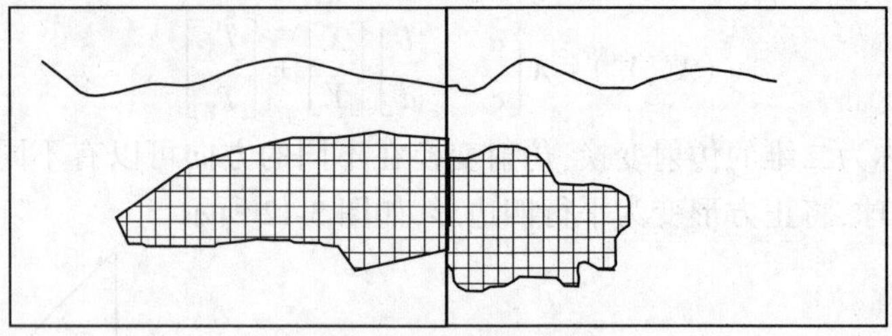

(b)拼接中的边缘不匹配

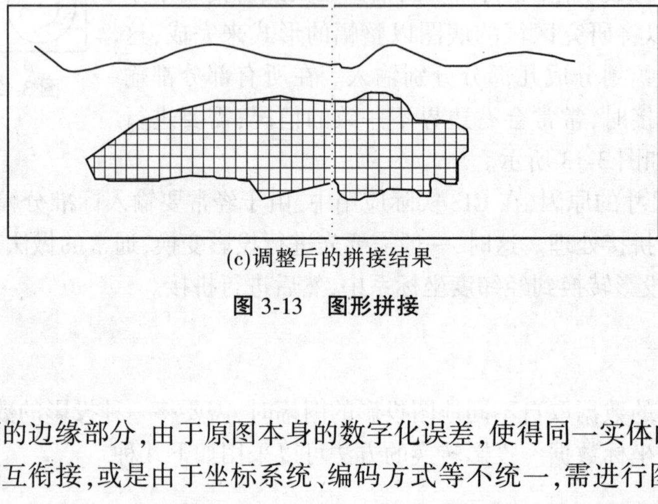

(c)调整后的拼接结果

图 3-13　图形拼接

4　图幅拼接

在相邻图幅的边缘部分,由于原图本身的数字化误差,使得同一实体的线段或弧段的坐标数据不能相互衔接,或是由于坐标系统、编码方式等不统一,需进行图幅数据边缘匹配处理。

图幅的拼接总是在相邻两图幅之间进行的,要将相邻两图幅之间的数据集中起来,就要求相同实体的线段或弧的坐标数据相互衔接,也要求同一实体的属性码相同,因此也必须进行图幅数据边缘匹配处理。具体步骤如下:

(1)逻辑一致性的处理。由于人工操作的失误,两个相邻图幅的空间数据库在接合处可能出现逻辑裂隙,如一个多边形在一幅图层中具有属性A,而在另一幅图层中属性为B。此时,必须使用交互编辑的方法,使两相邻图斑的属性相同,取得逻辑一致性。

(2)识别和检索相邻图幅。将待拼接的图幅数据按图幅进行编号,编号有2位。其中,十位数指示图幅的横向顺序,个位数指示图幅的纵向顺序(见图3-14),并记录图幅的长宽标准尺寸。因此,当进行横向图幅拼接时,总是将十位数编号相同的图幅数据收集在一起;当进行纵向图幅拼接时,是将个位数编号相同的图幅数据收集在一起。此外,图幅数据的边缘匹配处理主要针对跨越相邻图幅的线段或弧。为了减少数据容量，提高处理速度，一般只提取图幅边界 2 cm 范围内的数据作为匹配和处理的目标。同时要求，图幅内空间实体的坐标数据已经进行过投影转换。

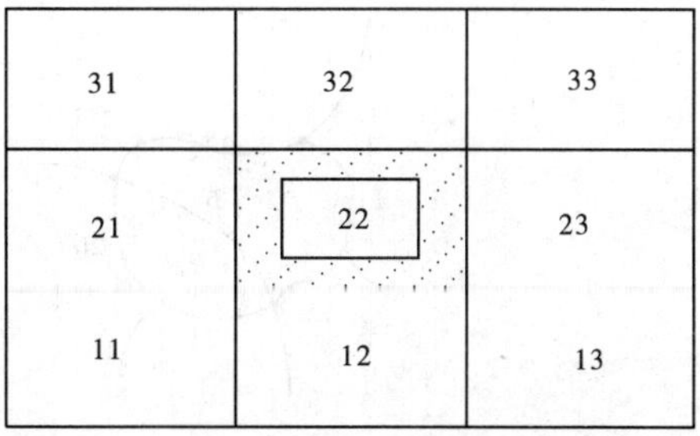

图 3-14　图幅编号及图幅边缘数据提取范围

(3)相邻图幅边界点坐标数据的匹配。相邻图幅边界点坐标数据的匹配采用追踪拼接法。追踪拼接有 4 种情况，如图 3-15 所示。只要符合下列条件，两条线段或弧段即可匹配衔接：相邻图幅边界两条线段或弧段的左右码各自相同或相反；相邻图幅同名边界点坐标在某一允许值范围内（如±0.5 mm）。

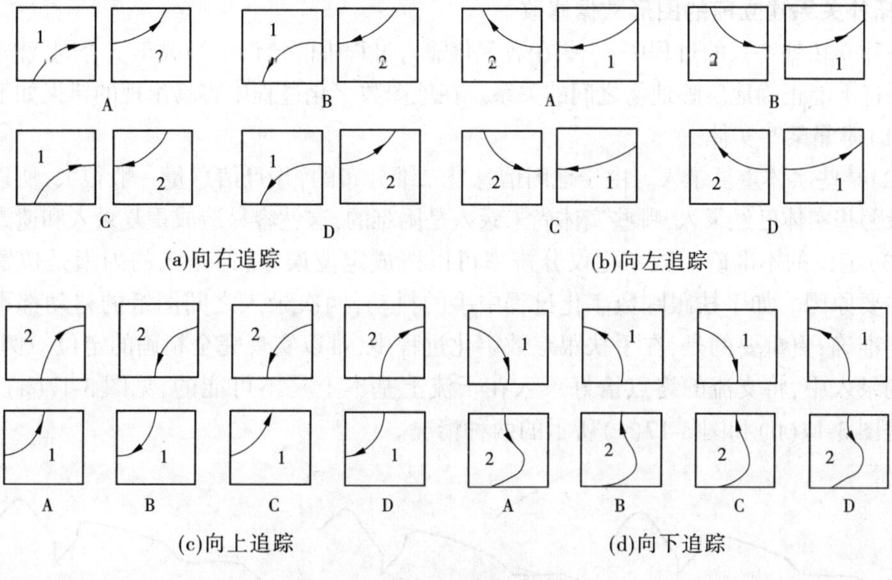

图 3-15　追踪拼接法

匹配衔接时以一条弧或线段作为处理的单元。当边界点位于两个节点之间时，须分别取出相关的两个节点，然后按照节点之间线段方向一致性的原则进行数据的记录和存储。

(4)相同属性多边形公共边界的删除。当图幅内图形数据完成拼接后，相邻图斑会有相同属性。此时，应将相同属性的两个或多个相邻图斑组合成一个图斑，即消除公共边界，并对共同属性进行合并。

多边形公共界线的删除，可以通过构成每一面域的线段坐标链，删去其中共同的线段，然后重新建立合并多边形的线段链表，如图 3-16 所示。

对于多边形的属性表，除多边形的面积和周长须重新计算外，其余属性保留其中之一图斑的属性即可。

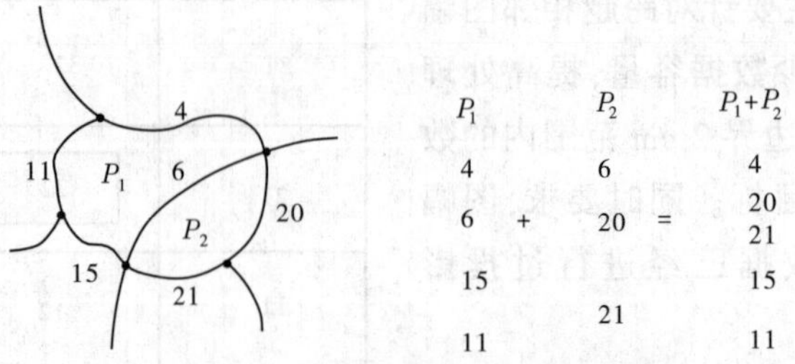

图 3-16 多边形公共边界的删除

5 拓扑关系的自动生成

在对图形数字化时,无论是手扶跟踪数字化,还是扫描矢量化完成后,对于大多数地图须要建立拓扑,以正确判别地物之间的拓扑关系。

5.1 拓扑关系建立前的图形数据修改

在建立拓扑关系的过程中,一些在数字化输入过程中的错误须被改正。否则,建立的拓扑关系将不能正确地反映地物之间的关系。在地图数字化过程中容易出现的错误如下:

(1)遗漏某些实体。

(2)某些实体重复录入。由于地图信息是二维分布的,并且信息量一般很大,所以要准确记录哪些实体已经录入,哪些实体尚未录入是困难的,这就容易造成重复录入和遗漏。

(3)定位的不准确。数字化仪分辨率可以造成定位误差,但是人的因素是位置不准确的主要原因。如手扶跟踪数字化过程中手的抖动,两次录入之间图纸的移动都可能使位置不准确;更重要的是,在手扶跟踪数字化过程中,难以实现完全精确的定位。例如,在水系的录入中,将支流的终点恰好录入在干流上基本上是不可能的,见图 3-17(a),更常见的是图 3-17(b)和图 3-17(c)所示的两种情况。

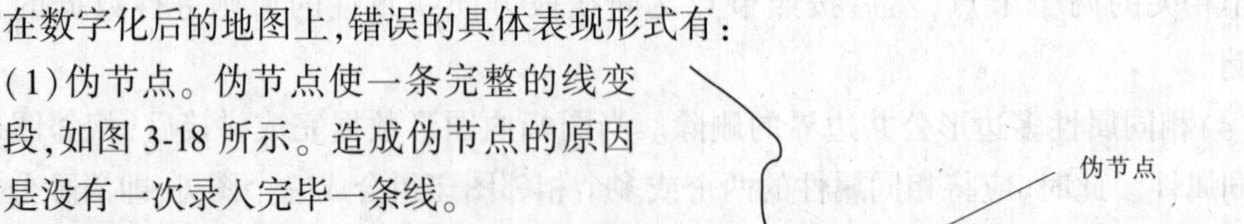

(a)实际地物 (b)不及 (c)过头

图 3-17 水系的录入

在数字化后的地图上,错误的具体表现形式有:

(1)伪节点。伪节点使一条完整的线变成两段,如图 3-18 所示。造成伪节点的原因常常是没有一次录入完毕一条线。

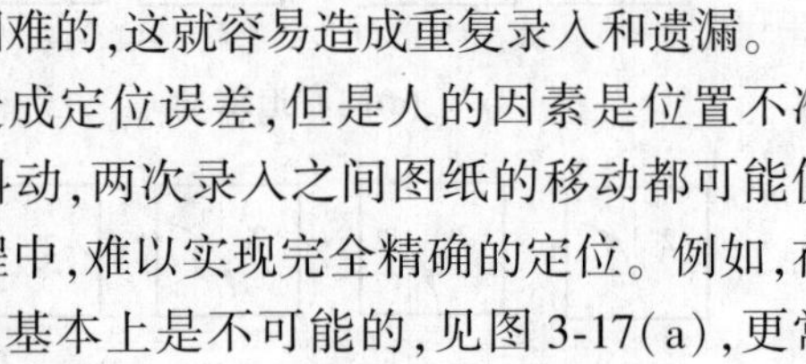

图 3-18 伪节点

(2)悬挂节点。如果一个节点只与一条线相连接,那么该节点称为悬挂节点。悬挂节点有多边形不封闭[见图 3-19(a)]、不及和过头[见图 3-17(b)、图 3-17(c)]、节点不重合[见图 3-19(b)]等几种情形。

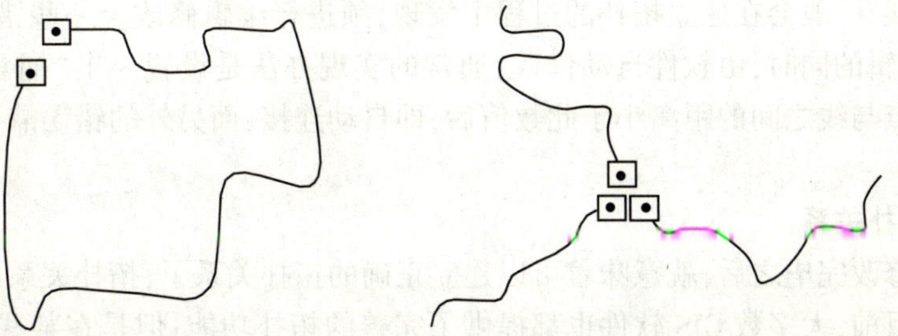

(a)多边形不封闭　　(b)节点不重合

图 3-19　悬挂节点的两种情形

(3)碎屑多边形或条带多边形。碎屑多边形如图 3-20 所示,一般由重复录入引起。由于前后两次录入同一条线的位置不可能完全一致,造成了碎屑多边形。另外,用不同比例尺的地图进行数据更新,也可能产生碎屑多边形。

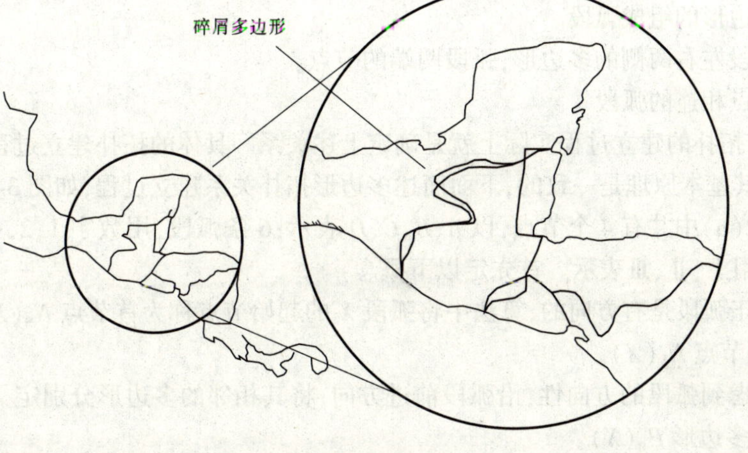

图 3-20　碎屑多边形

(4)不正规的多边形。不正规的多边形(见图 3-21)是在输入线时,点的次序倒置或者位置不准确引起的。在进行拓扑生成时,同样会产生碎屑多边形。

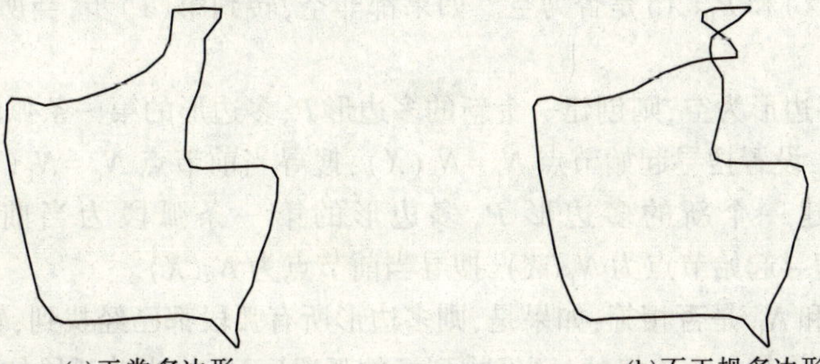

(a)正常多边形　　(b)不正规多边形

图 3-21　不正规的多边形

这些错误,一般会在建立拓扑的过程中发现,须进行编辑修改。一些错误,如悬挂节点,可以在编辑的同时,由软件自动修改,通常的实现办法是设置一个"捕获距离",当节点之间或节点与线之间的距离小于此数值后,即自动连接;而另外的错误需要进行手工编辑修改。

5.2 建立拓扑关系

在图形修改完毕之后,就意味着可以建立正确的拓扑关系了,拓扑关系可以由计算机自动生成。目前,大多数 GIS 软件也都提供了完善的拓扑功能;但是在某些情况下,需要对计算机创建的拓扑关系进行手工修改,典型的例子是网络连通性。

正如拓扑的定义所描述的,建立拓扑关系时只须关注实体之间的连接、相邻关系,而节点的位置、弧段的具体形状等非拓扑属性则不影响拓扑的建立过程。

5.2.1 多边形拓扑关系的建立

如果使用 DIME(双重独立地图编码模型)或者类似的编码模型,多边形拓扑关系的表达需要描述以下实体之间的关系:

(1)多边形的组成弧段。

(2)弧段左右两侧的多边形,弧段两端的节点。

(3)节点相连的弧段。

多边形拓扑的建立过程实际上就是确定上述关系。具体的拓扑建立过程与数据结构有关,但是其基本原理是一致的,下面简述多边形拓扑关系建立过程,如图 3-22 所示。

图 3-22(a)中共有 4 个节点,以 A、B、C、D 表示;6 条弧段,用数字 1,2,…,6 表示;3 个多边形,用 Ⅰ、Ⅱ、Ⅲ 表示。首先定以下概念:

(1)由于弧段是有方向的,算法中将弧段 X 的起始节点称为首节点 $N_S(X)$,而把终止节点称为尾节点 $N_E(X)$。

(2)考虑到弧段的方向性,沿弧段前进方向,将其相邻的多边形分别定义为左多边形 $P_L(X)$ 和右多边形 $P_R(X)$。

在建立拓扑之前,首先将所有弧段的左右多边形(在实现过程中,可以用多边形的编码表示)都设置为空。然后计算每个节点与其相连弧段在连接处的角度,并进行排序,如图 3-22(b)所示(注意,这个排序是循环的)。建立拓扑关系的算法如下:

(1)得到第一条弧段 X,并设置为当前弧段。

(2)判断 $P_L(X)$ 和 $P_R(X)$ 是否为空。如果都非空,转到第(1)步,当所有弧段处理完毕后,算法结束。

(3)如果左多边形为空,则创建一个新的多边形 P,多边形的第一条弧段为当前弧段,并设置 $P_L(X)=P$,设置搜寻起始节点 $N_0=N_S(X)$,搜寻当前节点 $N_C=N_E(X)$。如果右多边形为空,则创建一个新的多边形 P,多边形的第一条弧段为当前弧段,并设置 $P_R(X)=P$,设置搜寻起始节点为 $N_E(X)$,搜寻当前节点为 $N_S(X)$。

(4)判断 N_0 和 N_C 是否相等,如果是,则多边形所有弧段都已经找到,转到第(1)步。

(5)检查与当前节点相连接的、已经排列好的弧段序列,将当前弧段的下一条弧段 X' 作为多边形的第二条弧段。

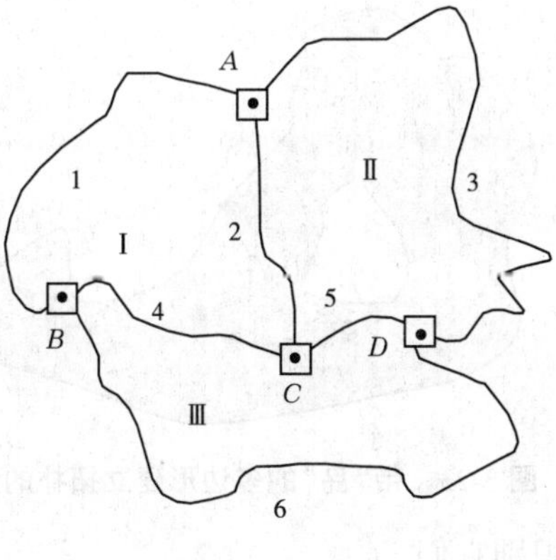

(a)

A	3	2	1
B	4	6	1
C	2	5	4
D	3	6	5

节点表中对于每个节点记录了

顺时针方向排序的相连的弧段

(b)

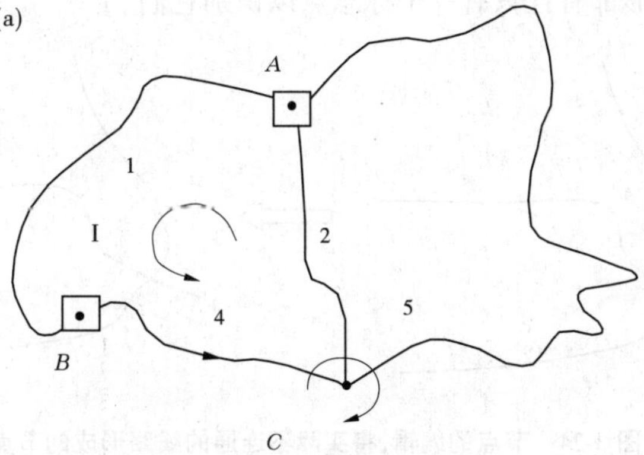

(c)

图3-22　多边形拓扑的建立过程

(6)如果 $N_C=N_S(X')$，设置 $P_L(X')=P$，$N_C=N_E(X)$；如果 $N_C=N_E(X')$，设置 $P_R(X')=P$，$N_C=N_S(X)$，转到第(4)步。

如图3-22(c)所示，如果从弧段4开始搜寻，找到节点 C 后，根据弧段的排序，下一条弧段是2；然后找到节点 A、弧段1，整个搜寻结束，建立多边形Ⅰ，其组成弧段为4、2、1。

按照这种算法，生成多边形的弧段从多边形内部看，是逆时针排列的。如果节点弧段排序为顺时针，则算法中用 $P_L(X)$ 代替 $P_R(X)$、用 $P_R(X)$ 代替 $P_L(X)$，生成的多边形弧段是顺时针排列的。

多边形拓扑的建立，要注意多边形带"岛"的情况。按照上述算法，对于带"岛"的多边形，或者称为环，其包含的弧段构成了多个闭合曲线，并且"岛"的弧段排序是顺时针的(见图3-23)(实际上，从环状多边形内部看，它仍然是逆时针的)。

5.2.2　网络拓扑关系的建立

在输入道路、水系、管网、通信线路等信息时，为了进行流量及连通性分析，需要确定线实体之间的连接关系。网络拓扑关系的建立包括确定节点与连接线之间的关系，这个工作可以由计算机自动完成。但是在一些情况下，如道路交通应用中，一些道路虽然在平面上相交，但是实际上并不连通，如立交桥，这需要手工修改，将连通的节点删除(见图3-24)。

美国环境系统研究所(ESRI)定义了以下判断录入图形是否正确的6个准则,可以帮助发现拓扑错误。

(1)所有录入的实体都能够表现出来。

(2)没有输入额外的实体。

(3)所有实体都在正确的位置上,并且其形状和大小正确。

(4)所有具有连接关系的实体都已经连接上。

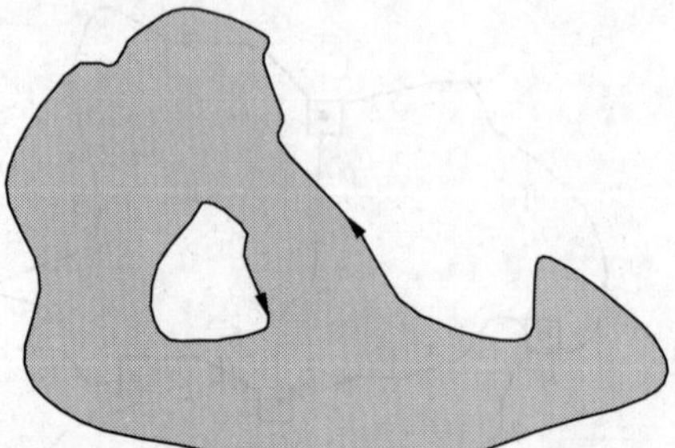

图3-23　带"岛"的多边形建立拓扑的结果

(5)所有多边形都有且只有一个标志点以识别它们。

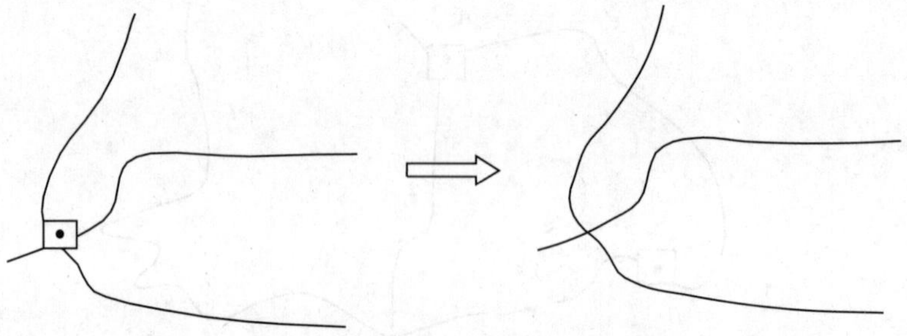

图3-24　节点的编辑,将实际不连通的线路形成的节点删除

(6)所有实体都在边界之内。

上述的准则,特别是第(5)条和第(6)条,只是针对ESRI的ArcMap软件而言,其他的GIS软件由于具体实现的不同,可能会有差异。

第5节　地理信息系统的数据质量

在GIS的几个主要因素中,数据是一个极为重要的因素。在计算机软件、硬件环境选定之后,GIS中数据质量的优劣,决定着系统分析质量及整个系统应用的成败。GIS提供的空间数据的分析方法被广泛用于各种领域,用于决策领域的数据,其质量要求应该是可知的或可预测的。

1　数据质量的基本概念

1.1　准确性

准确性即一个记录值(测量或观察值)与它的真实值之间的接近程度。在实际中,测量的知识可能依赖于测量的类型和比例尺。一般而言,单个观察或测量的准确性的估价仅仅是通过与可获得的最准确的测量或公认的分类进行比较的。空间数据的准确性经常是根据所指的位置、拓扑或非空间属性来分类的。它可用误差来衡量。

1.2　精度

精度即对现象描述的详细程度。精度要求测量能以最好的准确性来记录,如果手工操作的数字化板所返回的坐标不可能依赖于比 0.1 mm 还要准确的一个“真正的”数值，那么就不存在任何的点，在 1/10 的地方是以 mm 表示的。

1.3 空间分辨率

分辨率是两个可测量数值之间最小的可辩识的差异。空间分辨率可以看作记录变化的最小距离。在一张用肉眼可读的地图上，假设一条线用来记录一个边界，分辨率通常由最小线的宽度来确定。地图上的线很少以小于 0.1 mm 的宽度来画。在一个图形扫描仪中最细的物理分辨率从理论上讲是由设施的像元之间的分离来确定的。在一个激光打印机上这是 1 in(1 in = 2.54 cm)的 1/300，而且在高质量的激光扫描仪上，这会细化 10 倍。如果没有放大，最细的激光扫描仪的线是看不到的，尽管这依赖于背景颜色的对照。因此，在人的视觉分辨率和设备物理分辨率之间存在着一个差异。

1.4 比例尺

比例尺是地图上一个记录的距离和它所表现的“真实世界”的距离之间的一个比例。地图的比例尺将决定地图上一条线的宽度所表现的地面的距离。例如，在一个 1:10 000 比例尺的地图上，一条 0.5 mm 宽的线对应着 5 m 的地面距离。如果这是线的最小宽度，那么就不可能表示小于 5 m 的现象。

1.5 误差

定义出一个所记录的测量和它的事实之间的准确性以后，很明显对于大多数目的而言，它的数值是不准确的。误差研究包括：位置误差，即点的位置的误差、线的位置的误差和多边形的位置的误差；属性误差；位置和属性误差之间的关系。

1.6 不确定性

地理信息系统的不确定性包括空间位置的不确定性、属性的不确定性、时域的不确定性、逻辑上的不一致性及数据的不完整性。空间位置的不确定性是指在 GIS 中某一被描述物体与其地面上真实物体位置上的差别；属性的不确定性是指某一物体在 GIS 中被描述的属性与其真实的属性之间的差别；时域的不确定性是指在描述地理现象时，时间描述上的差错；逻辑上的不一致性是指数据结构内部的不一致性，尤其是指拓扑逻辑上的不一致性；数据的不完整性是指对于给定的目标，GIS 没有尽可能完整地表达该物体。

2 空间数据质量问题的来源

从空间数据的形式表达到空间数据的生成，从空间数据的处理变换到空间数据的应用，在这两个过程中都会有数据质量问题的发生。下面按照空间数据自身存在的规律性，从以下几个方面来阐述空间数据质量问题的来源。

2.1 空间现象自身存在的不稳定性

空间数据质量问题首先来源于空间现象自身存在的不稳定性。空间现象自身存在的不稳定性包括空间特征和过程在空间、专题及时间、内容上的不确定性。空间现象在空间上的不确定性指其在空间位置分布上的不确定性变化；空间现象在时间上的不确定性表现为其在发生时间段上的游移性；空间现象在属性上的不确定性表现为属性类型划分的多样性，非数值型属性值表达的不精确性。因此，空间数据存在质量问题是不可避免的。

2.2　空间现象的表达

数据采集中的测量方法及量测精度的选择等受到人类自身的认识和表达的影响,这对于数据的生成会出现误差。如在地图投影中,由椭球体到平面的投影转换必然产生误差;用于获取各种原始数据的各种测量仪器都有一定的设计精度,如GNSS提供的地理位置数据都有用户要求的一定设计精度,因而数据误差的产生不可避免。

2.3　空间数据处理中的误差

在空间数据处理过程中,容易产生的误差有以下几种。

投影变换:地图投影是开口的三维地球椭球面到二维场平面的拓扑变换。在不同的投影形式下,地理特征的位置、面积和方向的表现会有差异。

地图数字化和扫描后的矢量化处理:数字化过程采点的位置精度、空间分辨率、属性赋值等都可能出现误差。

数据格式转换:在矢量格式和栅格格式之间的数据格式转换中,数据所表达的空间特征的位置具有差异性。

数据抽象:在数据发生比例尺变换,对数据进行聚类、归并、合并等操作时产生的误差,如知识性误差和数据所表达的空间特征位置的变化误差。

建立拓扑关系:在拓扑过程中伴随有数据所表达的空间特征的位置坐标的变化。

与主控数据层的匹配:在一个数据库中,常存储同一地区的多层数据面,为保证各数据层之间空间位置的协调性,一般建立一个主控数据层以控制其他数据层的边界和控制点。在与主控数据层匹配的过程中也会存在空间位移,导致误差。

数据叠加操作和更新:数据在进行叠加运算及数据更新时,会产生空间位置和属性值的差异。

数据集成处理:在来源不同、类型不同的各种数据集的相互操作过程中所产生的误差。数据集成是包括数据预处理、数据集之间的相互运算、数据表达等过程在内的复杂过程,其中位置误差、属性误差都会出现。

数据的可视化表达:数据在可视化表达过程中,为适应视觉效果,须对数据的空间特征位置、注记等进行调整,由此产生数据表达上的误差。

数据处理过程中误差的传递和扩散:在数据处理的各个过程中,误差是累计和扩散的,前一过程的累计误差可能成为下一个阶段的误差起源,从而导致新的误差的产生。

2.4　空间数据使用中的误差

数据的主要误差来源见表3-4。

在空间数据使用的过程中也会导致误差的出现。主要包括两个方面:一是对数据的解释过程;二是缺少文档。对于同一种空间数据来说,不同用户对它的内容的解释和理解可能不同,处理这类问题的方法是随空间数据提供各种相关的文档说明,如元数据。另外,缺少对某一地区不同来源的空间数据的说明,如缺少投影类型、数据定义等描述信息,这样往往导致数据用户对数据的随意性使用而使误差扩散。

表 3-4 数据的主要误差来源

数据处理过程	误差来源
数据搜集	野外测量误差:仪器误差、记录误差 遥感数据误差:辐射和几何纠正误差、信息提取误差 地图数据误差:原始数据误差、坐标转换、制图综合及印刷
数据输入	数字化误差:仪器误差、操作误差 不同系统格式转换误差:栅格—矢量转换、三角网—等值线转换
数据存储	数值精度不够 空间精度不够:每个格网点太大、地图最小制图单元太大
数据处理	分类间隔不合理 多层数据叠合引起的误差传播:插值误差、多源数据综合分析误差 比例尺太小引起的误差
数据输出	输出设备不精确引起的误差 输出媒介不稳定造成的误差
数据使用	对数据所包含信息的误解 对数据信息使用不当

3 常见空间数据的误差分析

GIS 中的误差是指 GIS 中数据表示与其现实世界本身的差别。数据误差的类型可以是随机的,也可以是系统的。归纳起来,数据的误差主要有四大类,即几何误差、属性误差、时间误差和逻辑误差。在这几种误差中,属性误差和时间误差与普通信息系统中的误差概念是一致的,几何误差是地理信息系统所特有的,而几何误差、属性误差和时间误差都会造成逻辑误差,因此下面主要介绍逻辑误差和几何误差。

3.1 误差的类型

3.1.1 逻辑误差

事实上,检查逻辑误差有助于发现不完整的数据和其他三类误差。对数据进行质量控制、质量保证或质量评价,一般先从数据的逻辑性检查入手。如图 3-25 所示,其中桥或停车场等与道路是相接的,如果数据库中只有桥或停车场,而没有与道路相连,则说明道路数据被遗漏,使数据不完整。

3.1.2 几何误差

由于地图是以二维平面坐标表达位置,在二维平面上的几何误差主要反映在点误差和线误差上。

3.1.2.1 点误差

关于某点的点误差即为测量位置(x,y)与其真实位置(x_0,y_0)的差异。点误差可通过计算坐标误差和距离的方法得到。坐标误差定义为

$$\left.\begin{aligned}\Delta x &= x - x_0\\ \Delta y &= y - y_0\end{aligned}\right\} \tag{3-8}$$

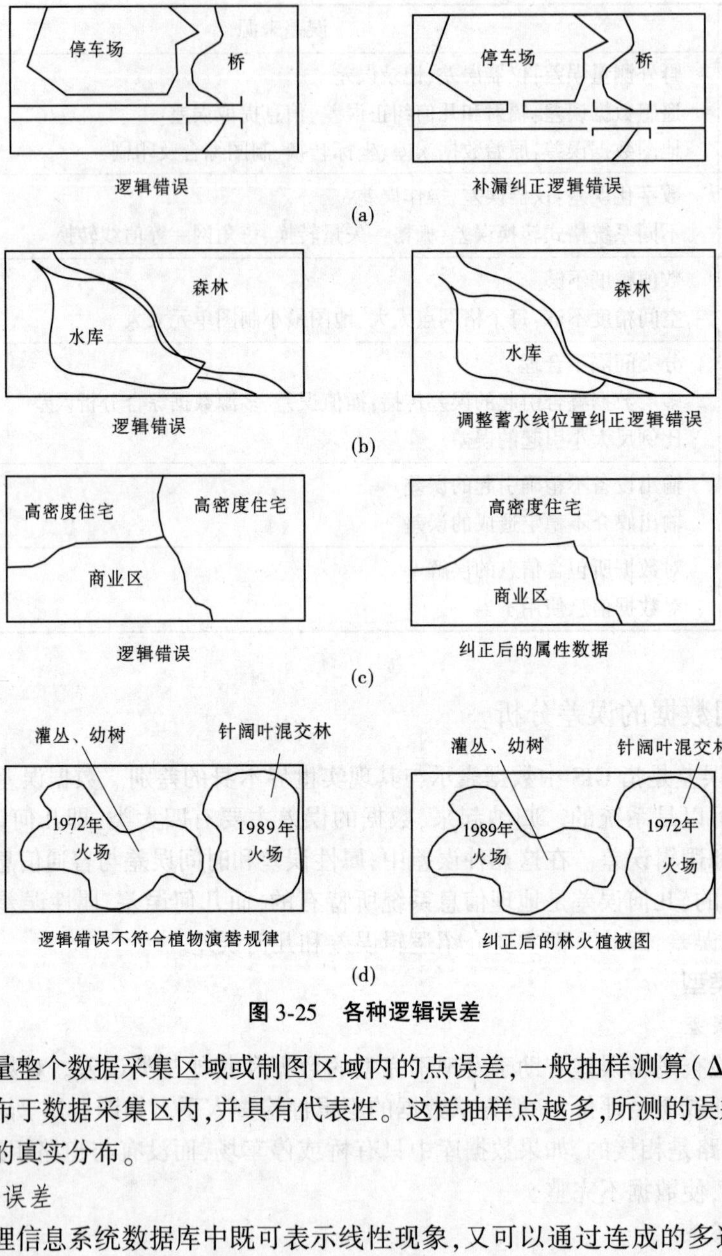

图 3-25 各种逻辑误差

为了衡量整个数据采集区域或制图区域内的点误差,一般抽样测算($\Delta x,\Delta y$)。抽样点应随机分布于数据采集区内,并具有代表性。这样抽样点越多,所测的误差分布就越接近于点误差的真实分布。

3.1.2.2 线误差

线在地理信息系统数据库中既可表示线性现象,又可以通过连成的多边形表示面状现象。第一类是线上的点在真实世界中是可以找到的,如道路、河流、行政界线等,这类线性特征的误差主要产生于测量和对数据的后处理;第二类是现实世界中找不到的,如按数学投影定义的经纬线、按高程绘制的等高线等,这类线性特征的线误差及在确定线的界限时的误差,被称为解译误差。解译误差与属性误差直接相关,若没有属性误差,则可以认为那些类型界线是准确的,因而解译误差为零。

另外,线分为直线、折线、曲线、曲直线混合的线,如图 3-26 所示。GIS 数据库中用两种方法表达折线、曲线,图 3-27 对折线和曲线的误差作了对照。

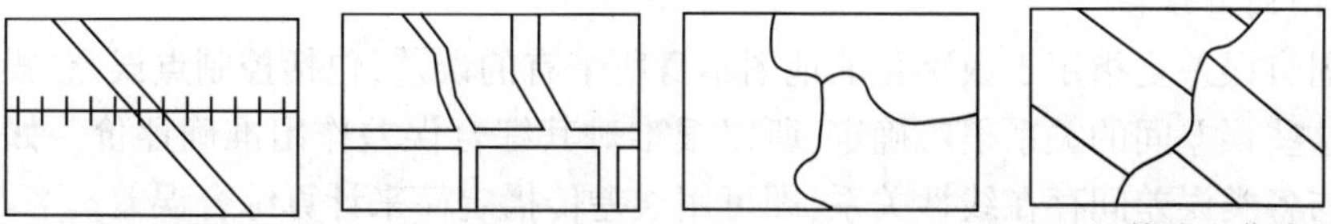

图 3-26 各种线

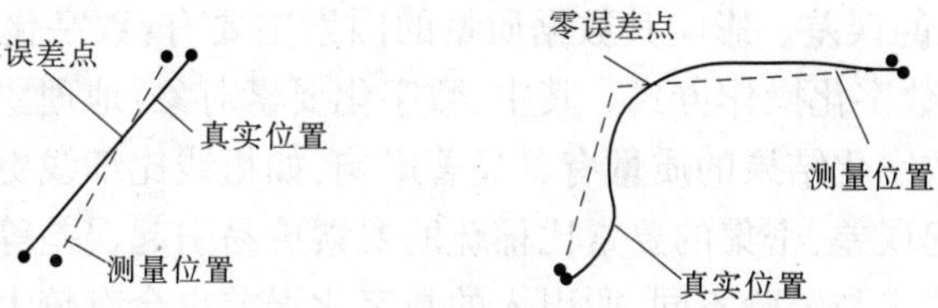

图 3-27 折线和曲线的误差

线误差分布可以用 Epsilon 带模型来描述，它由沿着一条线及两侧定宽的带构成，真实的线以某一概率落于 Epsilon 带内。Epsilon 带是等宽的，在此基础上，误差带模型被提出，与 Epsilon 带模型相比，它在中间最窄而在两端较宽。基于误差带模型，可以把直线与折线误差分布的特点分别看作“骨头形”或者“车链形”的误差分布带模式（见图 3-28）。

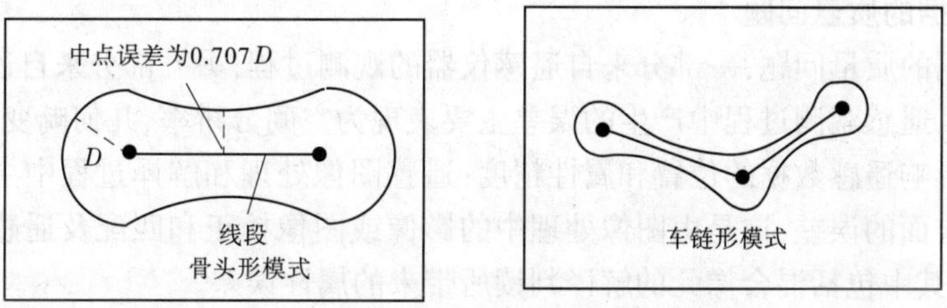

图 3-28 折线的误差分布

对于曲线的误差分布或许应当考虑“串肠形模式”（见图 3-29）。

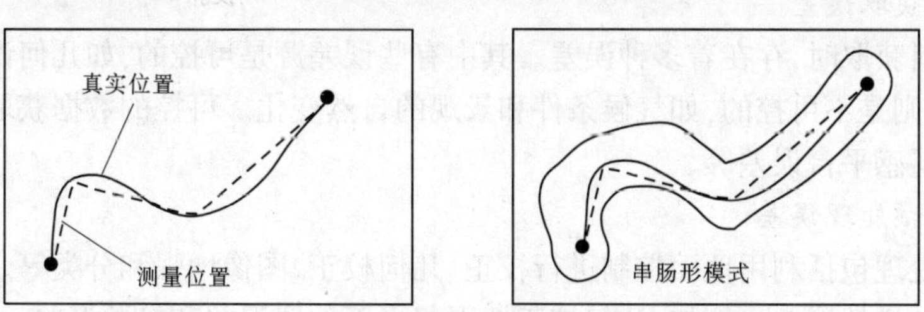

图 3-29 曲线的误差分布

3.2 地图数据的质量问题

在地图数据质量问题中，不仅含有地图固有误差，还包括材料变形产生的误差、地图数字化误差等。

3.2.1　地图固有误差

地图固有误差是指用于数字化的地图本身所带有的误差,包括控制点误差、投影误差等。由于这些误差间的关系很难确定,所以很难对其综合误差作出准确评价。如果假定综合误差与各类误差间存在线性关系,即可用误差传播定律来计算综合误差。

3.2.2　材料变形产生的误差

材料变形产生的误差是由于图纸的大小受湿度和温度变化的影响而产生的。

3.2.3　地图数字化误差

(1)跟踪数字化的误差。影响其数据质量的因素主要有:数字化要素对象、数字化操作人员、数字化仪和数字化操作方式。其中,数字化要素对象:地理要素图形本身的高度、密度和复杂程度对数字化结果的质量有着显著影响,如粗线比细线更易引起误差,复杂曲线比平直线更易引起误差,密集的要素比稀疏的要素更易引起误差等。数字化操作人员:数字化操作人员的技术与经验不同,所引入的数字化误差也会有较大的差异,这主要表现在最佳采点点位的选择、十字丝与目标重叠程度的判断能力等方面,另外,数字化操作人员的疲劳程度和数字化的速度也会影响数字化数据的质量。数字化仪的分辨率和精度对数字化数据的质量有着决定性的影响。数字化操作方式也会影响到数字化数据的质量,如曲线采点方式(流方式或点方式)和采点密度等。

(2)扫描数字化。影响扫描数字化数据质量的因素包括原图质量(如清晰度)、扫描精度、扫描分辨率、配准精度、校正精度等。

3.3　遥感数据的质量问题

遥感数据的质量问题,一部分来自遥感仪器的观测过程,另一部分来自遥感图像处理和解译过程。遥感观测过程中产生的误差主要表现为空间分辨率、几何畸变和辐射误差,这些误差将影响遥感数据的位置和属性精度;遥感图像处理和解译过程中主要产生空间位置和属性方面的误差,这是由图像处理中的影像或图像校正和匹配及遥感解译判读与分类引入的,其中包括混合像元的解译判读所带来的属性误差。

遥感数据的误差累积过程可以区分为数据获取误差、数据预处理误差、数据转换误差、人工判读误差和数据分析误差等。

3.3.1　数据获取误差

遥感资料获取时,存在着多种误差。其中有些误差源是可控的,如几何误差或辐射误差;有些误差则是不可控的,如气候条件和景观的自然变化。可控的数据获取误差又包括几何误差和遥感平台误差等。

3.3.2　数据预处理误差

数据预处理包括利用地面控制进行校正、几何校正、图像增强和分类等。这些预处理会引入各种各样的误差。例如,几何校正会引起平面位置误差和专题误差。

3.3.3　数据转换误差

在矢量—栅格数据转换过程中,会出现显著误差。引起矢量数据栅格化误差的主要原因有属性概括误差和拓扑匹配错误。

3.3.4　人工判读误差

在数据分析和判读阶段会引入人工判读误差。在 GIS 中使用遥感数据时,人工判读误差会影响随后的GIS分析结果。这种误差是主观的,它与判读员从遥感影像中提取信息的能力和技能有关,还与影像的尺度和所需的概括程度有关。

3.4 测量数据的质量问题

测量数据主要指使用大地测量、GNSS、城市测量、摄影测量和其他一些测量方法直接量测所得到的测量对象的空间位置信息。这部分数据质量问题,主要是空间数据的位置误差。测量方面的误差通常考虑的是系统误差、操作误差和偶然误差。

系统误差的发生与一个确定的系统有关,它受环境因素(如温度、湿度和气压等)、仪器结构与性能及操作人员技能等方面的因素综合影响而产生。系统误差不能通过重复观测加以检查或消除,只能用数字模型模拟和估计。

操作误差是操作人员在使用设备、读数或记录观测值时,因粗心或操作不当而产生的。应采用各种方法检查和消除操作误差。一般来说,操作误差可通过简单的几何关系或代数检查验证其一致性,或通过重复观测检查并消除。除GIS原始录入数据本身带有的源误差外,空间数据在GIS的模型分析和数据处理等操作中还会引入新误差。如由计算机字长引起的误差、拓扑分析引起的误差、数据分类和内插引起的误差等。

3.4.1 由计算机字长引起的误差

在计算机中,数据是由一定字长的编码数字表示的。舍入误差是由计算机字长引起的一种误差,这种误差出现在GIS的各种数值运算和模型分析过程中。例如,GIS空间数据库中整数编码对面积和周长计算的影响,比例尺变换和旋转变换对拓扑关系的影响等。消弱舍入误差影响的方法主要有:增加字长并用带小数的实数表示数据;改变数据在计算机中的表达方式;采用合适的算法等。

除数据处理精度外,数据存储精度也与计算机字长有关。16位的计算机在存储低分辨率的栅格图像时不会出现问题,但存储高精度的控制点坐标或点位精度要求高的地理数据时,则不能胜任。减少存储误差影响的方法有:采用双精度字长存储数据,使用有效位数多的数据记录控制点坐标;使用32位整数运算法处理数据,即把坐标数据转换成以厘米(cm)或(mm)为单位的整数,然后用整数存储和运算;采用嵌套法,即先把研究区域划分成若干块,并用粗略的分辨率来定义它们,每块再以有限精度建立局部原点,以此为基准确定块中各细节的坐标。这种方法可以用单精度字长记录非控制点坐标,用双精度字长记录控制点坐标,并可将它们连接起来。嵌套可以是多级嵌套。

3.4.2 由拓扑分析引起的误差

GIS中的拓扑分析会产生大量的误差。如矢量数据栅格化引起的拓扑匹配误差,多层叠置过程中产生的无意义多边形等。

3.4.3 数据分类和内插引起的误差

GIS空间数据库中数据的许多不规则性是由所使用的分类方法和从点数据到面数据的内插方法引起的,即它们作为GIS中的一种操作会引入许多误差。

一般来说,源误差远大于操作误差,因此要想控制GIS产品的质量,良好的原始录用数据是首要的。

偶然误差是一种随机性的误差,由一些不可测和不可控的因素引入。这种误差具有一定的特征,如正负误差出现频率相同、大误差少、小误差多等。偶然误差可采用随机模型进行估计和处理。

3.5　GIS 空间操作中误差的传播

GIS 产品是利用含有源误差的空间数据，通过 GIS 分析操作产生的。源误差和操作误差通过 GIS 操作经累积后传播到 GIS 的产品中。考虑如下的 GIS 空间操作：

$$y = f(x_1, x_2, \cdots, x_n) \tag{3-9}$$

其中，$x_i(i=1,2,\cdots,n)$ 为描述空间数据的自变量，它带有源误差；y 为描述 GIS 产品的因变量；$f(\ )$ 为描述 GIS 空间操作过程的数学函数，用以计算操作误差。根据 $f(\ )$ 的特征，可以分成两类运算：算术运算和逻辑运算。下面讨论这两种运算关系下的误差传播。

3.5.1　算术关系下的误差传播

如果 $f(\ )$ 为算术关系，如独立变量的和差关系、倍数关系或线性关系，则其中误差传播规律是众所周知的；若为相关或一般非线性函数，其误差传播规律在测量误差理论中已有详细介绍。

3.5.2　逻辑关系下的误差传播

GIS 中还存在着叠置、推理等大量逻辑运算，如布尔逻辑运算（AND、OR、NOT）和专家系统中的不精确推理。

3.5.2.1　布尔逻辑运算下的误差传播

布尔逻辑运算是 GIS 中的一类典型操作。如空间集合分析就是按照逻辑运算合成的。举例来说，现有一幅土地利用现状图和一幅土壤类型图，需查询土层厚度大于 50 cm 的麦地。在分析操作时，首先，从土地利用现状图中找出小麦地的子集 A_1，再从土壤类型图中获取土层厚度大于 50 cm 的子集 A_2；然后求两个子集的交集 $A = A_1 \cap A_2$，即为查询结果。由于子集 A_1 和 A_2 实际上都含有误差，如 A_1 子集中可能也包含了其他地物，麦地只是其中心类别。设 A_1 的误差为 5%，A_2 的误差为 10%，则 A 的误差应是多少？这是不易计算的。

3.5.2.2　不精确推理关系下的误差传播

GIS 作为辅助决策工具常常需要进行综合分析、评判和基于知识的推理。在利用含有误差的知识时，经不精确推理所得结论的精度和可信度如何？这是推理关系下的传播定律所要解决的问题。

逻辑关系下的误差传播规律正处于研究中，借用信息论、模糊数学、人工智能和专家系统的基础理论有望解决这一问题。

4　空间数据质量控制

空间数据质量控制是个复杂的过程，要控制数据质量应从数据质量产生和扩散的所有过程和环节入手，分别用一定的方法减少误差。空间数据质量控制常见的方法如下。

4.1　传统手工方法

空间数据质量控制的传统手工方法主要是将数字化数据与数据源进行比较。图形部分的检查主要是目视方法，将图形输出到透明图上与原图叠加比较；属性部分的检查采用与原属性逐个对比或其他比较方法。

4.2　元数据方法

数据集的元数据中包含了大量的有关数据质量的信息,通过它可以检查数据质量,同时元数据也记录了数据处理过程中质量的变化,通过跟踪元数据可以了解数据质量的状况和变化。

4.3　地理相关法

地理相关法用空间数据的地理特征要素自身的相关性来分析数据的质量。如从地表自然特征的空间分布着手分析,山区河流应位于地形的最低点,因此叠加河流和等高线两层数据时,如河流的位置不在等高线的外凸连线上,则说明两层数据中必有一层数据有质量问题。如不能确定哪层数据有问题,可以通过将它们分别与其他质量可靠的数据层叠加来进一步分析。因此,可以建立一个有关地理特征要素相关关系的知识库,以备各空间数据层之间地理特征要素的相关分析之用。

数据质量控制应体现在数据生产和处理的各个环节。下面以地图数字化生成地图数据过程为例,说明数据质量控制的方法。数字化过程的质量控制,主要包括数据预处理、数字化设备的选用、数字化对点精度、数字化限差和数据精度检查等内容。

(1)数据预处理。包括对原始地图、表格等的整理、誊清或清绘。对于质量不高的数据源,如散乱的文档和图面不清晰的地图,通过预处理工作不但可减少数字化误差,还可提高数字化工作的效率。对于扫描数字化的原始图形或图像,还可采用分版扫描的方法,来减少矢量化误差。

(2)数字化设备的选用。主要根据手扶数字化仪、扫描仪等设备的分辨率和精度等有关参数进行挑选,这些参数应不低于设计的数据精度要求。一般要求数字化仪的分辨率达到0.025 mm,精度达到0.2 mm;扫描仪的分辨率则不低于0.083 mm。

(3)数字化对点精度(准确性)。这是指数字化时数据采集点与原始点重合的程度。一般要求数字化对点误差应小于0.1 mm。

(4)数字化限差。限差的最大值分别规定如下:采点密度0.2 mm,接边误差0.02 mm,接合距离0.02 mm,悬挂距离0.007 mm,细化距离0.007 mm,纹理距离0.01 mm。

在控制接边误差时,通常当相邻图幅对应要素间距离小于0.3 mm时,可移动其中一个要素以使两者接合;当这一距离为0.3~0.6 mm时,两要素各自移动一半距离;若距离大于0.6 mm,则按一般制图原则接边,并做记录。

(5)数据精度检查。主要检查输出图与原始图之间的点位误差。一般要求,对直线地物和独立地物,这一误差应小于0.2 mm;对曲线地物和水系,这一误差应小于0.3 mm;对边界模糊的要素,这一误差应小于0.5 mm。

空间数据的采集与处理工作是建立GIS的重要环节,了解GIS数字化数据的质量与不确定性特征,最大限度地纠正所产生的数据误差,对保证GIS分析应用的有效性具有重要意义。

思考题

1. 简述空间数据的特征和分类。

2. 空间数据的主要数据源有哪些?

3. 简述属性数据的编码原则、内容及方法。

4. 简述矢量数据和栅格数据的录入方法。

5. 一点 P 在原坐标系中的坐标为 (x,y),将坐标向左平移 c,向上平移 d,比例放大系数在 x 方向上为 K_x,在 y 方向上为 K_y,再逆时针旋转 α 角度。求 P 点在新坐标系中的坐标。

6. 何为拓扑关系? 空间数据的拓扑关系主要有哪几种?

7. 如何建立空间几何图形的拓扑关系?

8. 空间数据质量问题的来源有哪些?

9. 简述空间数据的误差分类,并举例说明各类误差产生的原因及对 GIS 数据质量造成的影响。

10. 空间数据质量的控制方法有哪些?

第 4 章　空间数据库

课件：空间数据库

【本章概述】

数据库是一门发展迅速、应用面极广的计算机数据管理技术。它已广泛地应用到各个部门。本章主要从讲述数据库的基本概念入手，重点讲述 GIS 空间数据库的类型、数据特点，空间数据库的建立理论、方法与技术。

第 1 节　数据库概述

数据库技术是 20 世纪 60 年代初开始发展起来的一门数据管理自动化的综合性新技术。数据库的应用领域相当广泛，从一般事务处理到各种专门化数据的存储与管理，都可以建立不同类型的数据库。建立数据库不仅是为了保存数据、扩展人的记忆，也是为了帮助人们去管理和控制与这些数据相关联的事物。地理信息系统中的数据库就是一种专门化的数据库，由于这类数据库具有明显的空间特征，所以有人把它称为空间数据库，空间数据库的理论与方法是地理信息系统的核心问题。

1　数据库的定义

数据库就是为了一定的目的，在计算机系统中以特定的结构组织、存储和应用的相关联的数据集合。

计算机对数据的管理经过了 3 个阶段：最早的程序管理阶段、后来的文件管理阶段、现在的数据库管理阶段。其中，数据库是数据管理的高级阶段，它与传统的数据管理相比有许多明显的差别。其中主要的有两点：一是数据独立于应用程序而集中管理，实现了数据共享，减少了数据冗余，提高了数据的效益；二是在数据间建立了联系，从而使数据库能反映出与现实世界中信息的联系。

地理信息系统的数据库（以下称为数据库）是某区域内关于一定地理要素特征的数据集合。

2　数据库系统的内容

数据库系统包含以下内容：

（1）以特定结构存储的相关联的数据集合。它独立于应用程序而存在，是数据库系统的核心和管理对象。

（2）使用数据库中数据的用户，可以采用批处理和交互式使用数据。

（3）数据库管理软件系统称数据库管理系统（database management system，DBMS），用来对数据库中数据的操作提供一种共用的方法。

3　数据库的主要特征

数据库方法与文件管理方法相比，具有更强的数据管理能力。数据库具有以下主要特征。

3.1 数据集中控制特征

在文件管理方法中,文件是分散的,每个用户或每种处理都有各自的文件,不同的用户或处理的文件一般是没有联系的,因而就不能为多用户所共享,也不能按照统一的方法来控制、维护和管理。数据库很好地克服了这一缺点,数据库集中控制和管理有关数据,以保证不同用户和应用可以共享数据。数据集中并不是把若干文件"拼凑"在一起,而是要把数据"集成"。因此,数据库的内容和结构必须合理,才能满足众多用户的要求。

3.2 数据冗余度小的特征

冗余是指数据的重复存储。在文件方式中,数据冗余大。冗余数据的存在有两个缺点:一是增加了存储空间,二是易出现数据不一致。设计数据库的主要任务之一是识别冗余数据,并确定是否能够消除。在目前情况下,即使数据库方法也不能完全消除冗余数据。有时,为了提高数据处理效率,也应该有一定程度的数据冗余。但是,在数据库中应该严格控制数据的冗余度。在有冗余的情况下,数据更新、修改时,必须保证数据库内容的一致性。

3.3 数据独立性特征

数据独立是数据库的关键性要求。数据独立是指数据库中的数据与应用程序相互独立,即应用程序不因数据性质的改变而改变;数据的性质也不因应用程序的改变而改变。数据独立分为物理级和逻辑级两级。物理独立是指数据的物理结构变化不影响数据的逻辑结构;逻辑独立意味着数据库的逻辑结构改变不影响应用程序。但是,逻辑结构的改变必然影响到数据的物理结构。目前,数据逻辑独立还没能完全实现。

3.4 复杂的数据模型

数据模型能够表示现实世界中各种各样的数据组织及数据间的联系。复杂的数据模型是实现数据集中控制、减少数据冗余的前提和保证。采用数据模型是数据库方法与文件方式的一个本质差别。

数据库常用的数据模型有3种:层次模型、网络模型和关系模型。因此,根据使用的模型,可以把数据库分成层次型数据库、网络型数据库和关系型数据库。

3.5 数据保护特征

数据保护对数据库来说是至关重要的,一旦数据库中的数据遭到破坏,就会影响数据库的功能,甚至使整个数据库失去作用。数据保护主要包括4个方面的内容:安全性控制、完整性控制、并发控制、故障的发现和恢复。

4 数据库的系统结构

数据库是一个复杂的系统。目前,世界上有数以百计的数据库系统,尽管种类不同,但它们的结构基本类似。数据库的基本结构可以分成3个层次:物理级、概念级和用户级。

(1)物理级。物理级是数据库最内的一层。它是物理设备上实际存储的数据集合(物理数据库)。它是由物理模式(也称内部模式)描述的。这些数据是原始数据,是用户加工的对象,由内部模式描述的指令操作处理的位串、字符和字组成。

(2)概念级。数据库的逻辑表示包括每个数据的逻辑定义及数据间的逻辑联系。它是由概念模式定义的,这一级也被称为概念模型。它是数据库数据中的中间层,指出了每个数据的逻辑定义及数据间的逻辑联系,是存储记录的集合。它涉及的是所有数据库所有对象的逻辑关系,而不是它们的物理情况,它是数据库管理员概念下的数据库。

(3)用户级。用户所使用的数据库,是一个或几个特定用户所使用的数据集合(外部模型),是概念模型的逻辑子集。它由外部模式定义。

数据库不同层之间的联系是通过映射进行转换的。所谓映射是一种对应规则,指出映射双方如何转换,是实现数据独立的保证。当数据库中的物理性质发生变化时,只要相应地改变物理数据层与概念数据层之间的映射,就可以保证概念数据层不变;同样地可以保证概念数据层不变,从而保证了应用的不变性,实现了数据的物理独立性。逻辑的独立性由概念数据层和逻辑数据层之间的反射来完成。数据库管理系统的一个重要任务就是完成3个数据层之间的映射。

5 数据库管理系统

5.1 数据库管理系统的主要功能

数据库管理系统是处理数据库存取和各种管理控制的软件,它不仅面向用户,还面向系统。数据库管理系统的功能随系统的不同而不同,但一般具有下列主要功能:

(1)定义数据库。用户设计出数据库的框架,并从物理、概念和用户3个不同观点出发定义一个数据库,把各种原模式翻译成机器的目标模式存储到系统中。

(2)管理数据库。在已定义的数据库上,按严格的数据定义装入数据,存储到物理设备上,接收、分析和执行用户提出的访问数据库的请求,实现数据的完整性、有效性及并发控制等功能。

(3)维护数据库。这是面向系统的功能,包括对数据库性能的分析和监督,数据库的重组织和整理等。

(4)数据库通信功能。包括与操作系统的接口处理,同各种语言的接口,以及同远程操作的接口处理。

5.2 数据库管理系统的组成

数据库管理系统实际上是很多程序的集合,它主要由下列几个部分组成:

(1)系统运行控制程序。用于实现对数据库的操作和控制,它包括系统总的控制程序、存取保密控制程序等。

(2)语言处理程序。主要实现数据库定义、操作等功能程序,包括数据库语言的编译程序、主语言的预编译程序、数据操作语言处理程序及终端命令解译程序等。

(3)建立和维护程序。主要实现数据的装入、故障恢复和维护,包括数据库装入程序、性能统计分析程序、转储程序、工作日志程序及系统恢复和重启动程序等。

6 数据字典

数据字典(Data Dictionary)也称数据目录,是数据库应用设计的主要内容,它是描述数据库中各数据属性及其组织的数据集合,因此被称为数据的数据。由于它本身是一个特殊的数据库,也称它为数据库的数据库。

数据字典设计的内容包括实体名称、定义、属性说明、代码、完整性限制、关系等。在地理信息系统中,它是对研究区域中每一实体定义、实体概念、空间特点、属性特征等数据的详细描述和说明。

数据字典的用途是多方面的,它在数据库的整个生命周期里起着重要的作用。在系统分析阶段,数据字典用来定义数据流程图中各个构成元素的属性和含义;在设计阶段,提供一套工具,帮助设计人员实现要求;在调试阶段,辅助产生测试数据,提高数据检查的能力;在运行和维护阶段,帮助数据库的重组和构造;在使用阶段,可以作为用户手册,并可快速查找对象。

7 数据组织方式

数据是现实世界中信息的载体,是信息的具体表达形式。为了表达有意义的信息内容,数据必须按照一定的方式进行组织和存储。数据库中的数据组织一般可以分为4级:数据项、记录、文件和数据库。

(1)数据项:是可以定义数据的最小单位,也叫元素、基本项、字段等。数据项与现实世界实体的属性相对应。数据项有一定的取值范围,称为域。域以外的任何值对该数据项都是无意义的。如表示月份的数据项的域是1~12,13就是无意义的值。每个数据项都有一个名称,称为数据项目。数据项的值可以是数值的、字母的、汉字的等形式。数据项的物理特点在于它具有确定的物理长度,一般用字节数表示。

几个数据项可以组合,构成组合数据项。如“日期”可以由日、月、年3个数据项组合而成。组合数据项也有自己的名字,可以作为一个整体看待。

(2)记录:由若干相关联的数据项组成。记录是应用程序输入—输出的逻辑单位。对大多数数据库系统,记录是处理和存储信息的基本单位。记录是关于一个实体的数据总和,构成该记录的数据项表示实体的若干属性。

记录有“型”和“值”的区别。“型”是同类记录的框架,它定义记录;“值”是记录反映实体的内容。

为了唯一标识每个记录,就必须有记录标识符,也叫关键字。记录标识符一般由记录中的第一个数据项担任,唯一标识记录的关键字称主关键字,其他标识记录的关键字称为辅关键字。

(3)文件:是一给定类型的(逻辑)记录的全部具体值的集合。文件用文件名称标识。文件根据记录的组织方式和存取方法可以分为顺序文件、索引文件、直接文件和倒排文件等。

(4)数据库:是比文件更大的数据组织。数据库是具有特定联系的数据的集合,也可以看成是具有特定联系的多种类型的记录的集合。数据库的内部构造是文件的集合,这些文件之间存在某种联系,不能孤立存在。

8 数据间的逻辑联系

数据间的逻辑联系主要是指记录与记录之间的联系。实体之间存在着一种或多种联系,这样的联系必然要反映到记录之间的联系上来。数据之间的逻辑联系主要有如下3种。

8.1　**一对一的联系(1:1)**

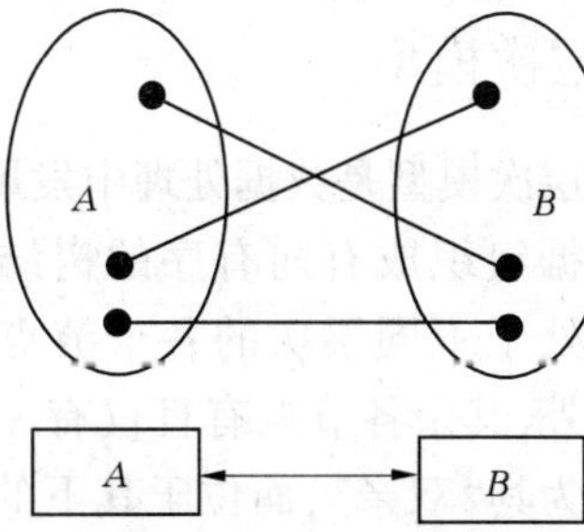

图4-1　一对一的联系(1:1)

如图4-1所示,这是一种比较简单的联系方式,是指在集合 A 中存在一个元素 a_i,则在集合 B 中就有一个且仅有一个 b_j 与之联系。在1:1的联系中,一个集合中的元素可以标识另一个集合中的元素。例如,地理名称与对应的空间位置之间的关系就是一种一对一的联系。

8.2　**一对多的联系(1:N)**

在现实生活中以1对多的联系较常见,如图4-2所示。这种联系可以表达为:在集合 A 中存在一个 a_i,则在集合 B 中存在一个子集 $B'=(b_{j1},b_{j2},\cdots,b_{jn})$ 与之联系。行政区划就具有一对多的联系,一个省对应有多个市,一个市对应有多个县,一个县又对应有多个乡。

8.3　**多对多的联系(M:N)**

这是现实中最复杂的联系,如图4-3所示。即对于集合 A 中的一个元素 a_i,在集合 B 中存在一个子集 $B'=(b_{j1},b_{j2},\cdots,b_{jn})$ 与之相联系。反过来,对于集合 B 中的一个元素 B_j,在集合 A 中就有一个集合 $A'=(a_{i1},a_{i2},\cdots,a_{in})$ 与之相联系。$M:N$ 的联系,在数据库中往往不能直接表示出来,而必须经过某种变换,使其分解成两个 $1:N$ 的联系来处理。地理实体中的多对多联系是很多的,如土壤类型与种植作物之间有多对多的联系。同一种土壤类型可以种不同的作物,同一种作物又可种植在不同的土壤类型上。

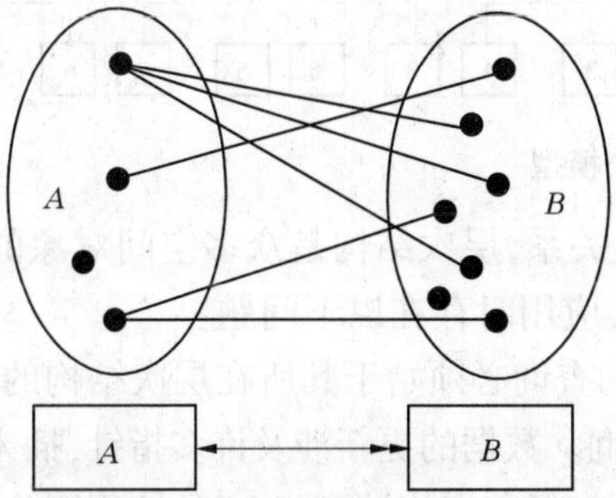

图4-2　一对多的联系(1:N)

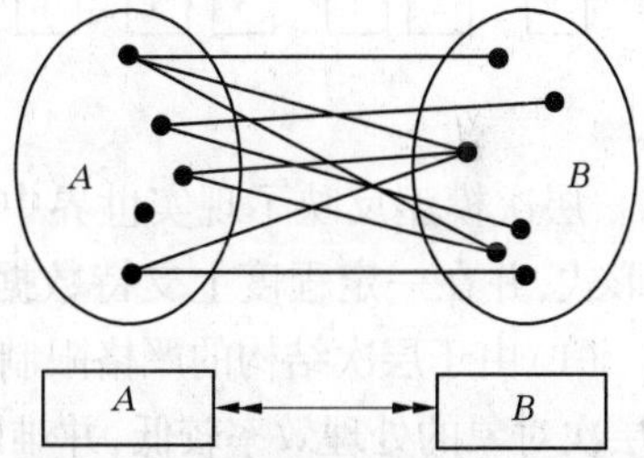

图4-3　多对多的联系(M:N)

第2节　数据库系统的数据模型

数据模型是数据库系统中关于数据和联系的逻辑组织的形式表示。每一个具体的数据库都由一个相应的数据模型来定义。每一种数据模型都以不同的数据抽象与表示能力来反映客观事物,都有其不同的处理数据联系的方式。数据模型的主要任务就是研究记录类型之间的联系。

目前,数据库领域采用的数据模型有层次模型、网络模型和关系模型,其中应用最广泛的是关系模型。

1 层次模型

层次模型是数据处理中发展较早、技术上也比较成熟的一种数据模型。它的特点是将数据组织成有向有序的树结构。层次模型由处于不同层次的各个节点组成。除根节点外,其余各节点有且仅有一个上一层节点作为其"双亲",而位于其下的较低一层的若干个节点作为其"子女"。结构中节点代表数据记录,连线描述位于不同节点数据间的从属关系(限定为一对多的关系)。对于如图4-4所示的地图 M,用层次模型表示为如图4-5所示的层次结构。

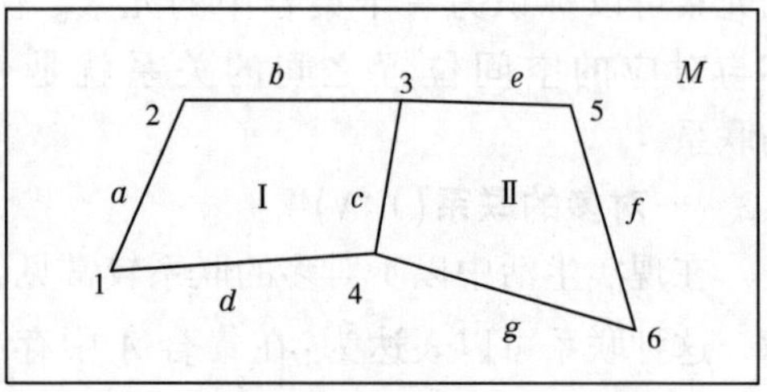

图4-4 原始地图 M

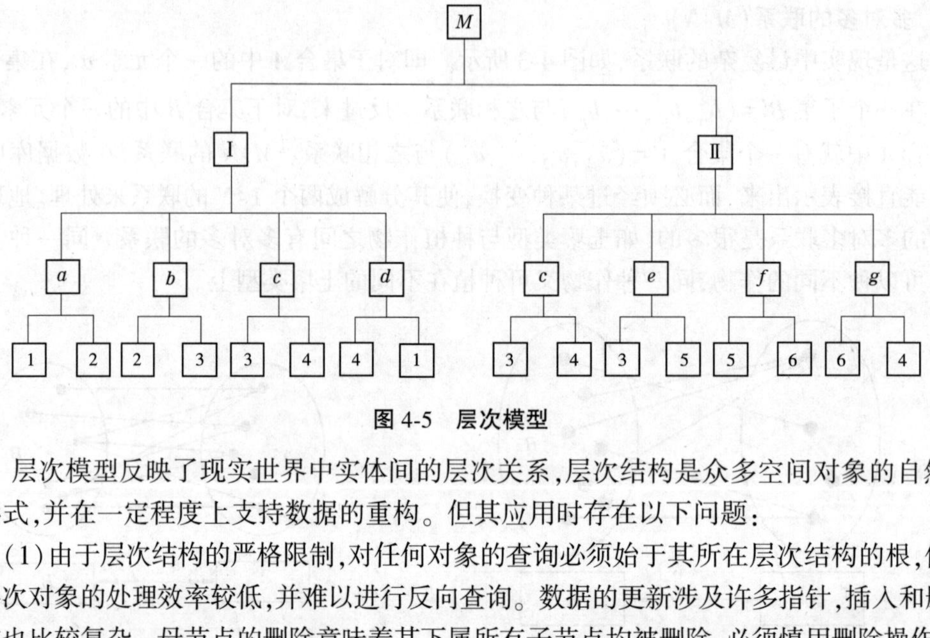

图4-5 层次模型

层次模型反映了现实世界中实体间的层次关系,层次结构是众多空间对象的自然表达形式,并在一定程度上支持数据的重构。但其应用时存在以下问题:

(1)由于层次结构的严格限制,对任何对象的查询必须始于其所在层次结构的根,使得低层次对象的处理效率较低,并难以进行反向查询。数据的更新涉及许多指针,插入和删除操作也比较复杂。母节点的删除意味着其下属所有子节点均被删除,必须慎用删除操作。

(2)层次命令具有过程式性质,它要求用户了解数据的物理结构,并在数据操纵命令中显式地给出存取途径。

(3)模拟多对多联系时导致物理存储上的冗余。

(4)数据独立性较差。

2 网络模型

网络模型是数据模型的另一种重要结构,它反映着现实世界中实体间更为复杂的联系。其基本特征是:节点数据间没有明确的从属关系,一个节点可与其他多个节点建立联系。如图4-6所示的4个城市的交通联系,不仅是双向的,而且是多对多的。如图4-7所示,学生甲、乙、丙、丁选修课程,其中的联系也属于网络模型。

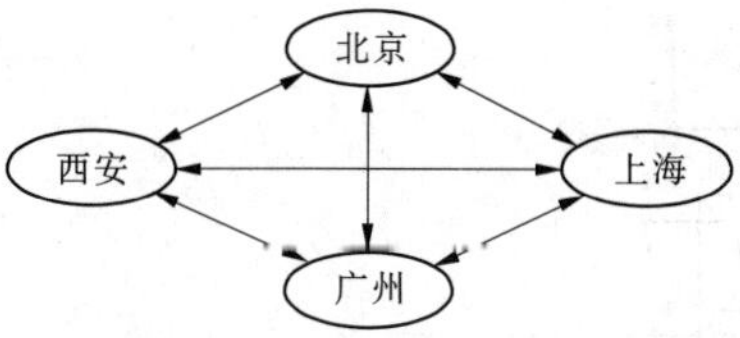

图 4-6 网络模型(一)

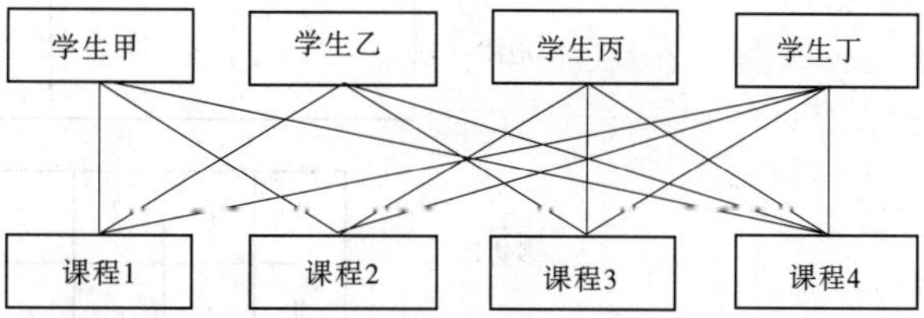

图 4-7 网络模型(二)

网络模型用连接指令或指针来确定数据间的显式连接关系,是具有多对多类型的数据组织方式,网络模型将数据组织成有向图结构。结构中节点代表数据记录,连线描述不同节点数据间的关系。

有向图(Digraph)的形式化定义为

$$\text{Digraph}=[\text{Vertex},(\text{Relation})]$$

其中,Vertex 为图中数据元素(顶点)的有限非空集合;Relation 是两个顶点(Vertex)之间关系的集合。

有向图结构比层次结构具有更大的灵活性和更强的数据建模能力。网络模型的优点是可以描述现实生活中极为常见的多对多的关系,其数据存储效率高于层次模型,但其结构的复杂性限制了它在空间数据库中的应用。

网络数据模型在一定程度上支持数据的重构,具有一定的数据独立性和共享性,并且运行效率较高。但它应用时存在以下问题:

(1)网状结构的复杂,增加了用户查询和定位的困难。它要求用户熟悉数据的逻辑结构,知道自身所处的位置。

(2)网状数据操作命令具有过程式性质。

(3)不直接支持对于层次结构的表达。

3 关系模型

关系模型是根据数学概念建立的,它把数据的逻辑结构归结为满足一定条件的二维表形式。此处,实体本身的信息及实体之间的联系均表现为二维表,这种表就称为关系。一个实体由若干个关系组成,而关系表的集合就构成关系模型。

在生活中表示实体间联系的最自然的途径就是二维表。表格是同类实体的各种属性的集合,在数学上把这种二维表叫作关系。二维表的表头,即表格的格式是关系内容的框架,这种框架叫作模式。关系由许多同类的实体所组成,每个实体对应于表中的一行,叫作一个元组。表中的每一列表示同一属性,叫作域。

对于图 4-4 所示的地图,用关系模型则表示为图 4-8。

关系模型是应用最广泛的一种数据模型,它具有以下优点:

(1)能够以简单、灵活的方式表达现实世界中各种实体及其相互间关系,使用与维护也很方便。关系模型通过规范化的关系为用户提供一种简单的用户逻辑结构。所谓规范化,实质上就是使概念单一化,一个关系只描述一个概念,如果多于一个概念,就要将其

地图

M	Ⅰ	Ⅱ

多边形

Ⅰ	*a*	*b*	*c*	*d*
Ⅱ	*c*	*e*	*f*	*g*

线

Ⅰ	*a*	1	2
Ⅰ	*b*	2	3
Ⅰ	*c*	3	4
Ⅰ	*d*	4	1
Ⅱ	*c*	4	3
Ⅱ	*e*	3	5
Ⅱ	*f*	5	6
Ⅱ	*g*	6	4

图 4-8　关系模型示意图

分开。

(2)关系模型具有严密的数学基础和操作代数基础——关系代数、关系演算等,可将关系分开,或将两个关系合并,使数据的操纵具有高度的灵活性。

(3)在关系数据模型中,数据间的关系具有对称性。因此,关系之间的寻找在正反两个方向上的难易程度是一样的,而在其他模型如层次模型中,从根节点出发寻找叶子的过程容易解决,相反的过程则很困难。

目前,绝大多数数据库系统采用关系模型。但它的应用也存在如下问题:

(1)实现效率不够高。由于概念模式和存储模式的相互独立性,按照给定的关系模式重新构造数据的操作相当费时。另外,实现关系之间的联系需要执行系统开销较大的连接操作。

(2)描述对象语义的能力较弱。现实世界中包含的数据种类和数量繁多,许多对象本身具有复杂的结构和涵义,为了用规范化的关系描述这些对象,则需要对对象进行不自然分解,从而在存储模式、查询途径及其操作等方面均显得语义不甚合理。

(3)不直接支持层次结构,因此不直接支持对于概括、分类和聚合的模拟,即不适合于管理复杂对象的要求,它不允许嵌套元组和嵌套关系存在。

(4)模型的可扩充性较差。新关系模式的定义与原有的关系模式相互独立,并未借助已有的模式支持系统的扩充。关系模型只支持元组的集合这一种数据结构,并要求元组的属性值为不可再分的简单数据(如整数、实数和字符串等),它不支持抽象数据类型,因而不具备管理多种类型数据对象的能力。

(5)模拟和操纵复杂对象的能力较弱。关系模型表示复杂关系时比其他数据模型困难,因为它无法用递归和嵌套的方式来描述复杂关系的层次和网状结构,只能借助于关系的规范化分解来实现。过多的不自然分解必然导致模拟与操纵的困难和复杂化。

关系数据库的查询和修改操作是通过结构化查询语言(structured query language, SQL)来实现的。SQL的基础是关系代数,同时包括了其他的一些操作,如求和、汇总、数据更新等,下面是一个SQL查询的例子,用于查询得到人口大于6 000万人并且面积小于16万km^2的省份。

对于关系:

省份(省会,人口,产值,面积)

SQL语句:

```
Select *
From 省份
Where 人口>60,000,000 and 面积<160,000
```

第3节 GIS空间数据库

地理信息系统的一个重要特点,或者说是与一般管理信息系统的区别,是数据具有空间分布的性质。不仅数据本身具有空间属性,系统的分析和应用也无不与地理环境直接关联。系统的这一基本特征,深刻地影响着数据的结构,数据库的设计、分析算法和软件,以及系统的输入和输出。

GIS中的数据大多数都是地理数据,它与通常意义上的数据相比,具有自己的特点:地理数据类型多样,各类型实体之间关系复杂,数据量很大,而且每个线状或面状地物的字节长度都不是等长的。地理数据的这些特点决定了利用目前流行的数据库系统直接管理地理空间数据存在着明显的不足,GIS必须发展自己的数据库——空间数据库。

1 空间数据库

1.1 空间数据库的概念

地理信息系统的数据库(简称空间数据库或地理数据库)是某一区域内关于一定地理要素特征的数据集合。

地理信息系统是一种以地图为基础,供资源、环境及区域调查、规划、管理和决策用的空间信息系统。在数据获取过程中,空间数据库用于存储和管理地图信息;在数据处理系统中,它既是资料的提供者,也可以是处理结果的归宿处;在检索和输出过程中,它是形成绘图文件或各类地理数据的数据源。

空间数据库是作为一种应用技术而诞生和发展起来的,其目的是使用户能够方便灵活地查询出所需的地理空间数据,同时能够进行有关地理空间数据的插入、删除、更新等操作。以地理空间数据存储和操作为对象的空间数据库,把被管理的数据从一维推向了二维、三维甚至更高维。空间数据库系统必须具备对地理对象(大多为具有复杂结构和内涵的复杂对象)进行模拟和推理的功能。一方面,可将空间数据库技术视为传统数据库技术的扩充;另一方面,空间数据库突破了传统数据库理论,将规范关系推向非规范关系。

1.2 空间数据库的特点

空间数据库与一般数据库相比,具有以下特点:

(1)数据量特别大,地理系统是一个复杂的综合体,要用数据来描述各种地理要素,尤其是要素的空间位置,其数据量往往很大。

(2)不仅有地理要素的属性数据(与一般数据库中的数据性质相似),还有大量的空间数据,即描述地理要素空间分布位置的数据,并且这两种数据之间具有不可分割的联系。

(3)数据应用广泛,如地理研究、环境保护、土地利用与规划、资源开发、生态环境、市政管理、道路建设等。

2 地理信息系统与管理信息系统的比较

从数据源的角度来看,图形和图像数据是地理信息系统数据的一个主要来源,分析处理的结果也常用图形的方式来表示。而一般的管理信息系统,则多以统计数据、表格数据为主。这一点也使地理信息系统在硬件和软件上与一般的管理信息系统有所区别。

2.1 两者的区别

2.1.1 在硬件方面的区别

为了处理图形和图像数据,GIS需要配置专门的输入和输出设备,如数字化仪、绘图机、图形图像的显示设备等;许多野外实地采集和台站的观测所得到的资源信息是模拟量形式,系统还需要配置模数转换设备,这些设备往往超过中央处理器的价格,体积也比较大。

2.1.2 在软件方面的区别

GIS要求研制专门的图形和图像数据的分析算法和处理软件,这些算法和软件又直接和数据的结构及数据库的管理方法有关。

2.1.3 在信息处理的内容和应用目的方面的区别

一般的管理信息系统,主要是查询检索和统计分析,处理的结果,大多是制成某种规定格式的表格数据。地理信息系统,除基本的信息检索和统计分析外,主要用于分析研究资源的合理开发利用,制订区域发展规划、地区的综合治理方案,对环境进行动态的监视和预测预报,为国民经济建设中的决策提供科学依据,为生产实践提供信息和指导。

由于地理信息系统是一个复杂的自然和社会的综合体,所以信息的处理必然是多因素的综合分析。系统分析是基本的方法,如研究某种地理信息系统中各组成部分间的相互关系,利用统计数据建立系统的数学模型,根据给定的目标函数,进行数学规划,寻求最优方案,使该系统的经济效益为最佳。分析系统中各部分之间的反馈联系,建立系统的结构模型,采用系统动力学的方法,进行动态分析,研究系统状态的变化和预测发展趋势等。计算机仿真是一种有效而经济的分析方法,便于分析各种因素的影响和进行方案的比较,在自然环境和社会经济的许多应用研究中常被采用。此外,地理信息系统还有分析量算的功能,如计算面积、长度、密度、分布特征及相关地理实体之间的关系运算等。

2.2 两者的共同之处

地理信息系统和一般的信息管理系统也有许多共同之处。两者都是以计算机为核心的信息处理系统,都具有数据量大和数据之间关系复杂的特点,也都随着数据库技术的发展在不断地改进和完善。比较起来,商用的管理信息系统发展快、用户数量大,而且已有定型的软件产品可供选用,这也促进了软件系统的标准化。地理信息系统,由于上述一些特点,多是根据具体的应用要求专门设计的,数据格式和组织管理方法各不相同。目前,国外已有几百个空间数据处理系统和软件包,几乎没有两个系统是一样的,尽管大家都认为标准化是很重要的,也做了许多努力(如建立计算机制图的标准和规范),但分析的算法和软件系统还谈不上标准化的问题。事实上,地理信息系统正作为一种空间信息的处理系统,成为一个单独的研究和发展领域。

第4节 GIS空间数据库的数据模型

目前,大多数商品化的GIS软件都不是采取传统的某一种单一的数据模型,也不是抛弃传统的数据模型,而是采用建立在关系数据库管理系统(RDBMS)基础上的综合的数据模型,归纳起来,主要有以下3种。

1 混合结构模型

它的基本思想是用两个子系统分别存储和检索空间数据与属性数据,其中属性数据存储在常规的RDBMS中,几何数据存储在空间数据管理系统中,两个子系统之间使用一种标识符联系起来。图4-9为其原理框图。在检索目标时必须同时查询两个子系统,然后将它们的回答结合起来。

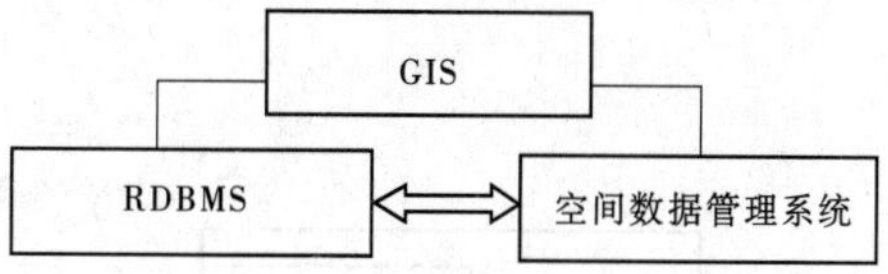

图4-9 混合结构模型原理框图

由于这种混合结构模型的一部分是建立在标准RDBMS之上的,故存储和检索数据比较有效、可靠。但因为使用两个存储子系统,它们有各自的规则,查询操作难以优化,存储在RDBMS外面的数据有时会丢失数据项的语义;此外,数据完整性的约束条件有可能遭到破坏,如在几何空间数据存储子系统中目标实体仍然存在,但在RDBMS中却已被删除。

属这种模型的GIS软件有ArcGIS、MGE、SICARD、GENEMap等。

混合结构模型的缺陷是因为两个存储子系统具有各自的职责,很难互相保证数据存储、操作的统一。

2 扩展结构模型

扩展结构模型采用同一数据库管理系统(DBMS)存储空间数据和属性数据。其做法是在标准的关系数据库上增加空间数据管理层,即利用该层将地理结构查询语言(GeoSQL)转化成标准的SQL查询,借助索引数据的辅助关系实施空间索引操作。这种模型的优点是省去了空间数据库和属性数据库之间的烦琐连接,空间数据存取速度较快,但由于是间接存取,在效率上总是低于DBMS中所用的直接操作过程且查询过程复杂。图4-10为其原理框图。

这种模型的代表性GIS软件有SYSTEM 9、SMALL WORLD等。

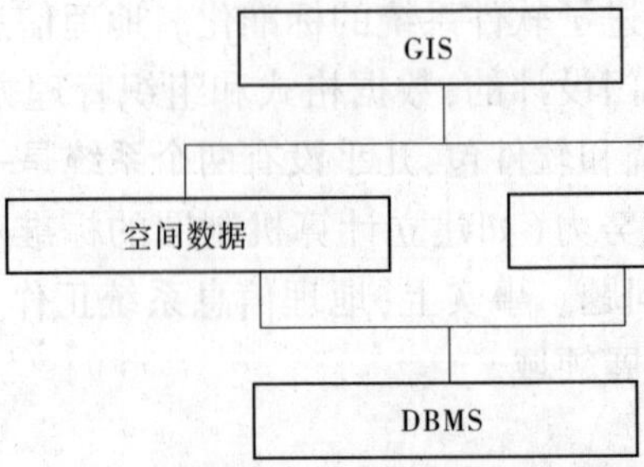

图 4-10 扩展结构模型原理框图

3 统一数据模型

这种综合数据模型不是基于标准的 RDBMS,而是在开放型 DBMS 的基础上扩充空间数据表达功能。如图 4-11 所示,空间扩展完全包含在 DBMS 中,用户可以使用自己的基本抽象数据类型(ADT)来扩充 DBMS。在核心 DBMS 中进行数据类型的直接操作很方便、有效,并且用户还可以开发自己的空间存取算法。该模型的缺点是用户必须在 DBMS 环境中实施自己的数据类型,对有些应用将相当复杂。

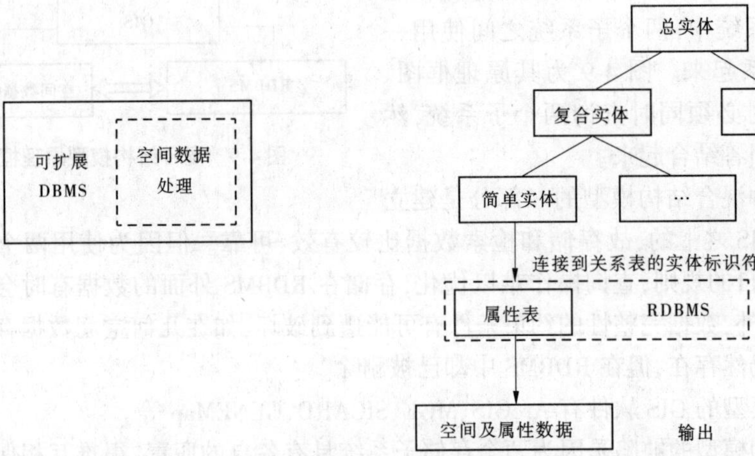

图 4-11 统一数据模型

属于此类综合模型的软件有 TIGRIS(Intergraph)、GEO++(荷兰)等。

第 5 节 面向对象数据库系统

网络和层次及关系模型都适合那些结构简单及访问有规律的数据。这些模型的最佳应用领域有个人记录管理、清单控制、终端用户销售、商业记录等,所有这些应用领域都只有较简单的数据结构、联系及数据使用模式。一个地图对象可以定义为经度、纬度、地点的时间维;以等高线来定义地形;用图标表示主要的嵌入对象,而它们本身也可能是对象。除这些定义外,在地图的各区域可能还含有隐藏的数据。我们可以表示人口密度、动物密度、植物、水源、建筑物及其类别(如单栋住宅楼、高楼、工业建筑、居民楼)、污染情况及其他信息,所有这些都是从应用领域典型使用中派生出来的抽象数据类型,如图4-12所示。

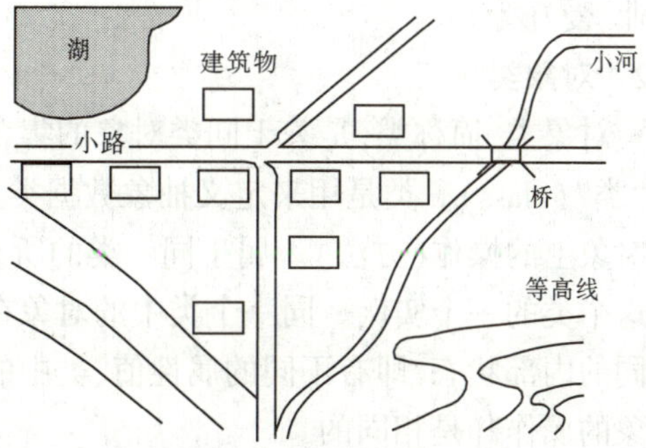

图4-12　地图抽象数据类型

1　面向对象技术概述

面向对象方法(object-oriented paradigm,OO)起源于面向对象的程序设计语言(OOPL)。20世纪60年代中后期,Simula-67语言的设计者首次提出了"对象"(object)的概念,并开始使用数据封装(data encapsulation)技术(对外部只提供一个抽象接口而隐藏具体实现细节)。面向对象方法的推广应用主要得益于面向对象语言Smalltalk-80。它在系统设计中强调对象概念的统一,引入对象、对象类、方法、实例等概念和术语,采用动态联编和单继承性机制。它以OOPL为核心,集各种软件开发工具于一体,建立面向对象方法计算环境,配有很强的图形功能和多窗口用户界面。Smalltalk作为一种新的、纯粹的面向对象编程语言,同时又为面向对象方法学的形成和发展起了重大的作用。

面向对象方法的基本出发点就是尽可能按照人类认识世界的方法和思维方式来分析与解决问题。客观世界是由许多具体的事物或事件、抽象的概念、规则等组成的。因此,将任何感兴趣或要加以研究的事物、概念都统称为"对象"(或称目标)。面向对象的方法正是以对象作为最基本的元素,它也是分析问题、解决问题的核心。面向对象方法很自然地符合人类的认识规律。计算机实现的对象与真实世界具有一对一的对应关系,不需作任何转换,这样就使面向对象方法更易于为人们所理解、接受和掌握。面向对象方法具有的模块化、信息封装与隐藏、抽象性、多态性等独特之处,为解决大型软件管理,提高软件可靠性、可重用性、可扩充性和可维护性提供了有效的手段与途径,很快被引入到所有与计算机科学有关的领域,如在编程语言方面,有VC、Object Pascal、VB等。

2　面向对象方法中的基本概念

2.1　对象

在面向对象的系统中,所有的概念实体都可以模型化为对象。多边形地图上的一个节点或一条弧段是对象,一条河流或一个省也是一个对象。一个对象是由描述该对象状态的一组数据和表达它的行为的一组操作(方法)组成的。例如,河流的坐标数据描述了它的位置和形状,而河流的变迁则表达了它的行为。对象是数据和行为的统一体。

GIS中的地理对象则可定义为:描述一个实体的空间和属性数据以及定义一系列对实体有意义的操作函数的统一体。如一个城市、一条街道、一个街区等。

在面向对象的系统中,对象作为一个独立的实体,一经定义就带有一个唯一的标识号,且独立于它的值而存在。

总之,一个对象就是一个具有名称标识且有自身的状态与功能的实体。如一个人,他有一些身体状况(如性别、年龄、身高、体重等),还有一些其他的情况(如所干工作、所学专业、爱好等)。

2.2　对象类

对象类,简称类,是关于同类对象的集合,具有相同属性和操作的对象组合在一起形成“类”(class)。类是用来定义抽象数据类型的,描述了实例的形式(属性等)及作用于类中对象上的操作(方法)。属于同一类的所有对象共享相同的属性项和方法,每个对象都是这个类的一个实例。同一个类中的对象在内部状态的表现形式上(型)相同,但它们有不同的内部状态,即有不同的属性值,类中的对象并不是一模一样的,而应用于类中所有对象的操作却是相同的。

所以,在实际的系统中,仅需对每个类型定义一组操作,供该类中的每个对象应用。但因每个对象的内部状态不完全相同,所以要分别存储每个对象的属性值。如所有河流均有共性,名称、长度、面积及操作方法,抽象成河流类,而黄河、长江等就是其实例对象,同时又有其自身的状态特征(属性值)。

2.3　方法和消息

对一个类所定义的所有操作称为方法。对对象类的操作是由方法来具体实现的,而对象间的相互联系和通信的唯一途径是通过“消息”传送来实现的。消息是对象与对象之间相互联系、请求、协作的途径。

另外,消息还分公有消息和私有消息。例如,如果一批消息都属于同一个对象,但有些可由其他对象向它发送,叫公有消息;另外一些则是由它自己向本身发送,叫私有消息。

2.4　协议和封装

对象和消息对自然界的实际事物进行了良好的模拟,也简化了人们对世界事物的理解。但是,现实事物仅靠这两个概念还不能充分表达。例如,一个人有各种各样的能力。有些能力他乐意向外人宣告;有些能力只向一部分人通告;还可能有些能力,不想让任何人知道。另外,即使外人知道了他的某些能力,他也不向外界提供这些服务。这是经常出现的情况,上面的私有消息便是这样的例子。这里就有一个协议的问题。

协议是一个对象对外服务的说明,它告知一个对象可以为外界做什么。外界对象能够并且只能向该对象发送协议中所提供的消息,请求该对象服务。因此,协议是由一个对象能够接受并且愿意接受的所有消息构成的对外接口。也就是说,请求对象进行操作的唯一途径就是通过协议中提供的消息来进行。即使一个对象可以完成某一功能,但它没有将该功能放入协议中去,外界对象依然不能请求它完成这一功能。从私有消息和公有消息上看,协议是一个对象所能接受的所有公有消息的集合。

对象、消息和协议是面向对象设计中的支柱性概念,这些概念一起又引入了一个新的概念——封装。封装就是将某件事物包围起来,使外界不必知道其实际内容。也就是说,对象通过封装后,其他对象只能从公有消息提供的功能进行请求服务,对这个对象内部的情况不必了解。

2.5　分类

把一组具有相同结构的实体归纳成类的过程,称为分类,而这些实体就是属于这个类的实例对象。属于同一类的对象具有相同的属性结构和操作方法。

2.6 超类和概括

在定义类型时,将几种类型中某些具有公共特征的属性和操作抽象出来,形成一种更一般的超类。

2.7 继承

继承是一种服务于概括的工具。GIS 中经常要遇到多个继承的问题,下面举例说明两个不同的体系形成的多个继承。一个由人工和自然的交通线形成,另一个是以水系为主线。运河具有两方面的特性,即人工交通线和水系;而可航行的河流也有两方面的特性,即河流和自然交通线。其他一些类型如高速公路和池塘仅属于其中某一个体系,如图 4-13 所示。

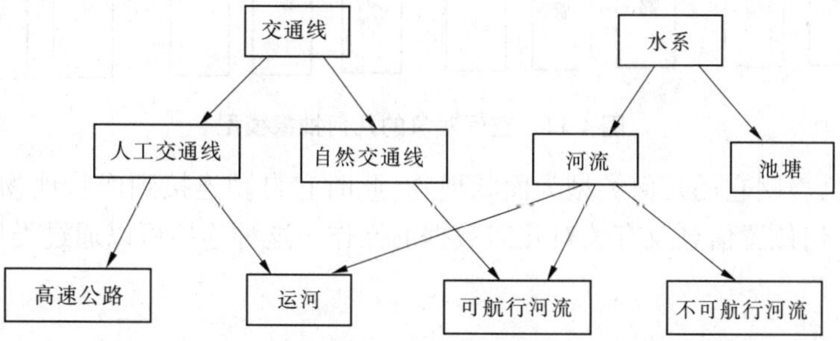

图 4-13 多个继承实例

3 面向对象的几何抽象类型

考察 GIS 中的各种地物,在几何性质方面不外乎表现为 4 种类型,即点状地物、线状地物、面状地物以及由它们混合组成的复杂地物,因而这 4 种类型可以作为 GIS 中各种地物类型的超类。如图 4-14 所示,从几何位置抽象,点状地物为点,具有(x,y,z)坐标。线状地物由弧段组成,弧段由节点组成;面状地物由弧段和面域组成;复杂地物可以包含多个同类或不同类的简单地物(点、线、面),也可以再嵌套复杂地物。因此,弧段聚集成线状地物,简单地物组合成复杂地物,节点的坐标由标识号传播给线状地物和面状地物,进而还可以传播给复杂地物。

为了描述空间对象的拓扑关系,对空间对象的抽象,除点、线、面、复杂地物外,还可以再加上节点、弧段等几何元素。如一些研究人员把空间对象还分为零维对象、一维对象、二维对象、复杂对象。其中,零维对象包括独立点状地物、节点、节点地物(既是几何拓扑类型,又是空间地物)、注记参考点、多边形标识点;一维对象包括拓扑弧段、无拓扑弧段(也称面条地物,如等高线)、线状地物;二维对象是指面状地物,它由组成面状地物的周边弧段组成,有属性编码和属性表;复杂对象包括有边界复杂地物和无边界复杂地物。

在美国空间数据交换标准中,将矢量数据模型中的空间对象抽象为 6 类,分别是复杂地物(complex)、多边形(polygon)、环(ring)、线(line)、弧(arc)、点-节点(point-node)。其中,环是为了描述带岛屿的复杂多边形而新增的;线相当于线状地物,由弧段组成;弧是指圆弧、曲线等光滑的数学曲线;节点作为一点对象和点状地物合并为点-节点类。

在定义一个地物类型时,除按属性类别分类外,还要声明它的几何类型。例如,定义

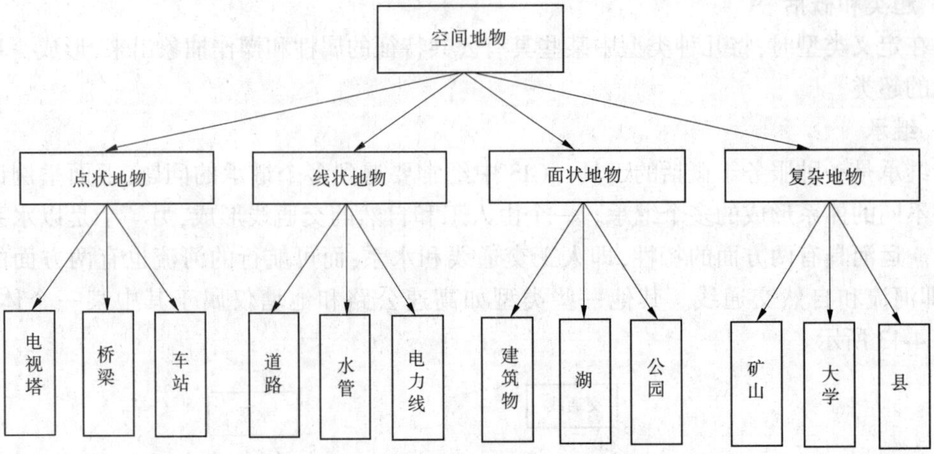

图 4-14 空间对象的几何抽象模型

建筑物类型时,声明它的几何类型为面状地物,此时它自动连接到面状地物的数据结构,继承超类的几何位置信息及有关对几何数据的操作。这种连接可以通过类标识和对象标识实现。

4 面向对象的属性数据模型

关系数据模型和关系数据库管理系统基本上适应于 GIS 中属性数据的表达与管理。但如果采用面向对象数据模型,语义将更加丰富,层次关系也更明了。与此同时,它又能吸收关系数据模型和关系数据库的优点,或者说它在包含关系数据库管理系统功能的基础上,在某些方面加以扩展,增加面向对象模型的封装、继承、信息传播等功能。

GIS 中的地物可根据国家分类标准或实际情况划分类型。如一个大学 GIS 的对象可分为建筑物、道路、绿化、管线等几大类,地物类型的每一大类又可以进一步分类,如建筑物可再分成教学楼、科研实验楼、行政办公楼、教工住宅、学生宿舍、后勤服务建筑、体育楼等子类,管线可再分为给水管道、污水管道、电信管道、供热管道、供气管道等。此外,几种具有相同属性和操作的类型可综合成一个超类。

5 面向对象的数据库系统的实现方式

面向对象的数据模型为用户提供了自然的、丰富的数据语义,从概念上将人们对 GIS 的理解提高到了一个新的高度。同时,它又巧妙地容纳了 GIS 中拓扑数据结构的思想,能有效地表达空间数据的拓扑关系。此外,面向对象数据模型在表达和处理属性数据时,又具有许多独特的优越性。因而,完全有可能采用面向对象的数据模型和面向对象的数据库管理系统同时表达与管理图形及属性数据,结束目前许多 GIS 软件将它们分开处理的历史。

目前,采用面向对象数据模型,建立面向对象数据库系统,主要有以下 3 种实现方式。

5.1 扩充面向对象程序设计语言(OOPL),在 OOPL 中增加 DBMS 的特性

面向对象数据库系统的一种开发途径便是扩充 OOPL,使其处理永久性数据。典型

的OOPL有Smalltalk和C++。在面向对象的数据库管理系统(OODBMS)中增加处理和管理地理信息数据的功能,则可形成地理信息数据库系统。在这种系统中,对象标识符为指向各种对象的指针;地理信息对象的查询通过指针依次进行。这类系统具有计算完整性。

这种实现途径的优点是:

(1)能充分利用OOPL强大的功能,相对地减少开发工作量。

(2)容易结合现有的C++(或C)语言应用软件,使系统的应用范围更广。

这种实现途径的缺点是没有充分利用现有的DBMS所具有的功能。

5.2 扩充RDBMS,在RDBMS中增加面向对象的特性

RDBMS是目前应用最广泛的数据库管理系统。既可用常规程序设计语言(如C、FORTRAN等)扩充RDBMS,也可用OOPL(如C++)扩充RDBMS。IRIS就是用C语言和LISP语言扩展RDBMS所形成的一种OODBMS。

这种实现途径的优点是:

(1)能充分利用RDBMS的功能,可使用或扩展SQL查询语言。

(2)采用OOPL扩展RDBMS时,能结合二者的特性,大大减少开发的工作量。

这种实现途径的缺点是数据库I/O检查比较费时,需要完成一些附加操作,所以查询效率比纯OODBMS低。

5.3 建立全新的支持面向对象数据模型的OODBMS

这种实现途径从重视计算完整性的立场出发,以记叙消息的语言作为基础,备有全新的数据库程序设计语言(DBPL)或永久性程序设计语言(PPL)。此外,它还提供非过程型的查询语言。它并不以OOPL作为基础,而是创建独自的面向对象DBPL。

这种实现途径的优点是:

(1)用常规语言开发的纯OODBMS全面支持面向对象数据模型,可扩充性较强,操作效率较高。

(2)重视计算完整性和非过程查询。

这种实现途径的缺点是数据库结构复杂,并且开发工作量很大。

上述3种开发途径各有利弊,侧重点也各有不同。第一种途径强调OOPL中的数据永久化;第二种途径强调RDBMS的扩展;第三种途径强调计算完整性和纯面向对象数据模型的实现。这3种途径也可以结合起来,充分利用各自的特点,既重视OOPL和RDBMS的扩展,也强调计算的完整性。

6 空间对象模型实例

Geostar软件是由武汉测绘科技大学测绘遥感信息工程国家重点实验室研制开发的面向对象的GIS软件。在Geostar中,把GIS需要的地物抽象成节点、弧段、点状地物、线状地物、面状地物和无空间拓扑关系的面条地物。为了便于组织与管理,对空间数据库又设立了工程、工作区和专题层。工程包含了某个GIS工程需要处理的空间对象。工作区则是在某一个范围内,对某几种类型的地物,或某几个专题的地物进行操作的区域。从工程和地物的属性而言,空间地物又可以进一步向上抽象,按属性特征划分为各种地物类型,若干种地物类型组成一个专题层。同一地理空间的多个专题层组成一个工作区,而一个工程又可以包含一个或多个工作区。这种从下到上的抽象过程与从上往下的分解过程组成了GIS中的面向对象模型,如图4-15所示。一方面,它表达了地理空间的自然特性,接近人们对客观事物的理解;另一方面,它完整地表达了各类地理对象(大到工程,小到节点)之间的各种关系,而且用层次方法清晰地表达了它们之间的联系。同时,为了表达方便,在Geostar中,还设立了一个数据结构——位置坐标(location),为了制图的方便,还包括制图的辅助对象(如注记、符号、颜色等)。

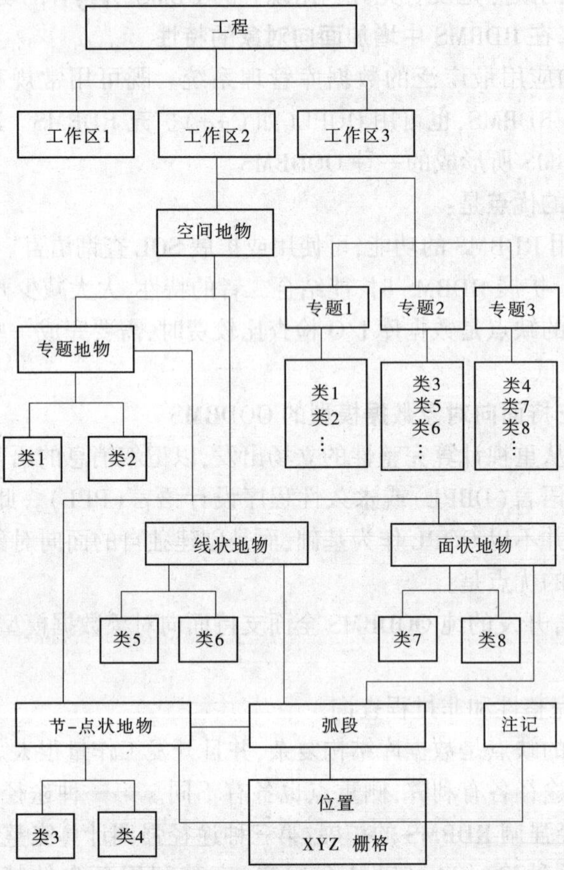

图4-15 Geostar空间数据对象模型

虽然完全意义上的面向对象的空间数据库系统尚未出现,但目前已有的成果已经显示,面向对象的数据库系统会逐步成为空间数据库的基本结构形式。

第6节 应用ArcGIS建立土地利用数据库案例

1 ArcGIS概述

ArcGIS是美国环境研究所(Environment System Research Institute,ESRI)研制的一套

功能强大的GIS软件,是世界上应用广泛的GIS软件之一,是我国GIS领域常用的商业软件。ArcGIS是一个可伸缩的系统,由3个重要的部分组成:桌面软件系统Desktop(一体化的高级GIS系统)、数据通路ArcSDE(用RDBMS管理空间数据的接口)和网络软件ArcIMS(基于Internet的分布式数据和服务GIS),不同规模的用户和企业可选用相应的ArcGIS配置方案。其中,单个用户或小型企业可选用桌面GIS,包括ArcView、ArcEditor或ArcInfo;部门级GIS则是桌面GIS与ArcSDE结合,增加ArcSDE提供的强有力的数据库服务功能,以满足同一部门内多个用户使用桌面GIS存取GIS数据的需要;企业级则将整个GIS应用到整个企业,增加ArcIMS提供基于Internet的空间数据和应用服务,使用ArcSDE和已有GIS桌面应用作为客户端。

1.1 桌面软件系统 Desktop

桌面软件系统Desktop是ArcView、ArcEditor和ArcInfo三级桌面软件的总称。ArcMap、ArcCatalog、ArcToolbox是ArcGIS的3种应用环境。

1.1.1 ArcMap

ArcMap是一个可用于数据输入、编辑、查询、分析等功能的应用程序,具有基于地图的所有功能,实现如地图制图、地图分析、地图编辑等功能。ArcMap包含一个复杂的专业制图和编辑系统,它既是一个面向对象的编辑器,又是一个完整的数据表生成器。

1.1.2 ArcCatalog

ArcCatalog是以数据为核心,用于浏览、管理空间数据的模块,是用户规划数据库表,用于制订和利用元数据的环境,利用ArcCatalog可以实现对空间数据库的创建和管理,可以进行文件导入与导出操作,查看和编辑元数据。

1.1.3 ArcToolbox

ArcToolbox提供空间分析、数据转换、数据管理、用户定制4个工具集,可以执行数据转换、叠加分析、缓冲区生成、投影变换、制图综合等140多个空间数据处理操作。

1.2 数据通路 ArcSDE

ArcSDE是在关系数据库管理系统(RDBMS)中存储和管理多用户空间数据库的通路。ArcSDE是一个连续的空间数据模型,借助这一空间数据模型,可以实现用RDBMS管理空间数据库。在RDBMS中融入空间数据后,ArcSDE可以提供对空间数据和非空间数据进行高效率操作的数据库服务。由于ArcSDE采用的是客户/服务器(Client/Server)体系结构,大量用户可同时并发地对同一数据进行操作。

1.3 网络软件 ArcIMS

ArcIMS是一个基于Internet的GIS,借助ArcIMS可以建立大范围的GIS地图、数据和应用,并将这些结果提供给组织内部或Internet上的广大用户。ArcIMS运行在一个分布式的环境中,由客户端和服务器端两方面的技术组成,并扩展了普通站点,使其能够提供GIS数据和应用服务。ArcIMS还包括免费的HTML和Java浏览器,可以通过在Internet上发布GIS数据和服务同时满足多个用户的GIS请求。此外,ArcIMS也支持其他客户端,如ArcGIS Desktop、ArcPAD和其他无线设备。

1.4 ArcGIS 的数据模型

ArcGIS支持两种空间数据模型:一种是传统的地理相关模型(Georelational Modle);

另一种是全新的面向对象空间数据模型,即地理数据库(GeoDatabase)。

2 土地利用数据库建设原则和要求

2.1 标准化与实用性相结合

数据库应以国家标准为基础,结合实际应用,建立一套数据库标准,指导土地利用数据库的建设工作,包括地理定位控制、数据分类编码、数据分层方案、数据格式、文件命名规则等各方面。

2.1.1 数据分层的标准化

数据分层的目的是将各类数据分成相对独立的若干层单独存放,以便于数据的管理和检索分析。具体分层方式可以采用物理分层,也可采用逻辑分层。物理分层是指各层数据存放在各自独立的文件中,而逻辑分层是指各层数据存放在同一个文件中。

2.1.2 数据格式的标准化

数据格式直接影响数据的采集、转换、查询分析,如矢量数据可采用 shapefile、dxf、dwg、dgn、coverage 等数据格式,栅格数据可采用 tiff、jpeg 等数据格式。在土地利用数据库中应对数据格式作出规定,明确各类数据的存储格式,以便于对同类数据采用相同的规则和程序进行处理和分析。具体采用何种数据格式取决于用户需求、系统软件等因素。

2.1.3 文件命名的标准化

在数据处理和建库过程中,坚决杜绝随意命名的现象,避免混淆不同类的数据文件以及临时文件与正式文件,消除文件管理的隐患。文件通常都是存放在一定的目录下,因此应将目录命名管理与文件命名管理结合起来,以便清楚地反映其所在的数据库、数据层、图幅及数据加工处理阶段。

2.2 数据组织

土地利用数据库的设计力求科学合理,方便实际使用,不论是数据分层方案、文件系统结构,还是数据文件的属性项设计都应仔细研究、周密设计,在有技术保证的前提下尽量采用先进的数据库结构,但不要搞超前且目前不实用的设计,避免增加数据库的复杂性和技术难度,保障数据库建设的顺利进行。

2.2.1 数据库模型

采用对象-关系型数据库、混合结构数据库,还是面向对象数据库,不仅要考虑技术本身的成熟度,还要考虑实际使用与维护的需要,根据实际的查询、分析需要选择相应的数据库模型方案。从当前数据库技术发展现状和趋势看,倾向于采用空间数据库(对象-关系型)技术,将图形数据和属性数据都存储在关系数据库中。

2.2.2 时态数据处理

土地利用数据库中的时态数据如何处理?怎样存储历史数据?采用数据库静态快照形式,还是时态数据库?若采用静态快照形式,应在哪些时间点建立数据库快照?若采用时态数据库,应使用何种模式?所有这些都不能只从技术先进性上考虑,更应考虑实际需要。土地利用数据库建设应立足于土地利用现状分析和规划需要,确有必要时再考虑历史数据的管理问题。

2.3 规范作业流程

土地利用数据库建设是一项系统工程,国家有一套规范的作业流程,建库过程大致分为前期准备(技术准备、资料准备)、前期资料预处理(图面预处理、土地利用表格整理)、数据采集(图形、属性数据采集)、数据编辑、数据库建库等几个阶段。依据调查区的实际情况采用不同的技术路线:若数据采集采用扫描数字化方式,一般须经过图件扫描、扫描纠正、图形矢量化、坐标系统转化、投影变换、属性数据录入、数据接边处理、数据分层、图形和属性连接、控制面积平差等环节;若采用野外数字化采集方式,则可以直接生成土地利用数据,不需作转换处理。

2.4 严格质量控制

土地利用数据库建设是一个流程复杂、工作量大、数据繁多的工程,对数据库建设全过程必须进行严格的质量控制,以保证数据库成果质量。首先,要制订质量标准体系,明确各个阶段的图形数据、属性数据质量标准;其次,要有科学可靠的质量保证措施,有效实施质量检查、跟踪、提高。在土地利用数据库建库过程中安排一定比例的时间进行充分的质量检查,以便及早发现问题,及早纠正,避免错误垂直传播,严格保证数据质量。质量检查可开展自查、互查、质量组抽查。

3 基于 Geodatabase 的土地利用数据库设计

3.1 Geodatabase 数据模型

3.1.1 Geodatabase 数据模型概述

ESRI 从 ArcInfo8 起推出一种名为 Geodatabase(地理数据库)的新型面向对象数据模型,提供对要素类及其拓扑关系建模的支持。在 Coverage 模型的基础上,Geodatabase 提供要素建模更全面的支持,不仅支持简单要素类及其拓扑关系,而且扩展到对复合网络、要素间关系及其他面向对象要素的支持。

Geodatabase 模型是建立在标准的关系数据库之上,所有的空间数据和属性数据都存储在关系数据库之中。ArcSDE 作为应用服务器连接 GIS 和 DBMS,它提供一个操作关系数据库的开放接口。通过 ArcSDE 可以管理存储在 Oracle、Microsoft SQL Server、IBM DB2、Informix 等多种数据库系统中的地理信息。而 Personal GeoDatabase 则通过 Microsoft Jet 存取数据。

Geodatabase 支持面向对象的矢量数据模型,它将地理数据组织成一个数据对象的结构体系。在 Geodatabase 模型中,实体被表示为具有属性、行为、关系的对象。Geodatabase 还允许用户定义对象之间的关系,以保持对象之间的参照完整性的规则。Geodatabase 定义了简单对象、地理要素、几何网络、注记要素等多种对象类型,提供了对地理信息建模的有力支持,能够满足各种不同的用户和应用需要。

3.1.2 Geodatabase 数据模型结构

Geodatabase 及其组成要素之间的层次结构如图 4-16 所示。

各类型定义及简要说明如下:

(1)表格(Table)。表格是记录的集合,每个记录(行)中包含许多列(字段),每个列都有数据类型、取值范围的限定,可以用默认值、域等手段规范列的内容。

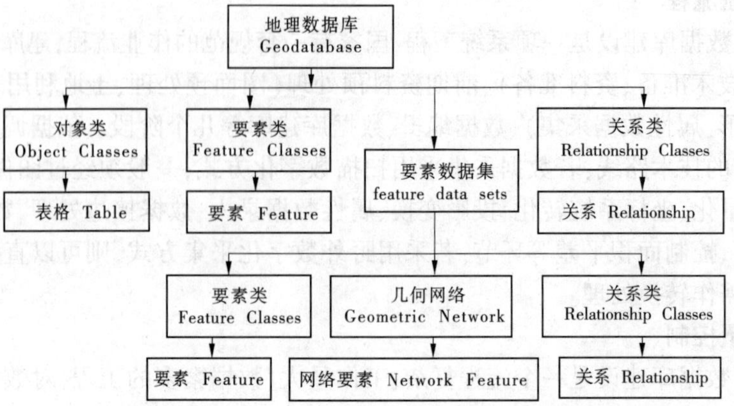

图 4-16 Geodatabase 及其组成要素之间的层次结构

(2)对象类(Object Classes)。对象表示一个没有空间几何要素的实体,没有位置相关信息。一个对象类作为一个表格存储在 Geodatabse 中,一个对象是表格中的一行。

(3)要素类(Feature Classes)。要素表示有空间几何要素的实体,有位置相关信息,如图斑、线状地物等。要素类是具有相同的属性和相同的几何表示类型的要素的集合。要素类在关系数据库中的存储与对象类相似,但有一个特殊的列存储其空间几何要素。

要素类包括简单要素类和复合要素类。简单要素类是没有拓扑关联的要素类,包括点、线、多边形、注记等类型;复合要素类则是有拓扑关联的若干个要素类的组合,必须存放在一个要素集中,复合要素类有拓扑要素、几何网络等类型。

(4)子类(Subtypes)。在要素类内部可以划分若干个次一级的组,每个组是个子类,每个子类有其完整性规则和 GIS 行为。例如,在土地利用图斑类中可划分农用地、建设用地和未利用地 3 个子类,每个子类的最小上图面积等属性有自己的完整性约束规则。

(5)要素数据集(Feature Data Sets)。要素数据集是一个具有相同空间参照的要素类的集合,简单要素类可以存放在某个要素数据集中,也可以独立于所有要素数据集外,构成复合要素类的各个要素必须存放在空间参照相同的同一个要素数据集中。

(6)关系(Relationship)。关系是一种表(或要素类)与表(或要素类)之间的联系机制。关系类建立在对象(或要素类)之间,由一个对象(或要素类)指向由另一个对象(或要素),使用关系可以使两个表(或要素类)关联起来,操作一个表中的数据可以改变另一个表中的数据。

(7)拓扑关系(Topology)。拓扑关系将参与拓扑的各个要素类集成在一个拓扑图中作为一个拓扑单元来管理,规定同一个要素类中的各个要素如何与其他要素共享几何要素(如土地利用图斑之间不重叠),或者不同要素类之间如何共享几何要素(如土地利用图斑层界线必须完全覆盖行政区界线)。

(8)几何网络(Geometric Network)。若干个要素作为一个整体参与到几何网络的构造,Geodatabase 通过拓扑关联保证参与到几何网络中的各个要素类的空间几何要素的联通性。几何网络将保证网络联通性的行为。

(9)栅格数据集(Raster Data Sets)。影像作为栅格来管理,如正射影像图。

(10)元数据(Metadata)。对数据库中各个数据元素的描述。

3.2　基于 Geodatabase 的土地利用数据库设计与实现

根据国家《县(市)级土地利用数据库标准(试行)》,依照 Geodatabase 数据库设计原则和方法,进行土地利用数据库的设计。

3.2.1　Geodatabase 数据库设计的内容和步骤

Geodatabase 数据库设计的基本内容是规定构成数据库的要素、栅格数据集、其他表及表之间的各种关系。其中,要素类(或对象)之间的关系通过要素数据集、关系类、拓扑来管理;一个要素数据集中的各个要素类具有相同的空间参照;拓扑类、几何网络类中的各要素受拓扑完整性约束。

Geodatabase 数据设计可分为以下 5 个步骤:

(1)用户视图建模,确定所需的数据,并将数据组织为逻辑分组。

(2)定义对象和关系,设定对象间的关系,用图来描述模型。

(3)选择地理表达方式,用点、线、面来表示离散特征,用栅格描绘连续对象,用 TIN 或栅格建模表面。

(4)匹配到 Geodatabase 要素,确定离散特征的几何类型,设定特征之间的关系,赋予对象属性类型。

(5)组织 Geodatabase 结构,组织特征系统,定义拓扑关系,指定坐标系统,定义关系和规则。

3.2.2　土地利用要素的分类、编码、分层设计

3.2.2.1　土地利用要素分类方法

在土地利用数据库中采用线分类法,根据分类编码通用原则,将土地利用要素分为六大类,并依次分为大类、小类、一级类和二级类,分类代码由四位数字层次码组成,其结构如图 4-17 所示。

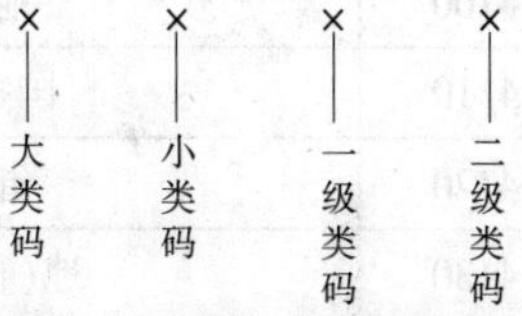

图 4-17　土地利用要素编码

其中:大类码、小类码、一级类码、二级类码分别用数字顺序排列;二级类以下的分类代码可采用一位数字顺序码进行扩充。

3.2.2.2　土地利用数据库编码和分层设计

土地利用分层方案如表 4-1 所示。

表 4-1　土地利用分层方案

代码	要素名称	几何特征	层代码	说明
1000	基础地理要素		A00	
1100	测量控制点	Point	A10	
1200	行政区划		A20	
1210	行政区	Polygon	A21	
1220	行政境界	Line	A22	
1300	地貌		A30	

续表 4-1

代码	要素名称	几何特征	层代码	说明
1310	等高线	Line	A31	
1320	高程点	Point	A32	
2000	权属要素		B00	
2100	权属单位	Polygon	B10	
2200	村、农、林、牧、渔场等企事业单位土地所有权界和使用权界	Line	B20	
2300	权属界线拐点	Point	B30	
3000	地类要素		C00	
3100	图斑	Polygon	C10	
3200	线状地物	Line	C20	
3300	零星地类	Point	C30	
3400	地类界线	Line	C40	
3410	一般地类界	Line		
3420	特殊地类界	Line		
4000	注记要素		D00	
4100	地名注记		D10	
4110	国家级名称	Annotation		
4120	省级名称	Annotation		
4130	地(市)级名称	Annotation		
4140	县(市)级名称	Annotation		
4150	乡(镇)级名称	Annotation		
4160	权属单位名称	Annotation		
4170	自然村名称	Annotation		
4200	水系注记		D20	
4210	河流	Annotation		
4220	湖泊	Annotation		
4230	水库	Annotation		
4240	坑塘	Annotation		
4250	沟渠	Annotation		
4260	水利附属设施			
4300	交通注记	Annotation	D30	
4310	铁路	Annotation		

续表 4-1

代码	要素名称	几何特征	层代码	说明
4320	公路	Annotation		
4330	农村道路	Annotation		
4340	机场	Annotation		
4350	港口码头	Annotation		
4360	交通附属设施	Annotation		
4400	高程注记		D40	
4410	等高线注记	Annotation		
4420	高程点注记	Annotation		
4500	地类注记	Annotation	D50	
4510	地类代码注记	Annotation		
4520	地类符号注记	Annotation		
4600	其他注记	Annotation	D60	
5000	影像要素		E00	
5100	图像	Image	E10	正射影像等
6000	其他要素		F00	
6100	图廓外线要素	Line	F10	外图框、接图表

3.2.2.3　土地利用要素属性数据结构设计

(1)土地利用要素属性表结构方案如表 4-2 所示。

表 4-2　土地利用要素属性表结构方案

序号	要素类型编码	要素类型名称	几何类型	缺省颜色	属性表名
1	A11	行政区	Polygon		XZQ
2	A12	行政界线	Line		XZJX
3	A21	等高线	Line		DGX
4	A22	高程点	Point		GCD
5	B10	权属区	Polygon		QSQ
6	B20	权属界线	Line		QSJX
7	B30	权属拐点	Point		QSGD
8	C10	图斑	Polygon		TB
9	C20	线状地物	Line		XZDW
10	C30	零星地类	Point		LXDL
11	C40	地类界线	Line		DLJX
12	D00	注记	Annotation		ZJ

(2)土地利用数据各属性表结构设计(节选部分)分别如表 4-3~表 4-6 所示。

表 4-3　行政区划属性表结构设计

序号	字段名称	字段代码	字段类型	字段长度	小数位
1	目标标识码	MBBSM	Int	6	
2	要素代码	YSDM	Char	4	
3	区划代码	QHDM	Char	9	
4	行政区名	XZQM	Char	60	
5	计算面积	JSMJ	Float	16	1
6	平差面积	PCMJ	Float	16	1
7	控制面积	KZMJ	Float	16	1

注:面积单位为 m^2。

表 4-4　行政界线属性表结构设计

序号	字段名称	字段代码	字段类型	字段长度	小数位
1	目标标识码	MBBSM	Int	6	
2	要素代码	YSDM	Char	4	
3	境界名称	JJMC	Char	60	
4	境界长度	JJCD	Float	10	1
5	境界性质	JJXZ	Char	1	

注:长度单位为 m。

表 4-5　权属界线属性表结构设计

序号	字段名称	字段代码	字段类型	字段长度	小数位
1	目标标识码	MBBSM	Int	6	
2	要素代码	YSDM	Char	4	
3	界线名称	JXMC	Char	60	
4	界线长度	JXCD	Float	8	1
5	界线性质	JXXZ	Char	1	

注:长度单位为 m。

表 4-6 图斑属性表结构设计

序号	字段名称	字段代码	字段类型	字段长度	小数位
1	目标标识码	MBBSM	Int	6	
2	要素代码	YSDM	Char	4	
3	地类代码	DLDM	Char	4	
4	地类名称	DLMC	Char	60	
5	权属性质	QSXZ	Char	3	
6	权属单位代码	QSDWDM	Char	12	
7	坐落单位代码	ZLDWDM	Char	15	
8	坐落单位名称	ZLDWMC	Char	60	
9	所在图幅	SZTF	Char	60	
10	图斑编号	TBBH	Char	7	
11	坡度级别	PDJB	Char	1	
12	田坎系数	TKXS	Float	5	3
13	计算面积	JSMJ	Float	14	3
14	平差面积	PCMJ	Float	14	3
15	线状地物面积	XZDWMJ	Float	12	3
16	零星地类面积	LXDLMJ	Float	10	3
17	田坎面积	TKMJ	Float	10	3
18	图斑净面积	TBJMJ	Float	14	3
19	原有线状地物面积	YYXZDWMJ	Float	12	3
20	原有零星地类面积	YYLXDLMJ	Float	10	3
21	原有田坎面积	YYTKMJ	Float	10	3
22	原有图斑面积	YYTBMJ	Float	14	3

注:面积单位为 m^2。

在设计数据结构中,除栅格、影像数据外,其他数据都以要素类(Feature Classes)表示。所有要素类具有相同的空间参照,存放在同一个要素数据集中。在线、面要素类内部和要素之间定义拓扑。其中,行政区、权属区、图斑层内部各多边形之间不允许有重叠或缝隙;图斑层中的界线必须压盖全部图斑界线层中的界线,权属区必须压盖全部权属界线,行政区划必须压盖全部行政区界线;图斑界线必须压盖全部权属区界线、权属区界线必须压盖全部行政区界线。通过定义拓扑关系,保证各相关要素层之间的某些界线严密吻合。地类注记应分列出来,作为单独的要素类,并在地类注记与图斑要素之间建立关系类,当图斑的内容(图斑编号、地类代码)发生变化时,自动更新地类注记。

4 基于ArcGIS的内业建库技术与方法

在对土地利用Geodatabase进行规划、设计完成后,可进行内业建库工作。在土地利用数据的内业建库工作中,数据处理技术在第7章中将作详细的介绍,本章是在土地利用变更调查数据处理的基础上,研究基于ArcGIS的土地利用数据库建立的过程、方法和技术。

在ArcGIS中,ArcCatalog用于空间数据库管理,包括规划数据库结构、设置数据集的各种参数,创建数据文件,设置数据表结构、进行数据格式转换;ArcMap主要完成内业建库工作的数据采集与处理任务,包括图形数据采集、编辑、变换和属性录入、处理及制图输出;ArcToolBox用于拓扑关系处理、图幅合并、投影变换、制图综合等辅助处理。

4.1 Geodatabase的基本操作

借助ArcCatalog可以建立两种地理数据库:个人数据库(Personal Geodatabase)和ArcSDE地理数据库。个人数据库可以直接在ArcCatalog环境中建立,包括在磁盘上建立一个.mdb文件。而ArcSDE不能直接用ArcCatalog来建立,必须首先在网络服务器上安装数据库管理系统(DBMS)和ArcSDE,然后建立从ArcCatalog到ArcSDE地理数据库的一个链接。运行ArcCatalog模块,在计算机中按照操作菜单的提示建立数据库。

4.2 建立Geodatabase土地利用数据库

土地利用数据库的设计完成以后,用ArcCatalog开始建立数据库:首先建立空的土地利用数据库;然后建立其组成项,包括建立关系表、要素类、要素数据集等;最后向空的土地利用数据库各项加载数据,此过程在ArcMap中进行,与土地利用变更调查内业数据处理同步进行。当在关系表和要素类中加入数据后,可以在适当的字段上建立索引,以提高数据查询效率,并且可以在所建立的土地利用数据库的关系表、要素类或要素数据集上对其他用户设置授权或取消优先权。

4.2.1 建立关系表

在ArcCatalog环境中,可以用表设计器来建立地理数据库中非空间数据的关系表,如接受默认的表设计,将建一个用简单行为对象的表。在定义表字段时,每个数据库管理系统有其自己的规则,包括允许定义什么样的名字和字符。其操作是在ArcCatalog中,在所需建立新表的数据库上单击右键,选择"\New\Table…"命令,根据提示来建立一个新的关系表。

4.2.2 建立要素数据集

在ArcCatalog中建立一个新的数据集,必须定义其空间参考,包括坐标系统、坐标域(最小的X、Y、Z、M和精度)。数据集中的所有要素类用相同的坐标系统,所有要素类的所有要素坐标必须在域的范围内。操作时在ArcCatalog中,在所需建立新的要素集的数据库上单击右键,选择"\New\Feature datasets…"命令,根据提示来建立一个新的要素数据集。

4.2.3 建立要素类

借助ArcCatalog可以在地理数据库或地理数据集中建立要素类。建立要素类时,必须定义要素类的几何字段属性。在地理信息数据库中直接定义一个独立要素类时,必须同时定义空间参考坐标。而在一个要素数据集中建立要素类时,不需要指定空间坐标,要素类将使用要素集的参考坐标。在简单要素类中,ObjectID 和 Geometry 字段是必需字段。操作时在 ArcCatalog 中,在所需建立新的要素类的数据库(或数据集)上单击右键,选择"\New\Feature Class…"命令,根据提示来建立一个新的要素类。

4.2.4 建立索引

在对关系表和要素类中的数据进行查询检索时,可以在字段上建立属性索引提高查询速度。空间索引可提高对空间要素的图形查询速度,属性索引是 RDBMS 用于检索表中的记录。可以在要素类和关系表中一个或多个字段建立一个或多个属性索引,索引建立后,可在要素类和关系表的生命周期的任何时间内读取或修改。可以用相同的属性在要素类中删除一个空间索引或添加一个空间索引。操作时在 ArcCatalog 中,在所需建立索引的要素类或表上单击右键,选择"\Properties…"命令,打开"Tabel Properties"对话框,根据提示来建立索引。

4.2.5 用户优先级授权

由于土地利用数据是国家的一项基本的、重要的基础数据,因而在数据库设计时,必须对土地利用数据库的操作设置权限,对数据的修改、查询和部分权限查询作出规定,维护数据的安全和保密。ArcGIS 系统的授权优先工具不仅可以授权,也可以取消数据库用户的优先级。在进行授权时,通过几个选项来确定用户的优先等级:

(1)指定用户没有任何优先级,不选择任何权限;

(2)指定用户可以浏览但不能修改任何数据库项,只有 Select 优先级;

(3)指定用户具有完全优先级,包括 Select、Update、Insert、Delete 优先级。

在一个要素数据集上的授权或取消优先级,使数据集的所有内容有相同的优先级。操作时在 ArcCatalog 中,在需要授权优先级的数据项上单击右键,选择"\Properties…"命令,打开"Properties"对话框,再打开"Privilage"对话框,根据选项卡提示来确定用户优先级。

思考题

1. 简述数据库的定义。
2. 数据库具有哪些特征?
3. 简述数据库的特点及空间数据库的特点。
4. 试举例说明什么是层次模型、网络模型和关系模型。
5. 试举例说明 GIS 数据库的数据模型。
6. 什么是面向对象技术?
7. 面向对象技术的 GIS 空间数据是如何表达的?
8. 面向对象技术的 GIS 属性数据是如何表达的?
9. 简述面向对象数据库系统的实现方式。

第5章 空间数据查询与分析

课件:空间数据查询与分析

【本章概述】

本章主要讲述空间数据查询和空间数据分析及数字地形模型的相关知识。空间数据查询的内容包括空间数据查询的含义,各种查询方式、查询结果的显示方式;空间数据查询应用。空间数据分析的内容包括空间数据分析基础即空间几何量算;空间数据分析的方法即缓冲区分析、叠加分析、空间数据再分类、网络分析、空间插值、统计分类分析;空间数据分析的应用。本章的第3节介绍数字地形模型(DTM)和数字高程模型(DEM)的概念,DEM的数据采集及表示方法,DEM的应用及地形分析。

第1节 空间数据查询

空间数据查询是地理信息系统的一项重要功能,查询是用户与系统交流的途径,它可以向人们提供与地理空间、时间空间相关的空间数据,或者是与其关联的属性数据。目前,大多数成熟的商品化地理信息系统软件的查询功能都能实现对空间实体的简单查找,如根据鼠标所指的空间位置,系统可查找出该位置的空间实体和空间范围(由若干个空间实体组成)及它们的属性,并显示出该空间对象的属性列表,可以进行有关统计分析。

1 空间数据查询的含义

空间数据查询首先是给出查询条件,然后系统经过空间量算,或在空间数据库和与其相连的属性数据库中快速检索返回满足条件的内容。

查询是GIS用户经常使用的功能,用户提出的很大一部分问题都可以通过查询的方式解决,查询的方法和查询的范围在很大程度上决定了GIS的应用程度和应用水平。

通过空间数据查询可以定位空间对象,提取对象信息,为地理信息系统的高层次空间分析奠定基础。GIS数据查询包含了图形和属性的双向查询及基于时间要素的图形、属性联合查询。

2 空间数据查询的方式

2.1 基于空间关系查询

空间实体间存在着多种空间关系,包括拓扑、顺序、距离、方位等关系。通过空间关系查询和定位空间实体是地理信息系统不同于一般数据库系统的功能之一。用户往往希望地理信息系统提供一些更能直接计算空间实体关系的功能,如用户希望查询出满足如下条件的旅游景点:

(1)在北京三环以外;

(2)距离三环线不超过100 km;

(3)景点选择区域是特定的多边形。

整个查询过程涉及空间顺序方位关系:在北京三环以外,距离三环线不超过 100 km;空间拓扑关系:特定的选择区域之内。

地理信息系统中简单的面、线、点相互关系的查询包括:

(1)面面查询。如与某个多边形相邻的多边形有哪些(如与河北省相邻的省市有哪些)。

(2)面线查询。如某个多边形的边界有哪些线(如密云水库的边界)。

(3)面点查询。如某个多边形内有哪些点状地物(如北京地区有哪些旅游景点)。

(4)线面查询。如某条线经过(穿过)的多边形有哪些,某条链的左、右多边形是哪些(如京广铁路穿过哪些省、市)。

(5)线线查询。如与某条河流相连的支流有哪些,某条道路跨过哪些河流。

(6)线点查询。如某条道路上有哪些桥梁,某条输电线上有哪些变电站。

(7)点面查询。如某个点落在哪个多边形内(如泰山位于哪个省内)。

(8)点线查询。如某个节点由哪些线相交而成(如经过郑州的铁路线)。

在实际的地理信息系统中往往不是指对单一关系查询,而是数种关系的组合,还可能有属性信息的条件限制。

2.2 基于空间关系和属性特征查询

2.2.1 基于属性数据的查询

根据空间目标的属性数据来查询该目标的其他属性信息或者相应的图形信息。GIS 中基于属性数据的查询包括两个方面的内容:一是由地物目标的某种属性数据(或者属性集合)查询该目标的其他属性信息;二是由地物目标的属性信息查询其对应的图形信息。

目前,GIS 的地物属性数据库大多是以传统的关系数据库为基础的,地物的图形数据和属性数据是分开存储的,图形和属性之间通过目标的 ID 码进行关联,因此基于属性的 GIS 查询可以通过关系数据库的 SQL 语言进行查询。

2.2.2 基于图形数据的查询

基于图形数据的查询是可视化的查询,用户通过在屏幕上选取地物目标来查询其对应的图形和属性信息。它包括两种方式:区域查询和点选查询。

区域查询包括矩形区域、圆形区域和任意多边形区域查询。用户通过在屏幕上指定一个区域来查询其中的地物目标的信息,可自行定义是否只有当目标全部落入指定区域时才认为该目标被选中,如图 5-1 所示。

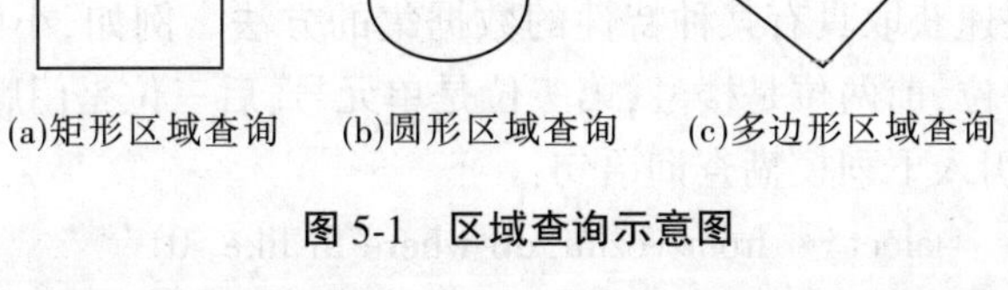

图 5-1 区域查询示意图

点选查询指用户通过直接在屏幕上选取地物目标的整体(点状地物)或者局部(线状和面状地物)来查询其信息。

为方便用户进行图形选取,系统在设计时一般考虑到点选查询要设置合适的选取捕捉范围,区域查询要注意目标与查询区域边界相交时的处理。

基于图形数据的查询包括3个方面的内容:

(1)由屏幕显示的地物目标查询该目标的属性信息。例如,在屏幕上选取住宅,要查询其相关属性,是通过其ID码在属性数据库中查询它对应的属性数据(如层高、面积等)。

(2)由地物目标查询该目标其他部分的图形信息。

(3)由地物目标查询与其相关目标的图形信息。

基于图形的查询是为方便用户输入查询条件而设计成可视化空间查询的,其实在GIS中仍然要翻译成形式化的SQL语言。查询过程是:通过屏幕捕捉获取目标的坐标信息,根据坐标信息在图形库中查询对应的图形及其ID,再通过ID在属性库中找出相应的属性。

2.2.3　图形与属性的混合查询

图形与属性的混合查询是指查询条件同时包括了图形方面的内容和属性方面的内容,查询结果应该同时满足这两个方面的要求。

例如,查询在屏幕上指定矩形区域内的建筑面积在120 m^2 以上、业主职业为教师的住宅。这一查询是图形与属性的混合查询,查询条件包含了3个条件:坐标范围限制在所选区域,建筑面积在120 m^2 以上,业主职业是教师。查询的结果可以是图形的屏幕显示或者属性的报表显示。

混合查询中有两个方面是比较重要的。一是查询条件的分离,查询条件要分离为对图形的查询和对属性的查询,在相应的图形数据库和属性数据库中查询,然后将其结果求交集作为输出结果;二是查询的优化,对于多条件的混合查询,经过分析可以按某种顺序逐层查询,后一个条件查询是在前一个条件查询得出的结果中进行查询,最后得出的结果为满足所有条件的查询结果。各查询条件的先后顺序优化很重要,它关系到系统的计算量,直接表现在查询速度快慢上,但不影响查询结果。

2.3　模糊查询

模糊查询指的是限定需要查询的数据项的部分内容,查询所有数据项中具有该内容的数据库记录,GIS中的模糊查询与其他的数据库的模糊查询是相通的,只是具有了空间数据的特性。对于属性数据的模糊查询,完全等同于一般意义的数据库模糊查询;空间数据的模糊查询在于通过目标图形上某一点(点选)或者某一部分确定整个目标。由于地物目标的空间特性和计算机环境决定了用户不可能通过点选完整选取线状和面状目标,而只能通过区域选取的方式进行图形的查询。

模糊查询具有一定的模糊性或者概括性,这种模糊性往往导致查询结果是一个目标集合。模糊查询是快速获取具有某种特性的数据集的方法。例如,小区GIS数据库每一个住户代码编号为6位,前两位是楼号,第三位是单元号,后三位是门牌号,如果想找1号楼上户主的信息,可引入下列模糊查询语句:

```
select * from yezhu.db where fh like '01*'
```

2.4　自然语言空间查询

自然语言查询就是在GIS的数据查询中引入人类使用的自然语言(区别于程序语言和数据库SQL语言),可以使查询更轻松自如。通过简单而直接的自然语言来表达数据查询的要求。在GIS中很多地理方面的概念是模糊的,而空间数据查询语言中使用的概念往往都是精确的。自然语言空间查询的关键在于自然语言的计算机解译及向计算机查询的转换。

2.5 超文本查询

超文本查询方式是一种基于IE浏览器的查询。在浏览器里面,可以把图形、图像、字符等皆当作文本,并设置一些“热链接”(Hotlink),“热点”可以是文本、图形或其他部分。用户用鼠标点击“热点”后,浏览器可以弹出说明信息、播放声音、完成某项工作等,这些信息往往都是与该目标相关联的信息,从而达到“查询”的目的。但超文本查询只能预先设置好,用户不能实时构建自己要求的各种查询。

2.6 符号查询

地物在GIS中都是以一定的符号系统表示的,系统应该提供根据地物符号来进行查询的功能。符号查询是根据地物在系统中的符号表现形式来查询地物的信息,实质是通过用户指定某种符号,在符号库中查询其代表的地物类型,在属性库中查询该地物的属性信息或者图形信息。

3 查询结果的显示方式

空间数据查询不仅能给出查询到的数据,还应以最有效的方式将空间数据显示给用户。对于查询到的地理现象的属性数据,能以表格、统计图表的形式显示,或根据用户的要求来确定。空间数据的最佳表示方式是地图,因而空间数据查询的结果最好以专题地图的形式表示出来。为了方便查询结果的显示,Max(1991,1994)在基于扩展SQL的查询语言中增加了图形表示语言,作为对查询结果显示的表示。查询结果的显示有6个环境参数:

(1)显示方式。有5种显示方式用语,对多次查询结果进行运算:刷新、覆盖、清除、相交和强调。

(2)图形表示。用于选定符号、图案、色彩等。

(3)绘图比例尺。确定地图显示的比例尺(内容和符号不随比例尺变化)。

(4)显示窗口。确定屏幕上显示窗口的尺寸。

(5)相关的空间要素。显示相关的空间数据,使查询结果更容易理解。

(6)查询内容的检查。检查多次查询后的结果。

通过选择这些环境参数可以把查询结果以用户选择的不同形式显示出来,但距离把查询结果以丰富多彩的专题地图显示出来的目标还相差很远。

4 GIS的空间查询实例

(1)基于地理信息系统的智慧供水解决方案,通过物联网、移动互联网、云计算、大数据等新一代的信息技术,在感知和采集基础上,对制水、输水、供水、用水、排水等各个环节进行可视化、动态化和精细化的全流程管理。部分查询界面如图5-2和图5-3所示。

(2)北京派得伟业科技发展有限公司开发的农田地理信息系统实现的信息查询功能包括属性数据查询、空间数据查询和专题查询。

图 5-2　智慧供水解决方案系统展示

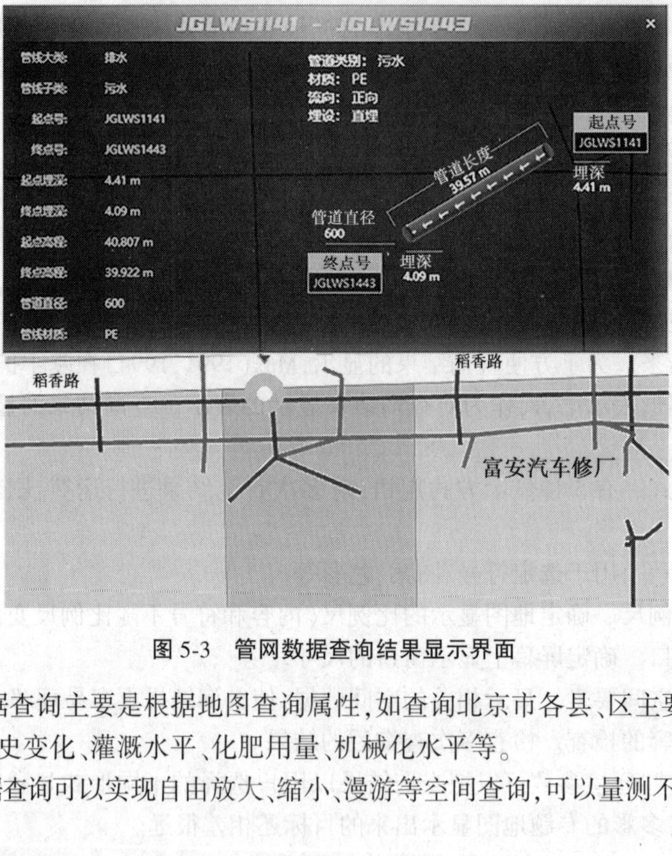

图 5-3　管网数据查询结果显示界面

①属性数据查询主要是根据地图查询属性,如查询北京市各县、区主要农作物的播种面积、产量及历史变化、灌溉水平、化肥用量、机械化水平等。

②空间数据查询可以实现自由放大、缩小、漫游等空间查询,可以量测不同区域的周长、面积。

③专题查询可以进行色彩专题、图案专题、点密度专题、表专题和比例专题的查询。如产量水平、复种指数、土壤肥力、作物灌溉比例等专题地图的查询和分析。

第 2 节　空间数据分析

空间数据分析是 GIS 区别于其他信息系统的重要特征之一,也是 GIS 中的难点和重点,它通过空间量算研究空间中点、线、面的几何属性,以及它们之间的相互几何关系,再通过基于几何的空间关系分析，揭示地理特征和过程的内在规律及机制，获取新的地理信息，最终的目的是解决人们所涉及的地理空间的实际问题，提取和传输地理空间信息，特别是隐含信息，以辅助决策。本节介绍 GIS 中实现空间分析的基本功能，包括空间量算、缓冲区分析、叠加分析、网络分析、空间插值、空间统计分类分析等。

1 空间量算

1.1 几何量算

几何量算对不同的点、线、面状地物有不同的含义：

(1)点状地物(零维)：坐标。

(2)线状地物(一维)：长度、曲率、方向。

(3)面状地物(二维)：面积、周长、形状、曲率等。

(4)体状地物(三维)：体积、表面积等。

一般的 GIS 软件都具有对点、线、面状地物的几何量算功能，可以是针对矢量数据结构的空间数据，也可以是针对栅格数据结构的空间数据。

1.1.1 线的长度计算

线状地物最基本的形态参数之一是长度。在矢量数据结构下，线表示为点对坐标(X,Y)或(X,Y,Z)的序列，在不考虑比例尺情况下，线长度的计算公式为

$$L = \sum_{i=0}^{n-1} [(X_{i+1} - X_i)^2 + (Y_{i+1} - Y_i)^2 + (Z_{i+1} - Z_i)^2]^{1/2} = \sum_{i=1}^{n} l_i \tag{5-1}$$

对于复合线状地物对象，则须对诸分支曲线求长度后，再求其长度总和。

通过离散坐标点对来表达线对象，选择反映曲线形状的选点方案非常重要，选点方案不同，长度计算的精度也会不同。为提高计算精度、增加点的数目，会对数据获取、管理与分析带来额外的负担，折中的选点方案是在曲线的拐弯处加大点的数目，在平直段减少点数，以达到计算允许的精度要求。

在栅格数据结构里，线状地物的长度就是累加地物骨架线通过的格网数目，骨架线通常采用八方向连接，当连接方向为对角线方向时，还要乘上$\sqrt{2}$。

1.1.2 面状地物的面积

面积是面状地物最基本的参数。在矢量结构下，面状地物以其轮廓边界弧段构成的多边形来表示。对于没有空洞的简单多边形，假设有 N 个顶点，其面积计算公式为

$$S = \left| \frac{1}{2}\left[\sum_{i=1}^{N-2} (x_i y_{i+1} - x_{i+1} y_i) + (x_N y_1 - x_1 y_N) \right] \right| \tag{5-2}$$

对于有孔或内岛的多边形，可分别计算外多边形与内岛面积，其差值为原多边形面积。此方法亦适合于体积的计算。

对于栅格结构，多边形面积计算就是统计具有相同属性值的格网数目。但对计算破碎多边形的面积有些特殊，可能需要计算某一个特定多边形的面积，必须进行再分类，将每个多边形进行分割，赋给单独的属性值之后，再进行统计。

1.2 形状量算

面状地物形状量算的两个基本考虑是：空间一致性问题，即有孔多边形和破碎多边形

的处理;多边形边界特征描述问题。度量空间一致性最常用的指标是欧拉函数,用来计算多边形的破碎程度和孔的数目。欧拉函数的结果是一个数,称为欧拉数。图5-4表示了多边形的3种可能的情形。欧拉函数的计算公式为

$$欧拉数 = 孔数 - (碎片数 - 1) \tag{5-3}$$

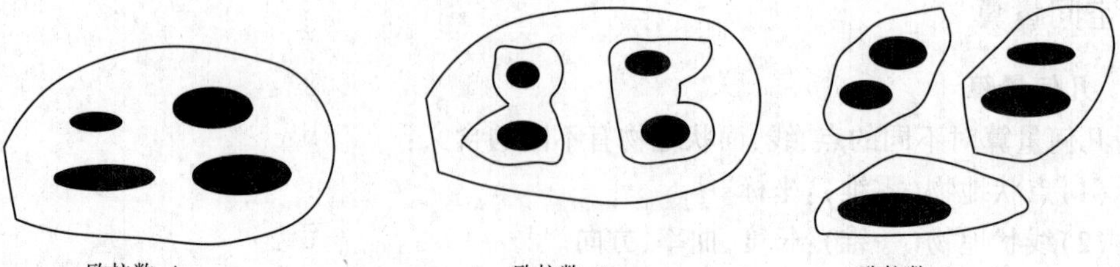

图5-4 欧拉数

关于多边形边界描述的问题,由于面状地物的外观是复杂多变的,很难找到一个准确的指标进行描述。最常用的指标包括多边形长、短轴之比,周长面积比,面积长度比等。其中绝大多数指标是基于面积和周长的。通常认为圆形地物既非紧凑型也非膨胀型,可定义其形状系数 r 为

$$r = \frac{P}{2\sqrt{\pi} \cdot \sqrt{A}} \tag{5-4}$$

式中 P——地物周长;

A——地物面积。

如果 $r<1$,为紧凑型;$r=1$,为标准圆;$r>1$,为膨胀型。

1.3 质心量算

质心通常定义为一个多边形或面的几何中心。例如,要得到一个全国的人口分布等值线图,而人口数据只能到县级,所以必须在每个县域里定义一个点作为质心,代表该县的数值,然后进行插值计算全国人口等值线。

在某些情况下,质心描述的是分布中心,而不是绝对几何中心。同样,以全国人口为例,当某个县绝大部分人口明显集中于一侧时,可以把质心放在分布中心上,这种质心称为平均中心或重心。如果考虑其他一些因素的话,可以赋予权重系数,称为加权平均中心,计算公式为

$$\left.\begin{aligned} X_G &= \frac{\sum_i W_i X_i}{\sum_i W_i} \\ Y_G &= \frac{\sum_i W_i Y_i}{\sum_i W_i} \end{aligned}\right\} \tag{5-5}$$

式中 W_i——第 i 个离散目标物权重;

X_i、Y_i——第 i 个离散目标物的坐标。

质心量算经常用于宏观经济分析和市场区位选择,还可以跟踪某些地理分布的变化,如人口变迁、土地类型变化等。

1.4 距离量算

"距离"是人们日常生活中经常涉及的概念,它描述了两个事物或实体之间的远近程度,最常用的距离概念是欧氏距离。在 GIS 中,距离通常是两个地点之间的计算,但有时人们想知道一个地点到所有其他地点的距离,这时得到的距离是一个距离表面。如果一个区域中所有的性质与方向无关,则称为各向同性区域。以旅行时间为例,如果从某一点出发,到另一点所耗费的时间只与两点之间的欧氏距离成正比,则从一固定点出发,旅行特定时间后所能到达的点必然组成一个等时圆。而在现实生活中,旅行所耗费的时间不只与欧氏距离成正比,还与路况、运输工具性能等有关,从固定点出发,旅行特定时间后所能到达的点在各个方向上是不同距离的,形成各向异性距离表面,如图 5-5 所示。

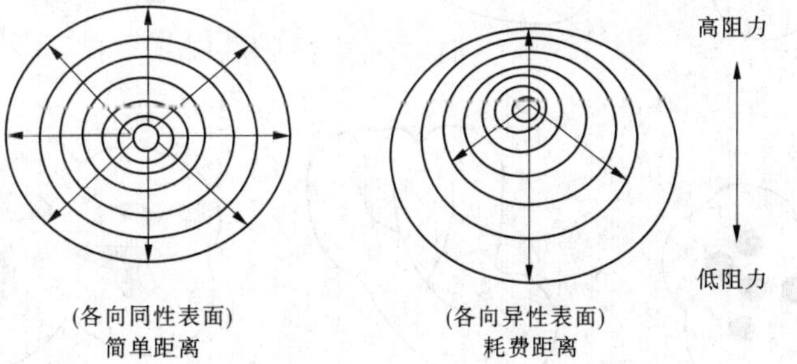

图 5-5 各向同性和各向异性的距离表面

考虑到阻力影响,计算的距离称为耗费距离。物质在空间中移动总要花费一些代价,如资金、时间等,阻力越大耗费也越大。相应地,通过耗费距离得到的距离表面称为阻力表面或耗费表面,其属性值代表一耗费或阻力大小。可以根据阻力表面计算最小耗费距离。

对于描述点、线、面坐标的矢量结构,也有一系列的不同于欧氏距离的概念。欧氏距离通常用于计算两点的直线距离:

$$d=\sqrt{(X_i-X_j)^2+(Y_i-Y_j)^2} \tag{5-6}$$

当有障碍或阻力存在时,两点之间的距离就不能用直线距离,计算非标准欧氏距离的一般公式为

$$d=[(X_i-X_j)^k+(Y_i-Y_j)^k]^{1/k} \tag{5-7}$$

当 $k=2$ 时,就是欧氏距离计算公式;当 $k=1$ 时,得到的距离称为曼哈顿距离。

2 缓冲区分析

邻近度描述了地理空间中两个地物距离相近的程度。例如,公共设施(商场、邮局、银行、医院、车站、学校等)的服务半径,大型水库建设引起的搬迁,铁路、公路及航运河道对其所穿过区域经济发展的重要性等,均是一个邻近度问题。缓冲区分析是解决邻近度问题的空间分析工具之一。

所谓缓冲区就是地理空间目标的一种影响范围或服务范围。缓冲区分析是 GIS 的基

本空间操作功能之一。例如,某地区有危险品仓库,要分析一旦仓库爆炸所涉及的范围,就需要进行点缓冲区分析;如果要分析因道路拓宽而须拆除的建筑物和需搬迁的居民,则需进行线缓冲区分析;而在对野生动物栖息地的评价中,动物的活动区域往往是在距它们生存所需的水源或栖息地一定距离的范围内,为此可用面缓冲区进行分析等。

从数学的角度看,缓冲区分析的基本思想是给定一个空间对象或集合,确定它们的邻域,邻域的大小由邻域半径决定。图5-6为点对象、线对象、面对象及对象集合的缓冲区示例。

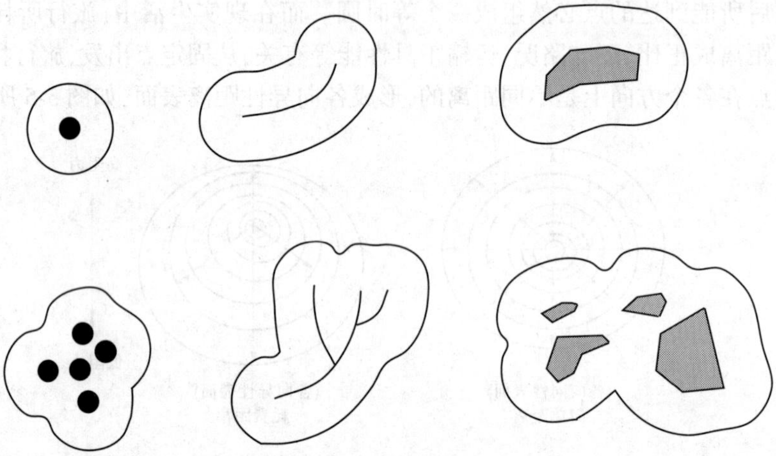

图5-6　点、线、面的缓冲区

在建立缓冲区时,缓冲区的宽度也就是邻域的半径并不一定是相同的,可以根据要素的不同属性特征,规定不同的邻域半径,以形成可变宽度的缓冲区。例如,沿河流绘出的环境敏感区的宽度应根据河流的类型而定。这样就可根据河流属性表,确定不同类型的河流所对应的缓冲区宽度,以产生所需的缓冲区。

建立单条线缓冲区就是生成缓冲区多边形。只须在线的两边按一定的距离(缓冲距)绘平行线,并在线的端点处绘半圆,就可连成缓冲区多边形,如图5-7所示。

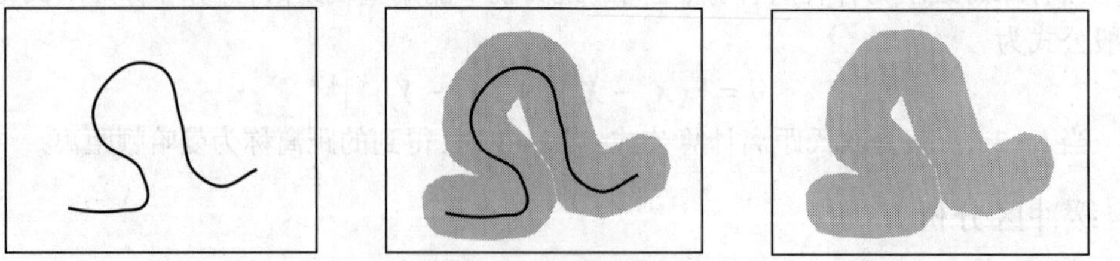

图5-7　单条线的缓冲区

在对多条线建立缓冲区时,可能会出现缓冲区之间的重叠,如图5-8所示。这时须把重叠的部分去除。基本思路是对缓冲区边界求交点,并判断每个交点是出点还是入点,以确定交点之间的线段保留或删除。这样就可得到岛状的缓冲区。

(a)输入数据　(b)缓冲区操作　(c)重叠处理后的缓冲区

图 5-8　多条线的缓冲区

3　叠加分析

叠加分析是地理信息系统最常用的提取空间隐含信息的手段之一。该方法源于传统的透明材料叠加,即将来自不同的数据源的图纸绘于透明纸上,在透光桌上将其叠放在一起,然后用笔勾出感兴趣的部分——提取出感兴趣的信息。地理信息系统的数据是分层表示的,同一地区的整个数据层集表达了该地区地理景观的内容。每个主题层,可以叫作一个数据层面。数据层面既可以用矢量结构的点、线、面图层文件方式表达,也可以用栅格结构的图层文件格式进行表达。地理信息系统的叠加分析是将有关主题层组成的数据层面进行叠加产生一个新数据层面的操作,其结果综合了原来两层或多层要素所具有的属性。

叠加分析不仅包含空间关系的比较,还包含属性关系的比较。地理信息系统叠加分析可以分为以下几类:视觉信息叠加、点与多边形叠加、线与多边形叠加、多边形叠加、栅格图层叠加。

3.1　视觉信息叠加

视觉信息叠加是将不同侧面的信息内容叠加显示在结果图件或屏幕上,以便研究者判断其相互空间关系,获得更为丰富的空间信息。地理信息系统中视觉信息叠加包括以下几类:

(1)点状图、线状图和面状图之间的叠加显示。

(2)面状图区域边界之间或一个面状图与其他专题区域边界之间的叠加。

(3)遥感影像与专题地图的叠加。

(4)专题地图与数字高程模型(DEM)叠加显示立体专题地图。

视觉信息叠加不产生新的数据层面,只是将多层信息复合显示,便于分析。

3.2　点与多边形叠加

点与多边形叠加实际上是计算多边形对点的包含关系。矢量结构的 GIS 能够通过计算每个点相对于多边形线段的位置,进行点是否在一个多边形中的空间关系判断。在完成点与多边形的几何关系计算后,还要进行属性信息处理。最简单的方式是将多边形属性信息叠加到其中的点上。当然也可以将点的属性叠加到多边形上,用于标识该多边形。

通过点与多边形叠加,可以计算出每个多边形类型里有多少个点,不但要区分点是否在多边形内,还要描述在多边形内部的点的属性信息。通常不直接产生新数据层面,只是把属性信息叠加到原图层中,然后通过属性查询间接获得点与多边形叠加的需要信息。例如,一个中国政区图(多边形)和一个全国矿产分布图(点),二者经叠加分析后,将政区图多边形有关的属性信息加到矿产的属性数据表中,然后通过属性查询,可以查询指定省有多少种矿产,产量有多少;而且可以查询指定类型的矿产在哪些省里有分布等信息。

3.3 线与多边形叠加

线与多边形叠加是比较线上坐标与多边形坐标的关系,判断线是否落在多边形内。计算过程通常是计算线与多边形的交点,只要相交,就产生一个节点,将原线打断成一条条弧段,并将原线和多边形的属性信息一起赋给新弧段。叠加的结果产生了一个新的数据层面,每条线被它穿过的多边形打断成新弧段图层,同时产生一个相应的属性数据表记录原线和多边形的属性信息。根据叠加的结果可以确定每条弧段落在哪个多边形内,可以查询指定多边形内指定线穿过的长度。例如,线状图层为河流,多边形图层为全国各省、市区域,叠加的结果是多边形将穿过它的所有河流打断成弧段,可以查询任意省或市内的河流长度,进而计算它的河流密度等;如果线状图层为道路网,叠加的结果可以得到每个省或市内的道路网密度,内部的交通流量,进入、离开各个多边形的交通量,相邻多边形之间的相互交通量。

3.4 多边形叠加

多边形叠加是将两个或多个多边形图层进行叠加产生一个新多边形图层的操作,其结果是将原来的多边形要素分割成新要素,新要素综合了原来两层或多层的属性,如图 5-9 所示。

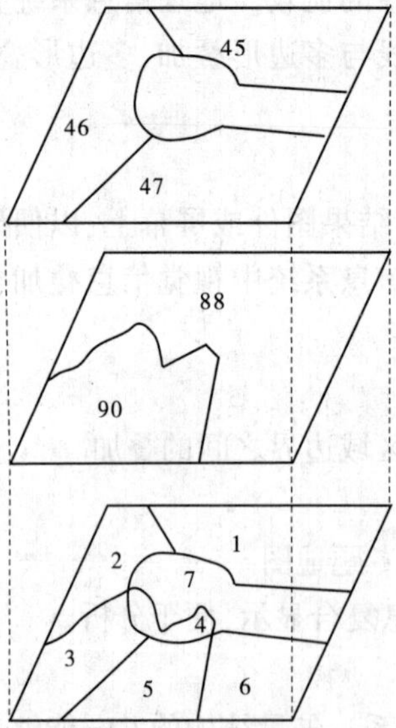

图层1

宗地ID	宗地号
45	京-99-01
46	京-99-02
47	京-99-03

图层2

土壤ID	稳定性
88	稳定
90	不稳定

叠加结果图层

ID	宗地ID	宗地号	土壤ID	稳定性
1	45	京-99-01	88	稳定
2	46	京-99-02	88	稳定
3	46	京-99-02	90	不稳定
4	—	—	90	不稳定
5	47	京-99-03	90	不稳定
6	47	京-99-03	88	稳定
7	—	—	88	稳定

图 5-9 多边形叠加分析

叠加过程可分为几何求交过程和属性分配过程两步。几何求交过程首先求出所有多边形边界线的交点,再根据这些交点重新进行多边形拓扑运算,叠加结果可能会出现一些碎屑多边形,通常可以设定一模糊容限以消除它。对新生成的拓扑多边形图层的每个对象赋一多边形唯一标识码,同时生成一个与新多边形对象一一对应的属性表。

多边形叠加完成后,根据新图层的属性表可以查询原图层的属性信息,新生成的图层与其他图层一样可以进行各种空间分析和查询操作。

3.5 栅格图层叠加

栅格图层叠加的一种常见形式是二值逻辑叠加,其常作为栅格结构的数据库查询工具。数据库查询就是查找数据库中已有的信息。例如:基于位置信息查询,如已知地点的土地类型,以及基于属性信息的查询,如地价最高的位置;比较复杂的查询涉及多种复合条件,如查询所有的面积大于10 hm^2 且邻近工业区的全部湿地。这种数据库查询通常分为两步,第一步进行再分类操作,为每个条件创建一个新图层,通常是二值图层,1代表符合条件,0表示所有不符合条件;第二步进行二值逻辑叠加操作得到想查询的结果。

4 网络分析

地理网络(如交通网络)、城市基础设施网络(如各种网线、电力线、电话线、供排水管线等)进行地理分析和模型化,是地理信息系统中网络分析功能的主要目的。其基本思想则在于人类活动总是趋于按一定目标选择达到最佳效果的空间位置。

4.1 网络数据结构

网络数据结构的基本组成部分和属性如下所述。

4.1.1 链(Link)

网络中流动的管线,如街道、河流、水管等,其状态属性包括阻力和需求。

4.1.2 节点(Node)

网络中链的节点,如港口、车站、电站等,其状态属性包括阻力和需求等。节点中又有下面几种特殊的类型。

(1)障碍(Barrier):禁止网络中链上流动的点。

(2)拐点(Turn):出现在网络链中的分割节点上,状态属性有阻力,如拐弯的时间和限制(如在8:00~18:00不允许左拐)。

(3)中心(Center):是接受或分配资源的位置,如水库、商业中心、电站等,其状态属性包括资源容量(如总量)、阻力限额(中心到链的最大距离或时间限制)。

(4)站点(Stop):在路径选择中资源增减的节点,如库房、车站等,其状态属性有资源需求,如产品数量。

4.2 主要网络分析功能

4.2.1 路径分析

(1)静态求最佳路径:在给定每条链的属性后,求最佳路径。

(2)N 条最佳路径分析:确定起点或终点,求代价最小的 N 条路径,因为在实践中最佳路径的选择只是理想情况,由于种种因素而要选择近似最优路径。

(3)最短路径或最低耗费路径:确定起点、终点和要经过的中间点、中间连线,求最短路径或最小耗费路径。

(4)动态最佳路径分析:实际网络中权值是随权值关系式变化的,可能还会临时出现一些障碍点,需要动态计算最佳路径。

4.2.2　资源分配

资源分配网络模型由中心点(分配中心或收集中心)及其属性和网络组成。分配有两种形式:一种是由分配中心向四周分配,另一种是由四周向收集中心分配。资源分配的应用包括消防站点分布和求援区划分、学校选址、垃圾收集站点分布,以及停水停电对区域的社会、经济影响估计等。

(1)负荷设计。负荷设计可用于估计排水系统在暴雨期间是否溢流,输电系统是否超载等。

(2)时间和距离估算。时间和距离估算除用于交通时间和交通距离分析外,还可模拟水、电等资源或能量在网络上的距离损耗。

一般的 GIS 软件往往只能提供一些常用的网络分析方法,或提供描述网络的数据模型和存储信息的数据库。其中,最常用的方法是线性阻抗法,即资源在网络上的运输与所受的阻力和距离(或时间)成线性正比关系,在这个基础上选择路径,估计负荷,分配资源,计算时间和距离等。

5　空间插值

空间插值常用于将离散点的测量数据转换为连续的数据曲面,以便与其他空间现象的分布模式进行比较,它包括了空间内插和空间外推两种算法。空间内插算法是一种通过已知点的数据推求同一区域其他未知点数据的计算方法;空间外推算法则是通过已知区域的数据,推求其他区域数据的方法。

空间插值的理论假设是空间位置上越靠近的点,越可能具有相似的特征值;而距离越远的点,其特征值相似的可能性越小。

5.1　需要空间插值的情况

(1)现有的离散曲面的分辨率、像元大小或方向与所要求的不符。例如,将一个扫描影像从一种分辨率或方向转换到另一种分辨率或方向的影像。

(2)现有的连续曲面的数据模型与所需的数据模型不符。例如,将一个连续的曲面从一种空间切分方式变为另一种空间切分方式,从 TIN 到栅格、从栅格到 TIN 或从矢量多边形到栅格。

(3)现有的数据不能完全覆盖所要求的区域范围。如将离散的采样点数据内插为连续的数据表面。

5.2　空间插值的数据源

(1)摄影测量得到的正射航片或卫星影像。

(2)卫星或航天飞机的扫描影像。

(3)野外测量采样数据,采样点随机分布或有规律地线性分布(沿剖面线或沿等高线)。

(4)数字化的多边形图、等值线图。

空间插值的数据通常是复杂空间变化有限的采样点的测量数据,这些已知的测量数据称为“硬数据”。在采样点数据比较少的情况下,可以根据已知的导致某种空间变化的自然过程或现象的信息机理,辅助进行空间插值。这种已知的信息机理,称为“软信息”。

采样点的空间位置对空间插值的结果影响很大,用完全规则的采样网络可能会得到片面的结果,如有规律间隔的数或沟渠。用完全随机的采样同样存在缺陷,可能会导致采样点的分布不均,一些点的数据密集,另一些点的数据缺少。图5-10列出了空间采样点分布的几种选择。规则采样和随机采样好的结合方法是成层随机采样,即单个的点随机地分布于规则的格网内。聚集采样可用于分析不同尺度的空间变化。规则断面采样常用于河流、山坡剖面的测量。等值线采样是数字化等高线图插值数字高程模型最常用的方法。

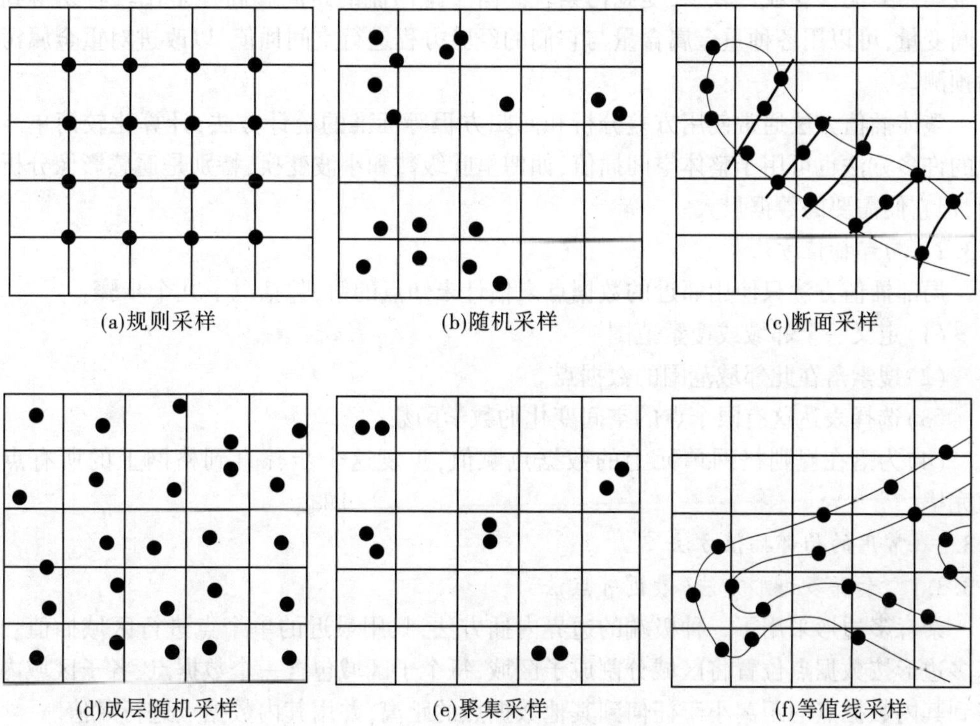

(a)规则采样　(b)随机采样　(c)断面采样

(d)成层随机采样　(e)聚集采样　(f)等值线采样

图5-10　各种不同的采样方式

5.3　空间插值方法

空间插值方法可以分为整体插值和局部插值两类。整体插值方法用研究区所有采样点的数据进行全区特征拟合;局部插值方法是仅仅用邻近的数据点来估计未知点的值。

5.3.1　整体插值方法

5.3.1.1　边界内插方法

边界内插方法假设任何重要的变化发生在边界上,边界内的变化是均匀的、同质的,即在各方向都是相同的。这种概念模型经常用于土壤和景观制图,可以通过定义"均质的"土壤单元、景观图斑,来表达其他的土壤、景观特征属性。

5.3.1.2　趋势面分析

趋势面分析的思路是先用已知采样点数据拟合出一个平滑的数学平面方程,再根据该方程计算无测量值的点上的数据。这种只根据采样点的属性数据与地理坐标的关系,进行多元回归分析得到平滑数学平面方程的方法,称为趋势面分析。

5.3.1.3　变换函数插值

根据一个或多个空间参量的变换函数进行整体空间插值,这种方法称为变换函数插值。它也是经常使用的空间插值方法。下面以一个研究实例进行说明。

冲积平原的土壤重金属污染与几个重要因子有关,其中距污染源(河流)的距离和高程两个因子最重要。一般情况是,挟带重金属的粗粒泥沙沉积在河滩上,挟带重金属的细粒泥沙沉淀在低洼的、在洪水期容易被淹没的地方;而那些洪水频率低的地方,由于挟带重金属污染泥沙颗粒比较少,受到污染轻。由于距河流的距离和高程是比较容易得到的空间变量,可以用各种重金属含量与它们的经验方程进行空间插值,以改进对重金属污染的预测。

整体插值方法通常使用方差分析和回归方程等标准的统计方法,计算比较简单。其他的许多方法也可用于整体空间插值,如傅里叶级数和小波变换,特别是遥感影像分析方面,但它们需要的数据量大。

5.3.2　局部插值方法

局部插值方法只使用邻近的数据点来估计未知点的值,包括以下几个步骤:

(1)定义一个邻域或搜索范围。

(2)搜索落在此邻域范围的数据点。

(3)选择表达这有限个点的空间变化的数学函数。

(4)为落在规则格网单元上的数据点赋值,重复这个步骤直到格网上的所有点赋值完毕。

5.3.3　常用的局部插值方法

5.3.3.1　泰森多边形方法(最近邻点法)

泰森多边形采用了一种极端的边界内插方法,只用最近的单个点进行区域插值。泰森多边形按数据点位置将区域分割成子区域,每个子区域包含一个数据点,各子区域内的点到其内数据点的距离小于任何到其他数据点的距离,并用其内数据点进行赋值。

GIS 和地理分析中经常采用泰森多边形进行快速的赋值,实际上泰森多边形的一个隐含的假设是任何地点的气象数据均使用距它最近的气象站的数据。而实际上,除非是有足够多的气象站,否则这个假设是不恰当的,因为降水、气压、温度等现象是连续变化的,用泰森多边形插值方法得到的结果图变化只发生在边界上,在边界内都是均质的和无变化的。

5.3.3.2　距离倒数插值方法(移动平均插值方法)

距离倒数插值方法综合了泰森多边形的邻近点方法和趋势面分析的渐变方法的长处,它假设未知点处属性值是在局部邻域内中所有数据点的距离的加权平均值。距离倒数插值方法是加权移动平均方法的一种。

距离倒数插值方法是 GIS 软件根据点数据生成栅格图层的最常见方法。距离倒数插值方法计算值易受数据点集群的影响,计算结果经常出现一种孤立点数据明显高于周围数据点的“鸭蛋”分布模式,可以在插值过程中通过动态修改搜索准则进行一定程度的改进。

5.3.3.3 样条函数插值方法

在计算机用于曲线与数据点拟合以前,绘图员是使用一种灵活的曲线规逐段地拟合出平滑的曲线。这种灵活的曲线规绘出的分段曲线称为样条。与样条匹配的那些数据点称为桩点,绘制曲线时桩点控制曲线的位置。

样条函数是数学上与灵活曲线规对等的一个数学等式,是一个分段函数,进行一次拟合只有与少数点拟合,同时保证曲线段连接处连续。这就意味着样条函数可以修改少数数据点配准而不必重新计算整条曲线。

样条函数与趋势面分析和距离倒数插值方法相比,保留了局部的变化特征,并在视觉上得到了令人满意的结果。样条函数的一些缺点是:样条内插的误差不能直接估算,同时在实践中要解决的问题是样条块的定义及如何在三维空间中将这些"块"拼成复杂曲面,又不引入原始曲面中所没有的异常现象等问题。

6 空间统计分类分析

统计分析主要用于数据分类和综合评价。数据分类方法是地理信息系统重要的组成部分。一般来说,地理信息系统存储的数据具有原始性质,用户可以根据不同的实用目的进行提取和分析,特别是对于观测和取样数据,随着采用分类和内插方法的不同,得到的结果有很大的差异。因此,在大多数情况下,首先是将大量未经分类的数据输入信息系统数据库,然后要求用户建立具体的分类算法,以获得所需要的信息。

下面简要介绍分类分析中常用的几种数学方法。

6.1 主成分分析

地理问题往往涉及大量相互关联的自然和社会要素,众多的要素常常给模型的构造带来很大困难,同时增加了运算的复杂性。为使用户易于理解和解决现有存储容量不足的问题,有必要减少某些数据而保留最必要的信息。由于地理变量中许多变量通常都是相互关联的,就有可能按这些关联关系进行数学处理,达到简化数据的目的。主成分分析是通过数理统计分析,求得各要素间线性关系的实质上有意义的表达式,将众多要素的信息压缩表达为若干具有代表性的合成变量,这就克服了变量选择时的冗余和相关,然后选择信息最丰富的少数因子进行各种聚类分析。

在实际工作中常挑选前几个方差比例最大的主成分,这样既减少了指标的数目,又抓住了主要矛盾,简化了指标之间的关系。

很显然,主成分分析这一数据分析技术是把数据减少到易于管理的程度,也是将复杂数据变成简单类别便于存储和管理的有力工具。

6.2 层次分析法

层次分析法是系统分析的数学工具之一,它把人的思维过程层次化、数量化,并用数学方法为分析、决策、预报或控制提供定量的依据。这是一种定性分析和定量分析相结合的方法。该方法把相互关联的要素按隶属关系分为若干层次,请有经验的专家对各层次、各要素的相对重要性给出定量指标,利用数学方法综合专家意见给出各层次、各要素的相对重要性权值,作为综合分析的基础。

6.3　聚类、聚合分析

聚类、聚合分析是栅格结构数据的一种分析方法,是指将一个单一层面的栅格数据系统经某种变换而得到一个具有新含义的栅格数据系统的数据处理过程。

聚类分析是根据设定的聚类条件对原有数据系统进行有选择的信息提取而建立新的栅格数据系统的方法。聚类分析的步骤一般是根据实体间的相似程度,逐步合并若干类别,其相似程度由距离或者相似系数定义。进行类别合并的准则是使得类间差异最大,而类内差异最小。

聚合分析是指根据空间分辨力和分类表,进行数据类型的合并或转换,以实现空间地域的兼并。空间聚合的结果往往是将较复杂的类别转换为较简单的类别,并且常以较小比例尺的图形输出。当从地点、地区到大区域的制图综合变换时常须要使用这种分析处理方法。

6.4　判别分析

判别分析与聚类分析同属分类问题,所不同的是,判别分析是预先根据理论与实践确定等级序列的因子标准,再将待分析的地理实体安排到序列的合理位置上的方法,对于诸如水土流失评价、土地适宜性评价等有一定理论根据的分类系统定级问题比较适用。

第3节　数字地形模型及地形分析

数字高程模型(digital elevation model,DEM)是地理信息系统地理数据库中最为重要的空间信息资料和赖以进行地形分析的核心数据系统。目前,世界上各主要发达国家都纷纷建立了覆盖全国的DEM数据系统,DEM已经在测绘、资源与环境、灾害防治、国防等与地形分析有关的科研及国民经济各领域发挥着越来越巨大的作用。数字地形模型(digital terrain model,DTM)是地理信息系统的重要组成部分,与计算机、测绘、遥感等多学科内容相互交叉渗透,它在测绘、水文、气象、地貌、地质、土壤、工程建设、通信、气象、军事等国民经济和国防建设及人文和自然科学领域有着广泛的应用。它最初是1956年由美国麻省理工学院Miller教授为高速公路的自动设计提出来的。此后,它被用于各种线路选线(铁路、公路、输电线)的设计及各种工程的面积、体积、坡度计算,任意两点间的通视判断及任意断面图绘制。在测绘中被用于绘制等高线、坡度坡向图等。它还是地理信息系统的基础数据,可用于土地利用现状的分析、合理规划及洪水险情预报等。本节主要介绍数字地形模型的基本概念、DEM的形成、利用DEM进行地形分析。

1　DEM和DTM的概念

数字地形模型(DTM)是地形表面形态属性信息的数字表达,是带有空间位置特征和地形属性特征的数字描述。这些特征不仅包含高程属性,还包含其他的地表形态属性,如坡度、坡向、温度、降雨量等。数字地形模型中地形属性为高程时称为数字高程模型(DEM)。

从数学的角度分析,高程模型是高程 Z 关于平面坐标 (X,Y) 两个自变量的连续函数,数字高程模型(DEM)只是它的一个有限的离散表示。高程模型最常见的表达是相对于海平面的海拔高度,或某个参考平面的相对高度。高程是地理空间中的第三维坐标。由于传统的地理信息系统的数据结构都是二维的,因此数字高程模型的建立是一个必要的补充。在地理信息系统中,DEM是建立DTM的基础数据,其他的地形要素可由DEM直接或间接导出,称为"派生数据",如坡度、坡向等。

2　DEM的数据采集和表示

2.1　DEM的数据采集

2.1.1　地面测量

利用全站仪或电子经纬仪和测距仪配合,在已知点位的测站上,观测到目标点的方向、距离和高差3个要素,计算出各目标点的(X,Y,Z)三维坐标,然后转存到计算机中,作为DEM的原始数据。该方法适用于小区域内对精度要求较高的地面模型。

2.1.2　地形图数字化

该种方法主要以大比例尺的近期地形图为数据源,通过手工方法采集、手扶跟踪数字化仪采集、扫描数字化仪采集等方法得到地面点集的高程数据,建立数字地形模型(DTM)。

2.1.3　以航空或航天遥感图像为数据源

该种方法是将航空或航天遥感影像作为数据源,采用各种摄影测量的方法建立空间地形立体模型,量取密集数字高程数据,建立数字地形模型(DTM)。

2.1.4　数字摄影测量方法

数字摄影测量方法是空间数据采集最有效的手段,它具有效率高、劳动强度低的优点。数据点的采样方法根据产品的要求不同而异。可沿等高线、断面线、地形线进行有目的的采样,也可基于规则格网或不规则格网点进行面采样。

数据采集是DEM的关键问题,采集的数据点太稀会降低DEM的精度;采集的数据点过密,又会增大数据量、处理的工作量和不必要的存储量,故在DEM数据采集之前,依照所需精度要求确定合理的取样密度,或者在数据采集过程中根据地形复杂程度动态调整采样点密度。

2.2　DEM的主要表示方法

一个地区的地表高程的变化可以采用多种方法表达,用数学定义的表面或点、线、影像都可用来表示DEM,如图5-11所示。

2.2.1　数学方法

这种方法把地面分成若干个块,每块用一种数学函数(如傅里叶级数、高次多项式、随机布朗运动函数等),以连续的三维函数平滑地表示复杂曲面,并使函数曲面通过离散采样点。

2.2.2　图形方法

(1)线模式。等高线是表示地形高低起伏的最常见的形式,与其相关的山脊线、谷底线、海岸线及坡度变换线等地形特征线也是表达地面高程的重要信息源。

(2)点模式。用离散采样数据点建立DEM是常用的方法之一。数据采样可以按规则格网采样,可以是密度一致的或不一致的;可以是不规则采样,如不规则三角网、邻近网

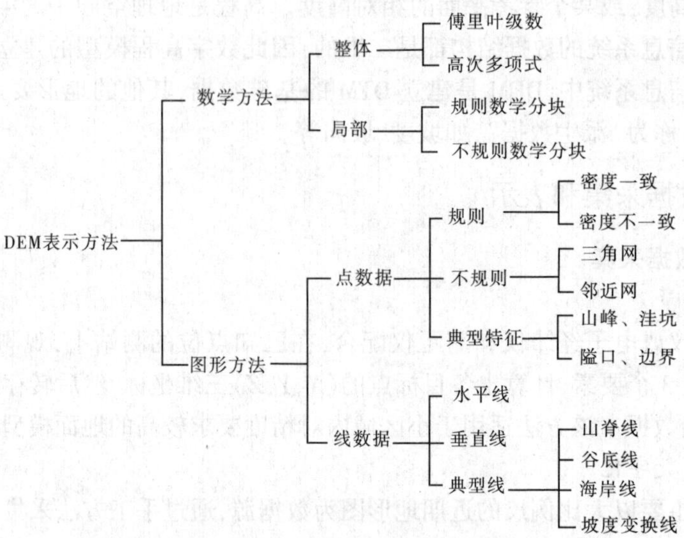

图 5-11 DEM 的表示方法

模型等;也可以有选择地采样,采集山峰、洼坑、隘口、边界等重要特征点。

2.2.3 规则格网模型

规则格网模型是将区域空间切分为规则的格网单元,每个格网单元对应一个数值。规则格网可以是正方形、矩形、三角形等。数学上可以表示为一个矩阵,在计算机实现中则是一个二维数组。每个格网单元或数组的一个元素,对应一个高程值,如图 5-12 所示。

91	78	63	50	53	63	44	55	43	25
94	81	64	51	57	62	50	60	50	35
100	84	66	55	64	66	54	65	57	42
103	84	66	56	72	71	58	74	65	47
96	82	66	63	80	78	60	84	72	49
91	79	66	66	80	80	62	86	77	56
86	78	68	69	74	75	70	93	82	57
80	75	73	72	68	75	86	100	81	56
74	67	69	74	62	66	83	88	73	53
70	56	62	74	57	58	71	74	63	45

图 5-12 格网 DEM

在规则格网模型中,对每个格网中的数值表示的意义有两种不同的观点。第一种是格网栅格观点,认为格网单元的数值是各格网中所有点的高程值,即一个格网单元对应的地面面积内高程是均一的高度,这种数字高程模型是一个不连续的函数。第二种是点栅格观点,认为网格单元的数值是网格中心点的高程或该网格单元的平均高程值,这样格网内任何不是网格中心的点的高程值就需要用一种插值方法来计算。可使用周围 4 个格网中心点的高程值,采用距离加权平均方法进行计算。由于规则格网模型的高程矩阵可方便地用计算机进行处理,故成为 DEM 目前使用最广泛的格式。

格网 DEM 的缺点:一是不能准确表示地形的结构和细部(可采用附加地形特征数据来弥补);二是数据量过大,尤其是地形平坦的地方,存在大量的数据冗余,给数据管理带来了不方便(可采用不同的方式进行压缩存储)。

2.2.4 等高线模型

等高线模型表示高程,高程值的集合是已知的,每一条等高线对应一个已知的高程值,这样一系列等高线集合和它们的高程值一起就构成了一种地面高程模型,如图 5-13 所示。

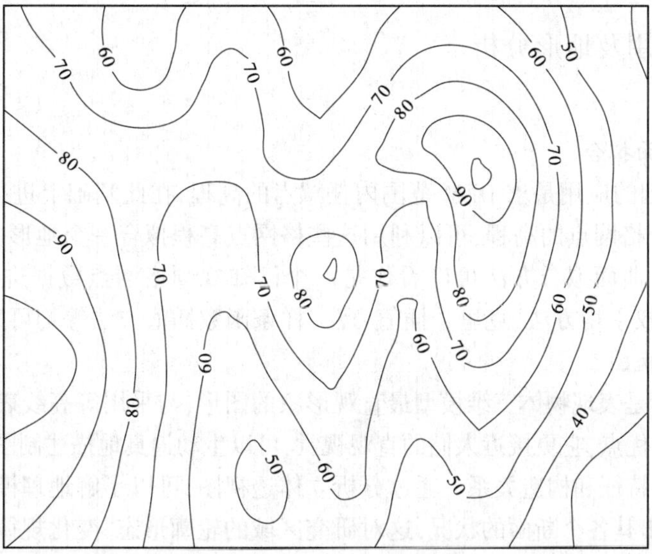

图 5-13 等高线

等高线通常以坐标点对序列构成的二维链表来存储,可以认为是一条带有高程值属性的简单多边形或多边形弧段。由于等高线模型只表达了区域的部分高程值,对落在等高线以外的其他点的高程要通过一种插值方法来计算,又因为这些点是落在两条等高线包围的区域内,所以通常只使用外包的两条等高线的高程进行插值。

2.2.5 不规则三角网模型

不规则三角网(triangulated irregular network, TIN)模型是另外一种表示数字高程模型的方法,是由 Peuker 和他的同事在 1978 年设计的,它是由不规则分布的数据点连成的三角网组成的,三角形的形状和大小取决于不规则分布的观测点或称节点的密度和位置。如果区域中的点不在顶点上,该点的高程值通常通过线性插值的方法得到(在边上用边的两个端点的高程,在三角形内则用 3 个顶点的高程)。

不规则三角网随地形起伏变化的复杂性而改变采样点的密度和决定采样点的位置,因而它能够避免地形平坦时的数据冗余,又能按地形特征点如山脊、山谷线、地形变化线等表示数字高程特征。因此,TIN 既减少了规则格网方法带来的数据冗余,其计算(如坡度)效率又优于纯粹基于等高线的方法。

2.2.6 层次地形模型

层次地形模型(layer of details, LOD)是一种表达多种不同精度水平的数字高程模型。

大多数层次模型是基于不规则三角网模型的,通常不规则三角网的数据点越多,精度就越高,数据点越少,精度就越低,但数据点多则要求更多的计算资源,所以如果在精度满足要求的情况下,最好使用尽可能少的数据点。层次地形模型允许根据不同的任务要求选择不同精度的地形模型。层次模型在实际运用中存在一些诸如存储、计算效率等问题,所以在地理信息系统中使用不多。DEM 最主要的 3 种表示模型是规则格网模型、等高线模型和不规则三角网模型。

3 DEM 的应用及地形分析

3.1 DEM 应用

3.1.1 地形曲面拟合

DEM 最基础的应用是求 DEM 范围内任意点的高程,在此基础上进行地形属性分析。由于已知有限个格网点的高程,可以利用这些格网点高程拟合一个地形曲面,推求区域内任意点的高程。曲面拟合方法可以看作是一个已知规则格网点数据进行空间插值的特例,距离倒数加权平均方法、克里金插值方法、样条函数插值方法等均可采用。

3.1.2 立体透视图

立体透视图是表现物体三维模型最直观形象的图形,与采用等高线表示地形形态相比有其自身独特的优点,它更接近人们的直观视觉,可以生动逼真地描述制图对象在平面和空间上分布的形态特征和构造关系。通过分析立体透视图,可以了解地理模型表面的平缓起伏,而且可以看出其各个断面的状况,这对研究区域的轮廓形态、变化规律及内部结构是非常有益的。人们为了在地图上形象地表示立体效果,长期以来一直在努力,如制作了鸟瞰图、透视剖面图、写景图等。这些图解在较高艺术技巧的条件下,是可以得到好的效果的。但表现它们要花费许多时间和人力,要有较高的艺术修养,因而难以普遍推广应用。

计算机自动绘制透视立体图解决了这一难题,图 5-14 表示制作透视立体图的基本流程。其绘制的理论基础是利用透视变换原理,如图 5-15 所示。随着计算机图形处理工作的增强及屏幕显示系统的发展,使立体图形的制作具有更大的灵活性,人们可以根据不同的需要,对同一个地形形态作各种不同的立体显示。例如,局部放大,改变高程值 Z 的放大倍率以夸大立体形态;改变视点的位置以便从不同的角度进行观察,甚至可以使立体图形转动,使人们更好地研究地形的空间形态。计算机速度足够高时,就可实时地产生动画 DTM 透视图。

3.2 DEM 地形分析

DEM 的最基本应用就是地形分析,其他应用都可由此推演、扩展。地形分析的内容有地形因子提取、地表类型分类及剖面图的绘制等。现以栅格结构的 DEM 为例讨论地形分析。

3.2.1 坡度和坡向分析

坡度定义为水平面和地形表面之间夹角的正切值,坡向为坡面法线在水平面上的投影与正北方向的夹角,如图 5-16 所示。

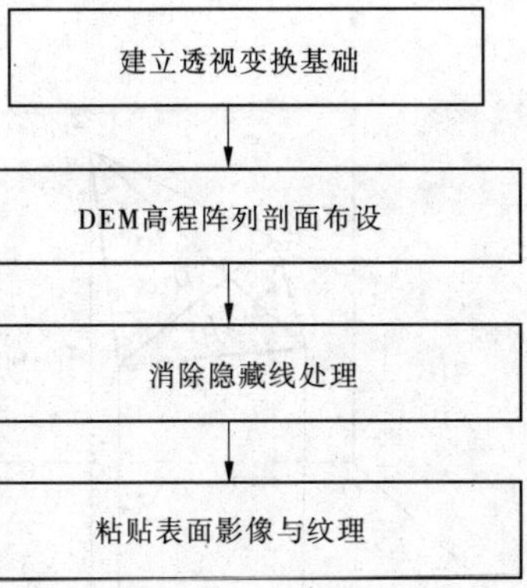

图 5-14 透视立体图的基本流程

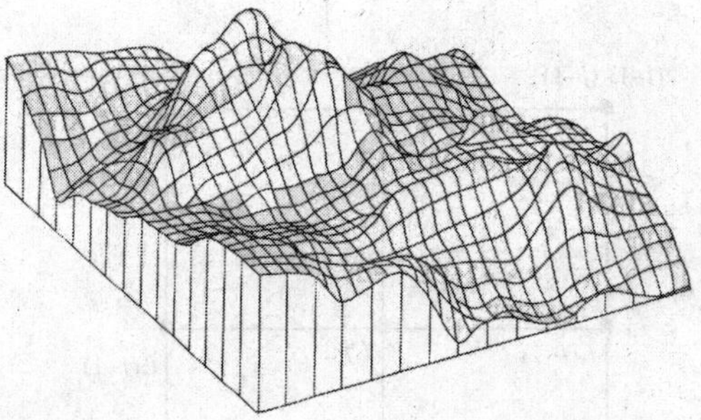

图 5-15 透视变换原理示意图

坡度：

$$\text{slope} = \tan P = [(\partial z/\partial y)^2 + (\partial z/\partial x)^2]^{1/2} \tag{5-8}$$

坡向：

$$\text{dir} = (-\partial z/\partial y)/(\partial z/\partial x) \tag{5-9}$$

式中，$(\partial z/\partial x)$、$(\partial z/\partial y)$ 一般采用二阶差分方法计算。对图 5-17 所示的格网，对于 (i,j) 点，有：

$$\frac{\partial z}{\partial x} = \frac{z_{i,(j+1)} - z_{i,(j-1)}}{2\delta x}, \frac{\partial z}{\partial y} = \frac{z_{(i+1),j} - z_{(i-1),j}}{2\delta y}$$

式中 δx、δy——格网节点 x、y 方向的间隔。

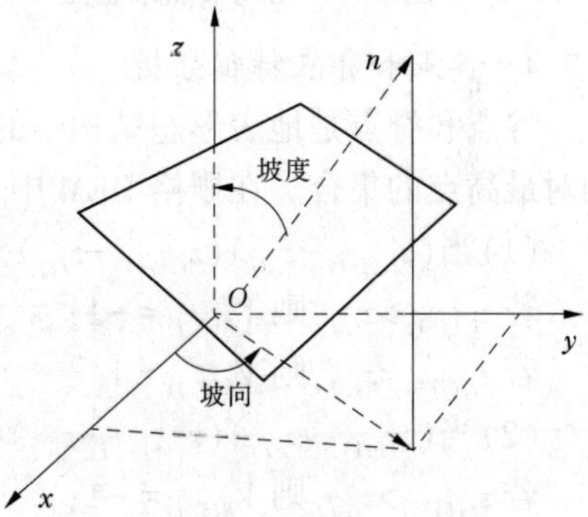

图 5-16 地面单元坡度、坡向示意图

3.2.2 地表粗糙度的计算

地表粗糙度是反映地表的起伏变化和侵蚀程度的指标，一般定义为地表单元的曲面面积与其在水平面上的投影面积之比。但根据这种定义，对光滑而倾角不同的斜面所求出的粗糙度，显然不妥当。在实际应用中，以格网顶点空间对角线 L_1 和 L_2 的中点之间距离 D 来表示地表粗糙度，如图 5-17、图 5-18 所示。D 值愈大，说明 4 个顶点的起伏变化也愈大。其计算公式如下：

$$R_{i,j} = D = \left| \frac{z_{(i+1),(j+1)} + z_{i,j}}{2} - \frac{z_{i,(i+1)} + z_{(i+1),j}}{2} \right|$$

$$= \frac{1}{2} \left| z_{(i+1),(j+1)} + z_{i,j} - z_{i,(i+1)} - z_{(i+1),j} \right| \tag{5-10}$$

3.2.3 地表曲率的计算

3.2.3.1 地面剖面曲率计算

地面的剖面曲率实质是指地面坡度的变化率，可以通过计算地面坡度的变化而求得。

3.2.3.2 地面平面曲率计算

地面平面曲率是指地面坡度的变化率，可以通过计算地面坡向的坡度而求得。

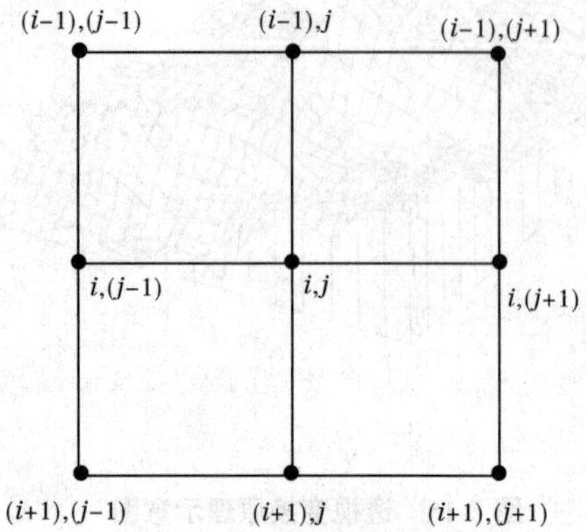

图 5-17　格网节点示意图

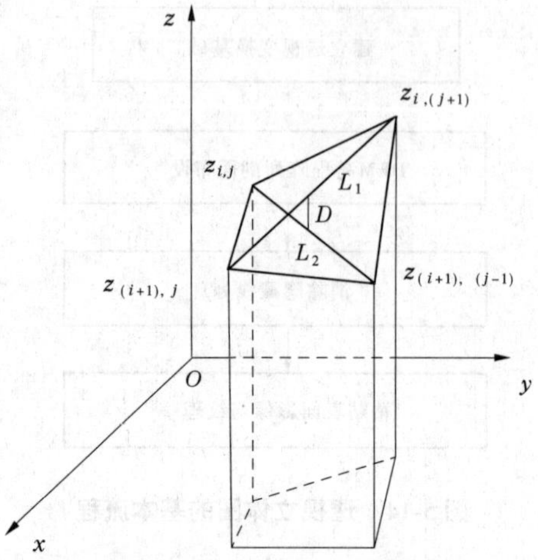

图 5-18　地表粗糙度计算图

3.2.4　谷点和脊点特征分析

谷点和脊点是地表形态结构中的重要部分。谷是地势相对最低点的集合,脊是地势相对最高点的集合。在栅格 DEM 中,可按照下列判别式直接判定谷点和脊点:

(1)当$(z_{i,(j-1)}-z_{i,j})(z_{i,(j+1)}-z_{i,j})>0$时:

若$z_{i,(j+1)}>z_{i,j}$,则$V_{R(i,j)}=-1$;

若$z_{i,(j+1)}<z_{i,j}$,则$V_{R(i,j)}=1$。

(2)当$(z_{(i-1),j}-z_{i,j})(z_{(i+1),j}-z_{i,j})>0$时:

若$z_{(i+1),j}>z_{i,j}$,则$V_{R(i,j)}=-1$;

若$z_{(i+1),j}<z_{i,j}$,则$V_{R(i,j)}=1$。

在其他情况下,$V_{R(i,j)}=0$。其中,$V_{R(i,j)}=-1$表示谷点,$V_{R(i,j)}=1$表示脊点,$V_{R(i,j)}=0$表示其他点。

这种判定只能提供概略的结果。当需对谷点和脊点特征作较精确分析时,应由曲面拟合方程建立地表单元的曲面方程,然后通过确定曲面上各种插点的极小值和极大值,以及当插值点在两个相互垂直的方向上分别为极大值或极小值时,则可确定出谷点或脊点。

3.2.5　通视分析

通视分析有着广泛的应用背景。典型的例子是观察哨所的设定。显然,观察哨所的位置应该设在能监视某一感兴趣的区域,视线不能被地形挡住。这就是通视分析中典型的点对区域的通视问题。与此类似的问题还有森林中火灾监测点的设定、无线发射塔的设定等。有时还可能对不可见区域进行分析,如低空侦察飞机在飞行时,要尽可能躲避敌方雷达的捕捉,飞机显然要选择雷达盲区飞行。

可视性分析的基本因子有两个:一个是两点之间的通视性;另一个是可视域,即对于给定的观察点所覆盖的区域。

3.2.5.1　判断两点之间的可视性的算法

可视性的算法有多种,这里介绍其中两种算法的基本思路,如图 5-19 所示。

第一种算法是剖面图法。

（1）确定过观察点 P 和目标点 P' 所在的线段与 XY 平面垂直的平面 S，即纵剖面 S。

（2）在剖面图上连接 PP'，并求出地形模型中与 S 相交的所有边。

（3）判断相交的边是否位于观察点和目标点所在的线段 PP' 之上，如果有一条边在其上，则观察点和目标点不可视。

第二种算法是所谓的“射线追踪法”。

（1）对于给定的观察点 P 和某个观察方向，确定射线方向。

（2）从观察点 P 开始沿着射线方向计算地形模型中与射线相交的第一个面元。

（3）如果这个面元存在，则不再计算，说明两点间不通视。

显然这种方法既可用于判断两点相互间是否可视，又可以用于限定区域的水平可视计算。需要指出的是，以上两种算法对于基于规则格网地形模型和基于 TIN 模型的可视分析都适用。对于基于等高线的可视分析，适宜使用前一种方法。分析结果如图 5-19 所示。

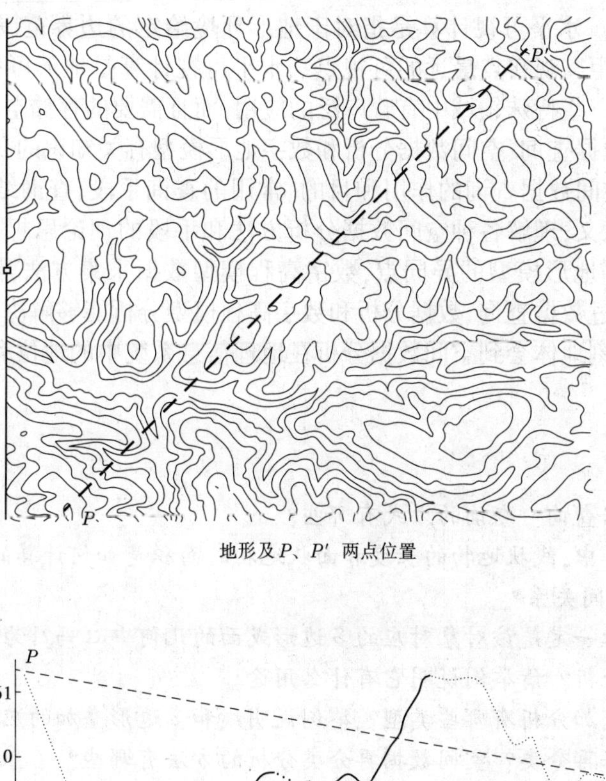

地形及 P、P' 两点位置

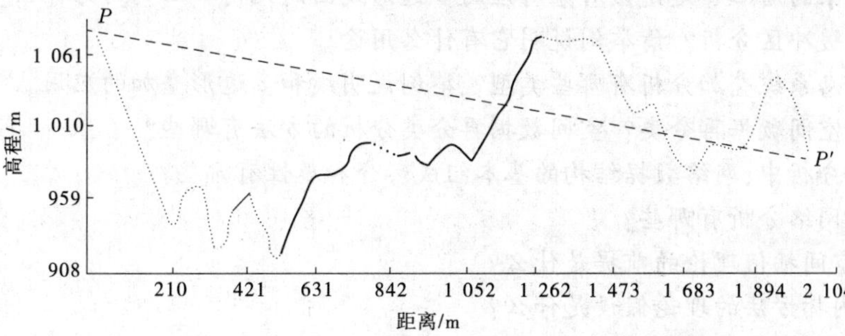

----P点不可见地区　——　P点可见地区

图 5-19　P 点可视范围及 P、P' 两点通视情况示意图

3.2.5.2　可视性分析的基本用途

可视性分析最基本的用途可以分为3种：

(1)可视查询。可视查询主要是指对于给定的地形环境中的目标对象(或区域)，确定从某个观察点观察，该目标对象是可视还是某一部分可视。在可视查询中，与某个目标点相关的可视只需要确定该点是否可视即可。对于非点的目标对象，如线状、面状对象，则需要确定对象的某一部分可视或不可视。由此，也可以将可视查询分为点状目标可视查询、线状目标可视查询和面状目标可视查询等。

(2)地形可视结构计算(可视域的计算)。地形可视结构计算主要是针对环境自身而言，计算对于给定的观察点，地形环境中通视的区域及不通视的区域。地形环境中基本的可视结构就是可视域，它是构成地形模型的点中相对于某个观察点所有通视点的集合。利用这些可视点，即可以将地形表面可视的区域表示出来，从而为可视查询提供丰富的信息。

(3)水平可视计算。水平可视计算是指对于地形环境给定的边界范围，确定围绕观察点所有射线方向上，距离观察点最远的可视点。水平可视计算是地形可视结构计算的一种特殊形式，但它在一些特殊领域中有着广泛的应用，而且需要的存储空间很小。

本章通过对空间数据查询、空间数据分析和数字地形模型有关知识的介绍，使读者了解在地理信息系统中空间数据查询的作用和目的、常用的查询手段、查询结果显示方式；了解空间数据分析的意义，理解各种空间数据分析方法和手段的理论思想、前提假设；掌握数字高程模型和数字地形模型的异同点，数字高程模型数据采集方法，模型的表示方法，更重要的是懂得通过数据查询、数据分析和数字高程模型分析能够解决社会生活中那些实际问题，从而更深刻地体会到空间数据分析在地理信息系统中的地位和作用。

思考题

1. 什么是空间数据查询？查询的方式有哪些？
2. 在空间几何量算中，线状地物的长度和面状地物的面积是如何计算的？
3. GIS中有哪些空间关系？
4. 地理对象的质心一定是该对象对应的多边形或面的几何中心吗？为什么？
5. 什么是缓冲区分析？请举例说明它有什么用途。
6. 地理信息系统叠加分析有哪些类型？举例说明线和多边形叠加的应用。
7. 什么是空间数据再分类？空间数据再分类分析的方法有哪些？
8. 在网络分析中，网络数据结构的基本组成部分和属性有哪些？
9. 常用的网络分析有哪些？
10. 应用空间插值理论的前提是什么？
11. 边界内插方法的理论假设是什么？
12. 说明局部插值方法的操作步骤。
13. 空间统计分类分析包含哪些内容？
14. 什么是DEM和DTM？DEM数据的采集手段和表示方法有哪些？
15. 使用DEM可以进行哪些地形分析？

第6章 地理信息与地图制图

课件:地理信息与地图制图

【本章概述】

地理信息系统一个首要的基本功能是将地理事物和现象的空间分布在地图上最直观地反映出来,即地理信息数据的可视化。空间数据的表现功能贯穿于GIS空间数据处理的始终,其功能包括符号、专题信息表达、图幅配置、制图综合等。本章主要讲述地理信息数据的可视化及表现方法、地理信息与地图制图技术。

第1节 地理信息数据表现

地图是记录地理信息的一种图形语言形式,是一种传统的地理信息数据表现最主要的载体。同时,地图既是地理信息系统的主要数据源,又是主要的输出形式。地理信息系统具有存储、分析、显示和传输的功能,为地图特征的计算机数字表达、操作和显示提供了成套的方法。地图强调的是数据分析、符号化与显示,而地理信息系统更注重于信息分析。

计算机制图是地图学中较新的一个领域,也是地理信息系统输出、显示结果的一个重要部分。计算机制图的主要内容是将地图设计和绘制通过计算机程序和相应的绘图硬件来实现的。地图符号已经可以完全由计算机绘制。对地图特征的许多处理,如分类、空间插值等均可用计算机来实现。随着计算机制图技术的不断发展和进步,地理信息空间数据的可视化及表现形式丰富多彩、形式多样,其主要的表现形式如下:

(1)地图。主要有纸质或其他介质的地图和计算机电子地图两种形式。计算机地图较传统的纸质地图具有更多的优点:制作形式灵活、多样,修改编辑方便,可在计算机屏幕上实时显示,制作周期短,动态性强,查询方便、快捷。

(2)多媒体地学信息。使用文本、表格、声音、图像、图形、动画、音频、视频等各种形式,综合、形象地表现地理空间数据信息,是空间信息可视化的重要形式。

(3)计算机三维仿真地图。三维仿真地图是基于三维仿真和计算机三维真实图形技术而产生的三维地图,具有仿真的形状、光照、纹理等各种形态,可进行三维量测和分析。

(4)虚拟现实。虚拟现实是由计算机和其他设备如头盔、数据手套等组成的高级人机交互系统,以视觉为主,结合听觉、触觉来感知环境,使人如进入真实的地理空间环境之中,并能与之交互作用。

1 地图

1.1 地图分类

地图可按内容、比例尺、制图区域、图形种类和使用方式等进行分类。

1.1.1 按内容分类

地图可分为普通地图和专题地图两大类。

(1)普通地图:具有自然和社会经济等特征的地图,它包含水文、地形、土质、植被、居民点、交通线及社会经济等因素。普通地图又分为地理地图和地形图。

(2)专题地图:在普通地图基础上,着重表示一种或几种自然或社会经济现象的地图。专题地图又可分为自然地图,如气候图、水文图、地质图、土壤图、植被图等;社会经济图,如人口分布图、经济分布图、政区地图等;以及工程地图,如航空图、军事图等。

1.1.2 按比例尺分类

按比例尺的大小分为大、中、小比例尺地图三类。

(1)大比例尺地图:指比例尺大于1:10万的地图。

(2)中比例尺地图:指比例尺在1:10万到1:100万的地图。

(3)小比例尺地图:指比例尺小于1:100万的地图。

1.1.3 按制图区域分类

按制图区域范围大小可分为世界地图、半球地图、大陆地图、海洋地图、国家地图,以及省、市、区地图等。

1.1.4 按图形种类分类

按图形种类可分为线画地图和影像地图。

1.1.5 按使用方式分类

按使用方式可分为军用地图、交通图、旅游地图、行政区划图等。

1.2 地图的坐标

1.2.1 地理坐标

地理坐标也称为大地坐标,用经度和纬度表示地面点的位置。如图6-1所示,过 P 点的子午面 NPS 与起始子午面 NGS 所构成的二面角 L,叫作 P 点的大地经度,由起始子午面起算,向东为正,叫作东经(0°~180°);向西为负,叫作西经(0°~180°)。

P 点的法线与赤道面的夹角 B,叫作 P 点的大地纬度。由赤道面起算,向北为正,叫作北纬(0°~90°);向南为负,叫作南纬(0°~90°)。

P 点沿法线到椭球面的距离 H,称为 P 点的大地高。

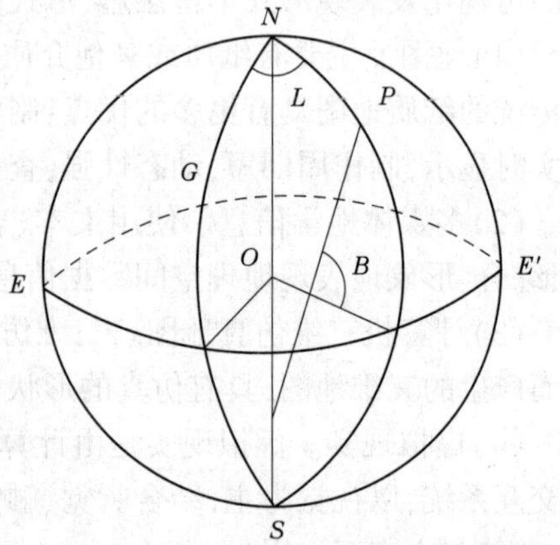

图6-1 大地坐标示意图

1.2.2 平面直角坐标

用平面上的长度表示地面点位置的直角坐标称为平面直角坐标。我国的地形图采用高斯-克吕格投影坐标系,每个投影带的中央子午线为纵轴(称 X 轴),赤道为横轴(称 Y 轴),两轴的交点为坐标原点,构成的每个投影带的平面直角坐标系称为高斯-克吕格坐标。

大于1:10万地形图上绘有高斯-克吕格投影平面直角坐标网,其方格为正方形,以公里为单位,因此又称为公里网。公里网在图上的间隔随地形图比例尺的大小而不同,表6-1为几种比例尺地形图的公里网间隔。

表 6-1 大比例尺地形图公里网间隔

地图比例尺	公里网间隔/cm	相应的实地距离/km
1:1万	10	1
1:2.5万	4	1
1:5万	2	1
1:10万	2	2

1.3 地图的分幅与编号

为了便于测绘和拼接、储存和保管及检索和使用系列地形图，需将大面积的各种比例尺地形图统一分幅和编号。地形图分幅是指按照一定的规定和大小，将地面分划成若干个规则、大小一致的图块，每一图块的地面地形绘制在一张图上，称之为一幅图。分幅的目的是便于对各种比例地形图进行统一管理。对所测的每一幅地形图，都有一个有系统的、有规则的编号，以示区别，称为地形图的编号。

地形图分幅方法分为两类：一类是按经纬线分幅的梯形分幅法（又称为国际分幅），另一类是按坐标方格网分幅的矩形分幅法。前者用于国家基本图的分幅，后者则用于城市或工程建设大比例尺地形图的分幅，但有些大面积的1:5 000和1:2 000比例尺基本图也采用梯形分幅法。

1.3.1 梯形分幅和编号

梯形分幅是国际性的统一分幅方法，即从起始子午线和赤道开始，按经纬线度数与经差、纬差值进行地形图划分分幅，其图幅形状为梯形，并将各图幅进行统一编号。如果知道某地区或某点的经纬度，就可以求出该地区或该点所在图幅的编号，通过编号，则能快速地调用该地区的地形图。我国国家基本比例尺地形图都是以经纬线分幅，采用行列式法与自然序数法相结合的方法进行编号。目前我国使用2012年颁布的《国家基本比例尺地形图分幅和编号》（GB/T 13989—2012）国家标准，本标准适用于1:100万~1:500国家基本比例尺地形图的分幅与编号，下面将详细介绍分幅编号系统。

1.3.1.1 国际分幅法

我国基本比例尺地形图是以国际1:100万比例尺地形图分幅为基础的，其梯形分幅地形图的比例尺依次为1:100万、1:50万、1:25万、1:10万、1:5万、1:2.5万、1:1万、1:5 000、1:2 000、1:1 000、1:500。

1. 1:100万地形图的分幅

我国1:100万地形图采用国际1:100万地形图分幅标准。每幅1:100万地形图范围是经差6°、纬差4°；纬度60°~76°为经差12°、纬差4°；纬度76°~88°为经差24°、纬差4°（在我国范围内没有纬度60°以上的需要合幅的图幅）。1:100万地形图分幅和编号见图6-2。

2. 1:50万~1:5 000地形图的分幅

1:50万~1:5 000地形图均以1:100万地形图为基础，按规定的经差和纬差划分图幅。

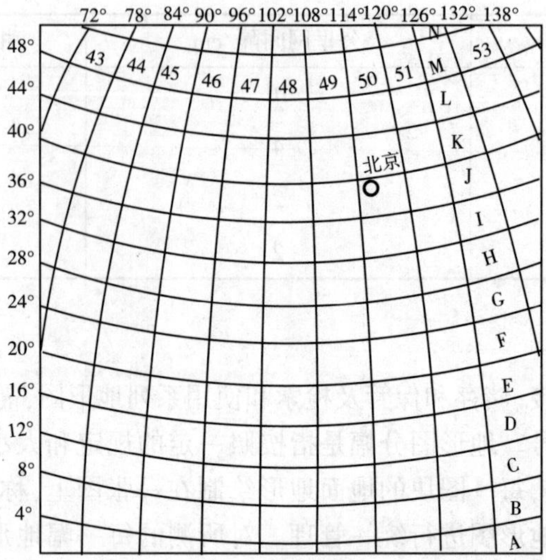

图 6-2　1∶100 万地形图分幅和编号示例

每幅 1∶100 万地形图划分为 2 行 2 列，共 4 幅 1∶50 万地形图，每幅 1∶50 万地形图的范围是经差 3°、纬差 2°。

每幅 1∶100 万地形图划分为 4 行 4 列，共 16 幅 1∶25 万地形图，每幅 1∶25 万地形图的范围是经差 1°30′、纬差 1°。

每幅 1∶100 万地形图划分为 12 行 12 列，共 144 幅 1∶10 万地形图，每幅 1∶10 万地形图的范围是经差 30′、纬差 20′。

每幅 1∶100 万地形图划分为 24 行 24 列，共 576 幅 1∶5万地形图，每幅 1∶5万地形图的范围是经差 15′、纬差 10′。

每幅 1∶100 万地形图划分为 48 行 48 列，共 2 304 幅 1∶2.5 万地形图，每幅 1∶2.5 万地形图的范围是经差 7′30″、纬差 5′。

每幅 1∶100 万地形图划分为 96 行 96 列，共 9 216 幅 1∶1万地形图，每幅 1∶1万地形图的范围是经差 3′45″、纬差 2′30″。

每幅 1∶100 万地形图划分为 192 行 192 列，共 36 864 幅 1∶5 000 地形图，每幅 1∶5 000 地形图的范围是经差 1′52.5″、纬差 1′15″。

1∶50 万～1∶5 000 地形图的图幅范围、行列数量和图幅数量关系见表 6-2。

3. 1∶2 000、1∶1 000、1∶500 地形图的分幅

1) 经、纬度分幅

1∶2 000、1∶1 000、1∶500 地形图以 1∶100 万地形图为基础，按规定的经差和纬差划分图幅。

每幅 1∶100 万地形图划分为 576 行 576 列，共 331 776 幅 1∶2 000 地形图，每幅 1∶2 000 地形图的范围是经差 37.5″、纬差 25″，即每幅 1∶5 000 地形图划分为 3 行 3 列，共 9 幅 1∶2 000 地形图。

每幅 1∶100 万地形图划分为 1 152 行 1 152 列，共 1 327 104 幅 1∶1 000 地形图，每幅

1:1 000 地形图的范围是经差 18.75″、纬差 12.5″,即每幅 1:2 000 地形图划分为 2 行 2 列,共 4 幅 1:1 000 地形图。

表 6-2 1:100 万的地形图分成其他比例尺的地形图的分幅情况

比例尺	比例尺代码	行列数		图幅数	图幅大小	
		行数	列数		纬差	经差
1:50 万	B	2	2	4	2°	3°
1:25 万	C	4	4	16	1°	1°30′
1:10 万	D	12	12	144	20′	30′
1:5万	E	24	24	576	10′	15′
1:2.5 万	F	48	48	2 304	5′	7′30″
1:1万	G	96	96	9 216	2′30″	3′45″
1:5 000	H	192	192	36 864	1′15″	1′52.5″
1:2 000	I	576	576	331 776	25″	37.5″
1:1 000	J	1 152	1 152	1 327 104	12.5″	18.75″
1:500	K	2 304	2 304	5 308 416	6.25″	9.375″

每幅 1:100 万地形图划分为 2 304 行 2 304 列,共 5 308 416 幅 1:500 地形图,每幅 1:500 地形图的范围是经差 9.375″、纬差 6.25″,即每幅 1:1 000 地形图划分为 2 行 2 列,共 4 幅 1:500 地形图。

1:2 000、1:1 000、1:500 地形图经、纬度分幅的图幅范围、行列数量和图幅数量关系见表 6-2。

2) 正方形分幅和矩形分幅

梯形分幅主要应用于国家基本图。为了满足城镇规划、工程设计、工程施工等需要,通常需测绘 1:500、1:1 000、1:2 000 和 1:5 000 等大比例尺地形图,而大比例尺地形图大多采用矩形分幅法,它是按统一的直角坐标格网来划分的。大比例尺地形图图幅一般为 50 cm×50 cm 或 40 cm×50 cm,以纵横坐标的整千米或整百米数的坐标格网作为图幅的分界线,称为矩形或正方形分幅,以 50 cm×50 cm 图幅最常用。矩形分幅的规格见表 6-3。

表 6-3 矩形分幅的规格

比例尺	矩形分幅		正方形分幅		一幅 1:5 000 图所含幅数
	图幅大小/cm×cm	实地面积/km²	图幅大小/cm×cm	实地面积/km²	
1:5 000	50×40	5	40×40	4	1
1:2 000	50×40	0.8	50×50	1	4
1:1 000	50×40	0.2	50×50	0.25	16
1:500	50×40	0.05	50×50	0.062 5	64

1.3.1.2　地形图的图幅编号

1. 1∶100 万地形图的图幅编号

如图 6-3 所示,国际分幅是将整个地球用经纬线分成格网状。自赤道向两极每隔纬差 4°为一横行,每一横行用大写英文字母表示。即从纬度 0°至南北纬 88°,南北半球各 22 横行,分别用 A~V 表示。以极点为圆心,纬度 88°的圆用 Z 表示。北半球在英文字母前加 N,南半球在英文字母前加 S。我国国土皆处于北半球,故省去字母 N 。用每隔 6°的经线从经度 180°起自西向东将地球分成 60 纵列,用数字 1~60 表示。这样任一幅 1∶100 万比例尺地形图的大小就是由纬差 4°的两纬线和经差 6°的两经线所围成的面积,以“横行(字符码)-纵列(数字码)”相结合为每一幅图的编号。例如,已知北京某 *A* 点的经纬度是:北纬 39°54′30″,东经 116°28′25″(以下所说的北京某 *A* 点,其经纬度均为此值),则 *A* 点所在 1 : 100 万地形图图幅编号为 J-50。

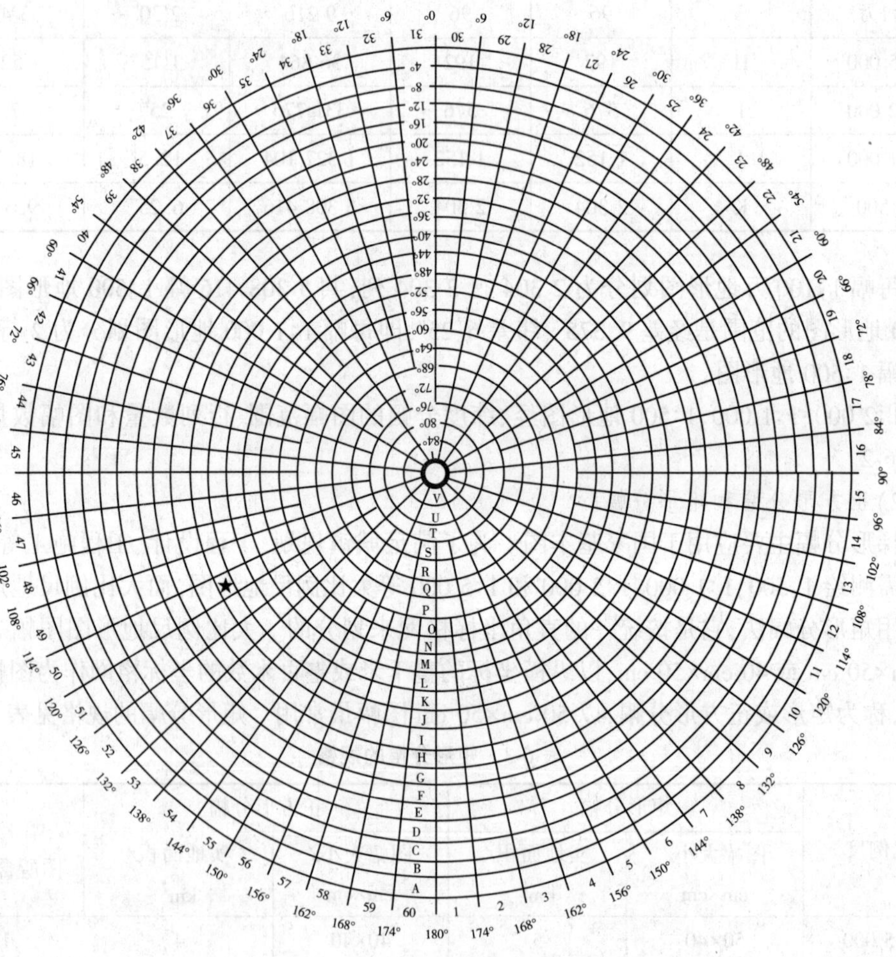

图 6-3　北半球 1∶100 万地形图的分幅与编号

我国地处东半球赤道以北,图幅范围在经度 72°~138°、纬度 0°~56°内,包括行号为 A、B、C、…、N 的 14 行、列号为 43、44、…、53 的 11 列。1∶100 万地形图分幅和编号示例见

图6-2。

2. 1:50万~1:5 000地形图的图幅编号

1)比例尺代码

1:50万~1:5 000各比例尺地形图分别采用不同的字符作为比例尺的代码,见表6-4。

表6-4　1:50万~1:500地形图的比例尺代码

比例尺	1:50万	1:25万	1:10万	1:5万	1:2.5万	1:1万	1:5 000	1:2 000	1:1 000	1:500
代码	B	C	D	E	F	G	H	I	J	K

2)图幅编号法

1:50万~1:5 000地形图的编号均以1:100万地形图编号为基础,采用行列编号方法。1:50万~1:5 000地形图的图号均由其所在1:100万地形图图号、比例尺代码和各图幅的行列号共十位码组成。1:50万~1:5 000地形图编号的组成见图6-4。

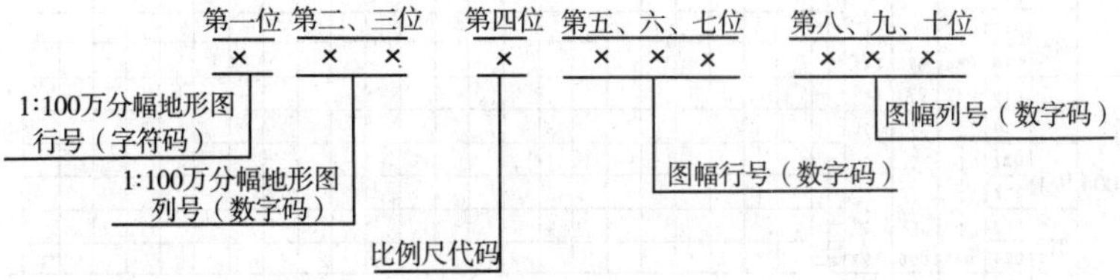

图6-4　新分幅的编号方法

3)行、列编号

1:50万~1:5 000地形图的行、列号是将1:100万地形图按所含各比例尺地形图的经差和纬差划分成若干行和列,横行从上到下、纵列从左到右按顺序分别用3位阿拉伯数字(数字码)表示,不足3位者前面补零,取行号在前、列号在后的排列形式标记。

1:50万~1:5 000地形图的行、列编号见图6-5。

3. 1:2 000、1:1 000、1:500地形图的图幅编号

1)经、纬度分幅的图幅编号

(1)比例尺代码。

1:2 000、1:1 000、1:500地形图的比例尺代码见表6-4。

(2)图幅编号方法。

①1:2 000地形图的图幅编号方法。

1:2 000地形图经、纬度分幅的图幅编号方法宜与1:50万~1:5 000地形图的图幅编号方法相同。

1:2 000地形图经、纬度分幅的图幅编号亦可根据需要以1:5 000地形图编号分别加短线,再加1、2、3、4、5、6、7、8、9表示,其编号示例见图6-6。图6-6中灰色区域所示图幅编号为H49H192097-5。

②1:1 000、1:500地形图的图幅编号方法。

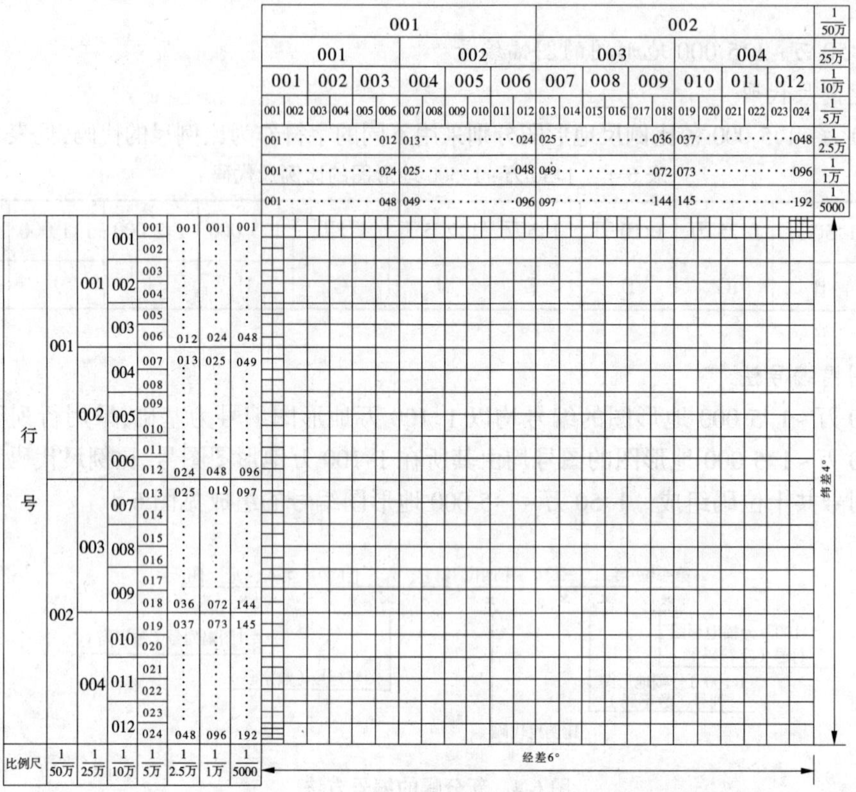

注:在各比例尺地形图编号示例中,均假设本图所示的1:100万图幅编号为J-50。

图6-5　1:50万~1:5 000地形图的行、列编号

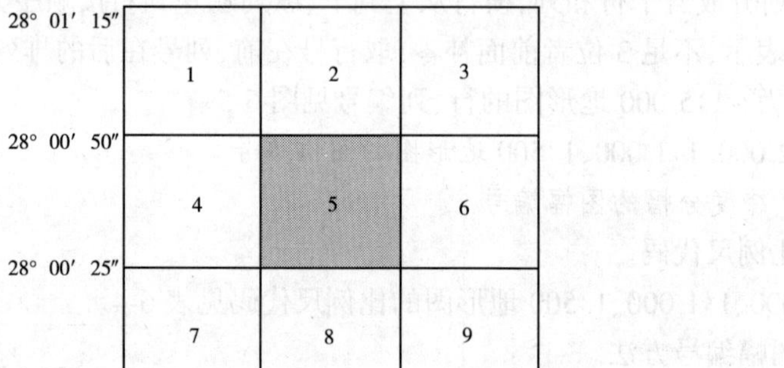

图6-6　1:2 000地形图经、纬度分幅顺序编号

1:1 000、1:500地形图经、纬度分幅的图幅编号均以1:100万地形图编号为基础,采用行列编号方法。1:1 000、1:500地形图经、纬度分幅的图号由其所在1:100万地形图的图号、比例尺代码和各图幅的行列号共12位码组成。1:1 000、1:500地形图经、纬度分幅的编号组成见图6-7。

(3)行、列编号。

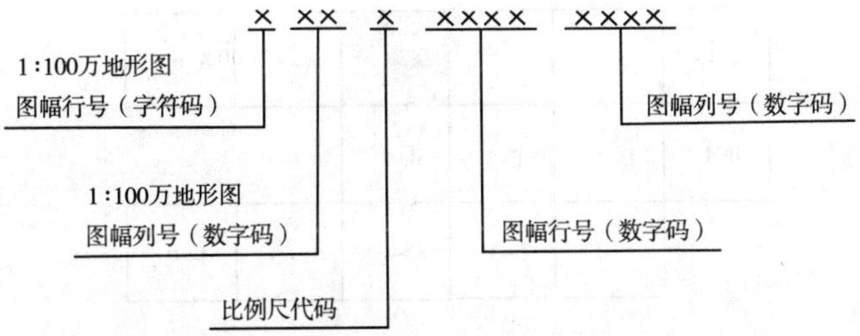

图 6-7　1∶1 000、1∶500 地形图经、纬度分幅的编号组成

①1∶2 000 地形图的行、列编号。

1∶2 000 地形图经、纬度分幅以 1∶100 万地形图编号为基础进行行、列编号时，其行、列编号方法与 1∶50 万～1∶5 000 地形图的图幅编号方法相同。

1∶2 000 地形图经、纬度分幅的行、列编号见图 6-5。

②1∶1 000、1∶500 地形图行、列编号。

1∶1 000、1∶500 地形图经、纬度分幅的行、列编号是将 1∶100 万地形图按所含各比例尺地形图的经差和纬差划分成若干行和列，横行从上到下、纵列从左到右按顺序分别用 4 位阿拉伯数字(数字码)表示，不足 4 位者前面补零，取行号在前、列号在后的排列形式标记。

1∶1 000、1∶500 地形图经、纬度分幅的行、列编号见图 6-5。

2) 正方形分幅和矩形分幅的图幅编号

采用正方形和矩形分幅的 1∶2 000、1∶1 000、1∶500 地形图，其图幅编号一般采用图廓西南角坐标编号法，也可选用流水编号法和行列编号法。

(1)坐标编号法。

采用图廓西南角坐标公里数编号时，x 坐标公里数在前，y 坐标公里数在后，1∶2 000、1∶1 000 地形图取至 0.1 km(如 10.0–21.0)；1∶500 地形图取至 0.01 km(如 10.40–27.75)。

(2)流水编号法。

带状测区或小面积测区可按测区统一顺序编号，一般从左到右、从上到下用阿拉伯数字 1、2、3、4…编号，示例见图 6-8，图 6-8 中灰色区域所示图幅编号为××–8(××为测区代号)。

图 6-8　流水编号法

(3)行列编号法。

行列编号法一般采用以字母(如 A、B、C、D…)为代号的横行从上到下排列，以阿拉伯数字为代号的纵列从左到右排列来编定，先行后列。示例见图 6-9，图 6-9 中灰色区域所示图幅编号为 A-4。

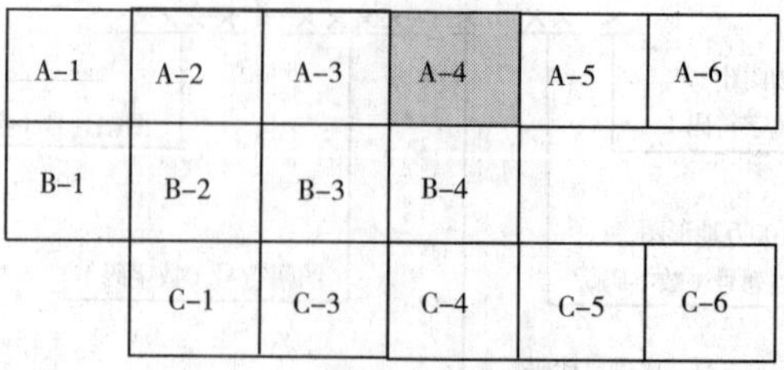

图 6-9　行列编号法

1.4　地图的投影

随着用途和区域的不同,在地理信息系统中表现地理空间信息时,需要将地图用不同的投影方式表达,以正确地反映地理位置和地理关系特征。由于地球表面是一个球面,而地图是一个平面,因而将球面展开为平面时,必然产生变形。在实际应用中,是用不同的投影方法来解决球面到平面展开的问题,这种方法称为地图投影。

1.4.1　地图投影的分类

1.4.1.1　地图投影变形分类

在地图投影时,把球面上的经纬线转换到投影平面上,转换后的地图上的经纬网格会产生变形,这种变形称为投影变形。投影变形主要反映在 3 个方面:长度投影变形、面积投影变形和角度投影变形。

长度投影变形指投影后地图上不同地点和不同方位上的比例各不相同;面积投影变形是指投影所得到的地图上的面积比例随地点而改变;角度变形是指地图上角度同相应地物在球面上的相应角度不相等,如在地球仪上呈直角的经线和纬线,在地图上不呈直角。投影变形具有如下特点:

(1)等面积投影保证投影后面积不变。

(2)等角投影确保投影后任意两条线段所构成的角度不产生变形,这种投影保持投影前后形状不变,因而称为正形投影。

(3)任意投影在投影前后同时存在着长度、角度和面积的变形,如果存在某一方向上长度不变时,称为等距离投影。

1.4.1.2　地图投影方式分类

在地图投影时,首先将不可展的球面投影到一个可展的曲面上,然后将曲面展开成平面得到不同投影。其中,投影曲面可以为圆锥面、圆柱面及平面(曲面为零的曲面),如图 6-10 所示。

(1)圆锥投影。将一圆锥与地球体相切或相割,并根据某种条件将地球的经纬网投影到圆锥面上,然后沿圆锥的一条母线切开后展开而得到的投影。正轴圆锥投影的圆锥轴同地轴重合,横轴圆锥投影的圆锥轴同赤道直径重合,斜轴圆锥投影的圆锥轴同地轴和赤道直径以外的任一直径重合。

(2)圆柱投影。将一个圆柱面包围地球体,并使之相切或相割,再根据某种条件将地球面上的经纬网点投影到圆柱面上,沿柱面的一条母线切开,然后将其展开成平面而得到的一种投影。其中,正轴圆柱投影的圆柱轴与地轴重合,横轴圆柱投影的圆柱轴同赤道直

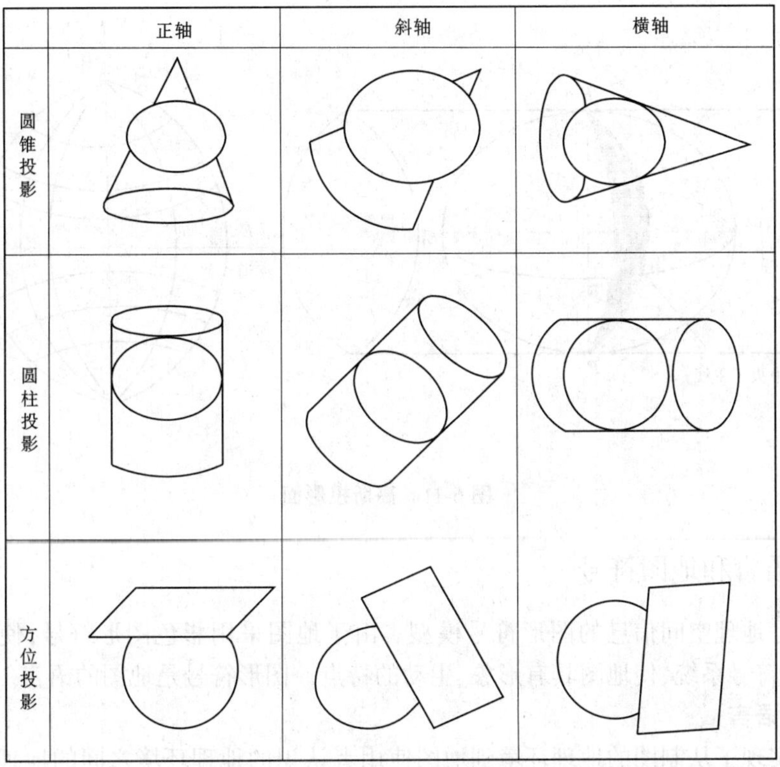

图6-10 不同投影的投影面和球面关系

径重合,斜轴圆柱投影的圆柱轴同地轴和赤道直径以外的任一直径重合。

(3)方位投影。投影面是一个与地球面相切的可分割的平面。其中,正轴方位投影的投影面和地轴垂直,横轴方位投影的投影面和地轴平行,斜轴方位投影的投影面同地轴和赤道以外的任一直径垂直。

1.4.2 高斯-克吕格投影

我国的各种大比例尺地形图多采用高斯-克吕格投影,它是等角横切圆柱投影。其投影过程是将一个空心圆柱与地球椭球的某一中央子午线相切,在保持等角的条件下,将球面上的图形投影到圆柱面上,然后将圆柱沿着通过南、北的母线切开,并展成平面。在平面上,中央子午线与赤道子午线成为相互垂直的直线,其他子午线和纬线成为曲线。取中央子午线为坐标纵轴 X,赤道为坐标横轴 Y,两轴的交点 O 为坐标原点,如图6-11所示。高斯投影具有如下特征:中央子午线无变形;没有角度变形,图形保持相似;离中央子午线越远,变形越大。

高斯平面坐标的取值规定:在坐标系中,规定 X 轴向北为正,Y 轴向东为正。我国位于北半球,X 坐标均为正值,Y 坐标则有正有负。为了避免 Y 坐标出现负值,将每带的坐标原点向西移动500 km。纵轴西移后,由于每个投影带中都有这样一个坐标的点,为说明点所在的投影带,在 Y 坐标前再冠之以投影带的带号,以构成高斯实用坐标。

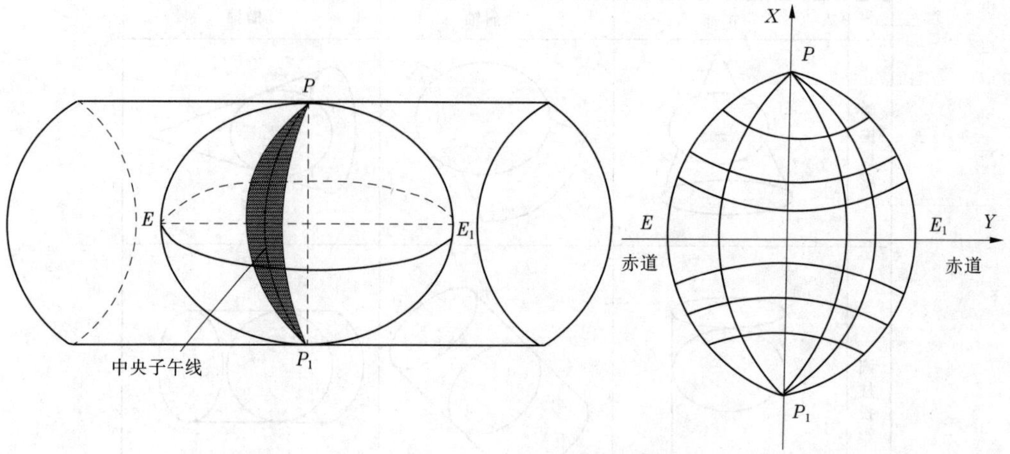

图 6-11 高斯投影面

2 地图语言和地图符号

地图是地理空间信息的图形符号模型。由于地图采用彩色图形符号,使用统一、协调、美观的符号系统,使地图具有形象、生动的特点。图形符号是地图的语言。

2.1 地图语言

地图实现了从制图的地理环境到地图使用者认识的地理环境之间的地理信息传递,这期间地图语言是表达地理信息不可缺少的媒介。在地图语言中,最重要的是地图符号及其系统。在地图上是通过不同颜色的点、线和面状填充符号来表达各地理要素的位置、大小及数量和质量特征,这样既可以直观地显示出制图对象的空间结构,又能表示在空间和时间中的变化。

地图色彩是地图语言的一个重要内容,除具有地图符号的作用外,还具有装饰、美化地图的功能。

地图注记同样是地图语言的组成部分,它借用自然语言和文字形式来加强地图语言的表现效果,完成空间信息的传递。地图注记实质上是用少量的文字注记,以说明各地理要素的名称、种类、性质和数量等。

2.2 地图色彩

在地图上运用色彩可增强地图各要素分类、分级的概念,反映制图对象的质量与数量的多种变化;利用色彩与自然地物景色的象征性,可增强地图的感受力;运用色彩还可以简化地图符号的图形差别和减少符号数量(如用黑、棕、蓝三色实线表示道路、等高线和水涯线);运用色彩又可使地图内容相互重叠而区分为几个“层面”,提高地图的表现力和科学性。

2.2.1 色彩的属性

(1)色相。又称为色别,指色彩的类别。如红、黄、青、绿、橙、紫等。在地图上,多用不同的色相来表示不同类别的对象。在专题地图上,多用不同的色相来区别不同对象的质量特征,其分类概念特别明显。

(2)亮度。又称明亮度,是指色彩本身的明暗程度。在地图上,多用不同的亮度来表现对象的数量差异,特别是同一色相的不同亮度更能明显地表达数量的增减。例如,在DEM中用深青色表示地形较低的位置区域。

(3)纯度。又称为色度或饱和度,是指色彩接近标准色的纯净程度。色彩的纯度越高,色彩越鲜艳;反之,色彩的纯度越低,色彩越暗淡。例如,在地图上用许多颜色组合表示对象分布范围时,一般小面积、少量分布的对象多使用较高的色彩,以求明显突出;大面积范畴设计色彩时,通常应使其纯度偏弱,以免过分明显而刺眼。

2.2.2 色彩的配合

通常,一幅地图由点、线、面三类符号相互配合而成。面状地物符号常具有背景意义,宜采用饱和度较小的色彩;点状符号、线状符号和注记采用饱和度较大的色彩,使其构成较强烈的刺激。表现地理数据时,在这些原则的基础上,结合色相、亮度和饱和度的变化,表现各种地理对象的质、量和分布范围等。

2.3 地图符号

2.3.1 地图符号的特点及功能

地图符号是表达地图内容的基本手段,由形状、尺寸和颜色3个基本因素所组成,具有系统化的特点;注记是地图符号的一个重要部分,它也有形状、尺寸和颜色的区别。根据事物分布的特点,地图符号有面状、点状和线状之分。这些符号运用在表示专题要素的分布、质量和数量特征及动态变化时,形成了许多表示法:范围法、质底法、量底法、等值线法、定点符号法、线状符号法、动线法、点值法、定域统计图法、色级统计图法及定位统计图法等。表示地形的主要方法有等高线法、分层设色法、晕渲法等。

地图是运用易被人们感受的图形符号表示地面景物的,使用符号具有以下功效:

(1)有选择地表示地理环境中的主要事物,因而在较小比例尺的地图上所表现的地面情况,仍能一目了然,重点突出。对于那些由于缩小而不能按比例尺表示的重要地面景物,可用不依比例的符号夸大表示。

(2)用平面的图形符号表示地面的起伏状况,也可以说是在二维平面上,能够表达出三维空间状况,而且可以量测其长度、高度和坡度等。

(3)除用符号表示出地面景物的外形外,还能表示出景物看不见的本质特征,如在海图上可以表示出海底地形、海底地质、海水的温度和含盐度等。

(4)用符号可以表示出地面没有外形的许多自然和社会经济现象,如气压、雨量、政区和人口移动等。此外,还可以表现出事物间的联系和制约关系,如森林分布和木材加工工业之间的联系。地图上还有起说明作用的文字和数字,它们也是地图的重要组成部分,用以标明地面景物的名称、质量和数量。

2.3.2 地图符号的分类

(1)点状符号。当地图符号所指代的概念在抽象意义下认为是定位于几何的点时,称为点状符号。这时,符号的大小与地图比例尺无关,具有定位和方向的特征。例如,测量控制点、独立地物等。

(2)线状符号。当地图符号所指代的概念在抽象意义下认为是定位于几何的线时,称为线状符号。这时,符号沿着某个方向延伸,宽度与地图比例尺可以没有关系,而长度与地图比例尺有关系。例如,等高线、坎、境界线、道路等。

(3)面状符号。当地图符号所指代的概念在抽象意义下认为是定位于几何的面时,称为面状符号。这时,符号所指代的范围与地图比例尺有关。例如,表示不同土地利用分类的范围、绿化地范围、沼泽地范围及各种区域范围等。

2.3.3　地图符号的设计

设计地图符号时,除考虑地图内容各要素的分类、分级要求外,还应考虑构成地图符号的5个图形变量,即形状、尺寸、方向、密度和色彩。其中,符号的形状、尺寸和色彩被称为地图符号的3个基本要素。

(1)符号的形状。设计的符号图形要么类似于物体本身的实际情况,要么具有象征会意作用,以便读者看到符号就能联想出被描绘的物体或现象;同时,应使符号图案化和系统化,并充分考虑制图工艺和屏幕可视化的要求。

(2)符号的尺寸。设计符号尺寸时,注意它与地图用途、比例尺、制图区域特点和读图条件、屏幕分辨率大小等方面的联系。还应注意设计符号的尺寸与分辨能力、绘图和复制技术能力相适应。

(3)符号的色彩。在设计地图符号的色彩时,应注意正确利用色彩的象征意义;突出色彩与符号间的对应关系,符合地图上主题或主要要素的特点;顾及印刷和经济效果。在通常情况下,一个符号采用单纯的颜色,而不采用多色来表示单个符号。

3　制图综合

制图综合是对制图区域客观事物的取舍和简化。经过概括后的地图可以显示出主要的事物和本质的特征。地图的比例尺、用途和主题,制图区域的地理特征及符号的图形尺寸是影响地图概括的主要因素,地图概括主要表现在内容的取舍、数量化简、质量化简和形状化简等方面。

地图最重要、最基本的特征是以缩小的形式表达地面事物的空间结构,这个特征表明,地图不可能把地面全部事物毫无遗漏地表示出来。地图上所表示的地面状况是经过概括后的结果。地图上所表现的地面景物,从数量上看是少的,从图形上看是小了、简化了的,这是因为地图上所表现的内容都是经过取舍和化简的。由1:10 000比例尺缩小到1:50 000比例尺的地图,对原来的内容如不进行取舍和化简,缩小后的地图既不清楚又不易读。这种把实地景物缩小或把原来较详细的地图缩成更小比例尺地图时,根据地图用途或主题的需要,对实况或原图内容进行取舍和化简,以便在有限的图面上表达出制图区域的基本特征和地理要素的主要特点的理论与方法,称为制图综合(制图概括)。制图综合就是对客观事物进行取舍和化简。取舍就是从大量的客观事物中选出最重要的事物表示在图上,舍去次要的事物;化简就是对客观事物的形状、数量和质量特征的化简;形状化简是去掉轮廓形状的碎部,以突出事物的总体特征;数量和质量特征的化简就是减少分类和分级的数量,以缩小与客观事物的差别。当然,取舍和化简不是任意的,是根据地图的比例尺、用途和制图区域的地理特征,对地图上各要素及其内在联系加以分析研究,选取的目的是强调主要的事物和本质的特征,舍去次要的事物和非本质的特征。制图综合可分为比例概括和目的概括。前者是由于地图比例尺缩小,图形也就缩小,有些图形缩小到难以清楚地表达出来,从而必须取舍和化简;后者是因为客观事物的重要性并不完全取决于它的图形大小,故而它的取舍和化简也不完全由比例尺决定,还要根据编图者对客观事物重要性的判断来确定是否取舍和化简。

一种好的数据表现形式有利于用户直接操作以进行进一步的分析,在地理信息系统中,需要更多地考虑图形显示。图形表现的相似性或者差异可以表达给用户这些地物对象具有某种程度的相似性,一些图形显示的变量有:

(1)多边形轮廓:颜色、灰度、黑白、线型。

(2)多边形填充:颜色、灰度、黑白、填充模式。

(3)线:颜色、灰度、黑白、线型。

(4)符号:颜色、灰度、黑白、形状、大小等。

对于图形显示而言,需要进行仔细设计,以正确地表达地物对象的含义,并被用户所理解。

第 2 节　专题信息与专题地图设计

专题信息按其表达方式和内涵可分为空间分布信息与量化信息两大类。量化信息是指侧重于反映地理事物现象属性特征的数量化的信息,以社会经济等统计信息为主。

在大多数地理信息系统中,管理的空间数据是矢量格式的地物对象,这些地物对象不仅具有空间位置特征,而且具有非空间的属性数据。在表现这些地物对象时,除显示空间位置外,同时可以以特定的方式显示某个或多个相关的属性,生成专题地图。

专题地图除采用普通地图某些表示方法并使其得到进一步发展外,本身还需要有专门反映各种要素性质、数量、空间分布和时间变化的表示方法,以便使读者明确对专题地图内容要素的科学分析。

1　专题地图的内容和种类

1.1　专题地图的定义

专题地图又称特种地图,是着重表示一种或数种自然要素或社会经济现象的地图。按内容可分为三大类:自然地图、社会经济地图(人文地图)和其他专题地图。自然地图表示自然界各种现象的特征、地理分布及其相互关系,如地质图、水文图等;社会经济地图表示各种社会经济现象的特征、地理分布及其相互关系,如人口图、行政区划图等;其他专题地图,指不属于上述两类的专题地图,如航海图、航空图等。

专题地图的内容由以下两部分构成:

(1)专题内容。图上突出表示的自然或社会经济现象及其有关特征。

(2)地理基础。用以标明专题要素空间位置与地理背景的普通地图内容,主要有经纬网、水系、境界、居民地等。

1.2　专题地图的种类

专题地图按制图对象内容的不同主要分自然地图和社会经济地图(人文地图)两大

类。反映自然各要素或现象的地图属于自然地图,包括地势图、地质图、地球物理图、地貌图、气候图、水文图、土壤图、植被图、动物地理图、自然区划图、土地类型图、景观地图等。反映人类社会经济及其他领域的事物或现象的地图属于人文地图,包括人口地图、经济地图、工业地图、农业地图、交通运输地图、商业地图、城市地图、土地利用地图、文化地图、政区地图等。20 世纪 60 年代以后,又出现了一种环境地图,是反映人类与自然环境关系的地图,包括环境污染地图、自然灾害地图、环境保护地图等。有人将环境地图作为第三类专题地图,有人将它归入自然地图内。历史地图和海洋地图反映的内容不但有人文方面的,还有自然方面的,因而不能归入人文地图或自然地图,应属于另两类专题地图。另有一类根据某种专门用途设计的专用地图,许多学者认为也应归入专题地图。

1.3　专题地图的特点

专题地图是在地理底图上,突出地表示自然要素或社会经济现象。专题地图具有下列 3 个特点:

(1)专题地图的组成分专题内容和地理底图两大部分。

(2)专题地图的内容广泛,主题多样,在自然界与人类社会中,凡能用地图形式表达的事物均可以作为专题地图的内容。

(3)专题地图采用专门的表示方法和符号系统。

1.4　专题地图的表示方法

(1)点位符号法。用点状符号反映点状分布的要素的位置、类别、数量或等级。地面上真正的点状事物很少,一般都占有一定的面积,只是大小不同。点状分布的要素指那些占据的面积较小,不能按比例尺表示,又要定位的事物。

(2)定位图表法。在要素分布的点位上绘制成的统计图表,表示其数量特征及结构。常用的图表有两种:一种是方向数量图表,一种是时间数量图表。

(3)线状符号法。用线状符号表示呈线状、带状分布的要素的位置、类别或等级。在地面上呈线状或带状分布的事物很多,如交通线、河流及边界线等,对于这些事物分布的质量特征和数量特征可以用线状符号表示。

(4)动态符号法。在线状符号上加绘箭头符号,表示运动方向,还可以用线条的宽窄表示数量的差异,也可以用连续的动线符号表示面状分布现象的动态。

(5)面状分布要素表示法。面状符号表示成片分布的地理事物。面状专题内容的表示方法,最常用的有等值线法、质底法、范围法、点密度法、统计图法、DEM 表示法、符号法、动线法等。

此外,在专题地图上还常使用柱状图表、剖面图表、玫瑰图表、塔形图表、三角形图表等多种统计图表,作为地图的补充。上述各种方法经常是配合应用的。

2　面状专题地图的几种表示方法

2.1　等值线法

等值线是指在地图上通过表示一种现象的数量指标的一些等值点的曲线,如等高线、等温线。等值线法宜用于表示地面上连续分布而逐渐变化的现象。如图 6-12 所示,即是利用等高线反映某地区的地势高低变化情形示例。

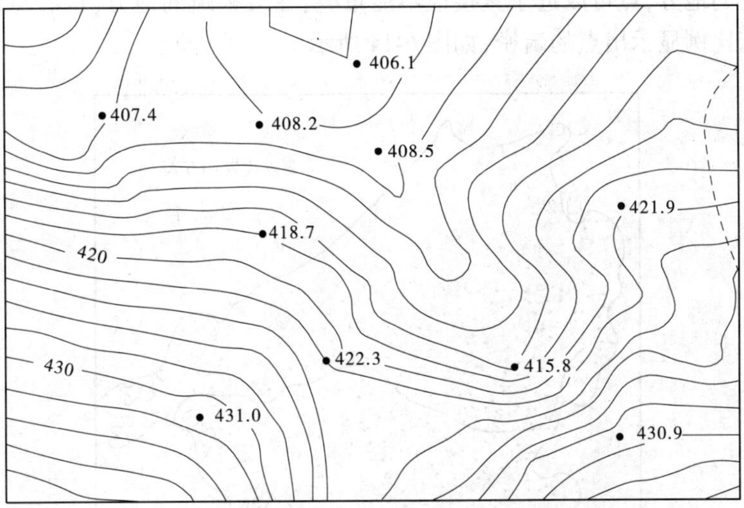

图 6-12　等值线法示例

2.2　质底法

质底法又名底色法,用于将区域划分为质量相同的地段。

由于质底法广泛应用各种颜色,所以有时称为底色法。首先按现象的性质进行分类或分区,制成图例,在地图上绘出各分类界线,然后把同类现象或属于同一区划的现象绘成同一颜色或同一的晕纹。

2.3　范围法

范围法又名区域法,用于表示某种现象在一定范围内的分布。

范围法分为精确范围法[见图 6-13(a)]和概略范围法[见图 6-13(b)],前者有明确的界线,可以在界线内着色或填绘晕纹或文字注记;后者可用虚线、点线表示轮廓界线,或不绘轮廓界线,只以文字或单个符号表示现象分布的概略范围。

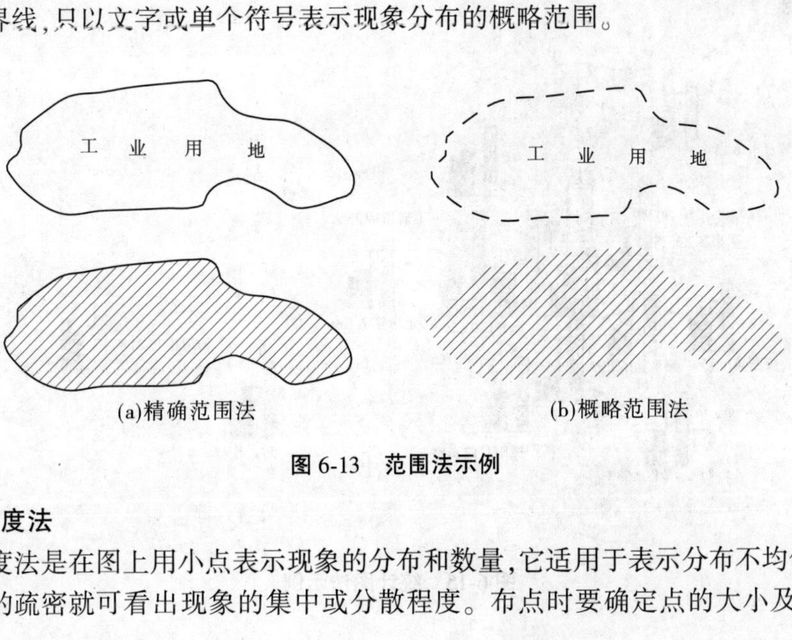

(a)精确范围法　(b)概略范围法

图 6-13　范围法示例

2.4　点密度法

点密度法是在图上用小点表示现象的分布和数量,它适用于表示分布不均匀的现象。从图上点的疏密就可看出现象的集中或分散程度。布点时要确定点的大小及其代表的值,在最稠密的地方,点可以近于紧接但不能重叠;在最稀疏的地方,也有点的表示;在其他地方,则依比例显示出点的疏密,如图6-14所示。

图6-14　点密度法示例

2.5　统计图法

统计图法一般根据编图区域内各区划单位或典型地点的统计资料,用地图形式表达出来。统计图法可以分为图形统计图法、分级统计图法和定位统计图法三种。图6-15为在ArcMap软件中制作的河南省新乡市空气质量重度污染天气比率统计图。

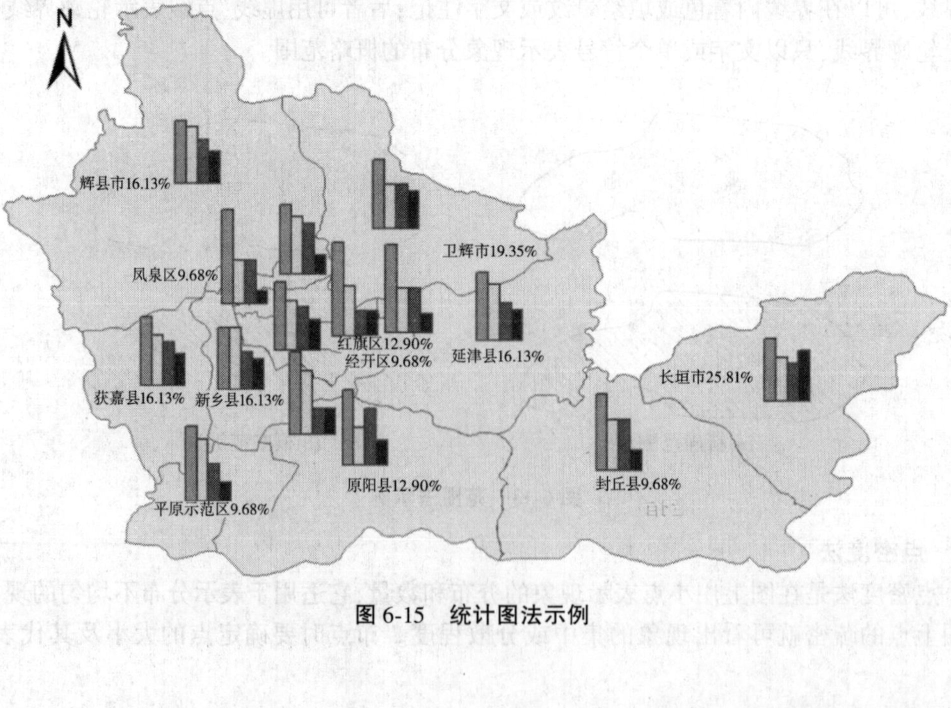

图6-15　统计图法示例

2.6 DEM 表示法

数字高程是一组关于地表面位置布局的高程量测数据,主要应用于某个区域的地形分析,前面的几种方法只能反映现象的水平分布特征,对垂直分布特征是无能为力的。数字高程表示法广泛地用于工程、规划和军事领域。如图 6-16 所示,为某地区露天采矿场利用三维曲面表示的现状图。

图 6-16 DEM 表示法示例

3 专题地图表现

专题地图应用广泛,在经济和国防建设、科学研究及文化教育中均起重要作用。专题地图内容是各学科长期研究积累的知识的高度概括,又为深入研究和指导生产提供了科学依据。

专题地图表示的是某些地理现象的空间分布。国际制图协会把专题地图定义为"用于强调表示特定要素或概念的地图"。根据传输理论,制图过程包括两个重要转化:第一个转化是把非制图资料抽象概括成可供制图的形式,第二个转化是用图者从地图符号中推断出空间信息。专题地图可分为定性和定量两种。色彩在专题地图设计中的作用主要体现在以下3个方面:第一,色彩具有使要素简化和清晰的功能,使用色彩有助于实现图上图形与背景的形成,色彩能使不同的地图要素成为一体,为将传输的总体构图服务;第二,色彩影响地图的总体感受,使用色彩对提高地图的易读性、视觉敏锐性和清晰性特别重要;第三,色彩可诱导对地图的主观反应,人们是以联系和主观联想的方式来感受色彩的,尤其是色相。世界上不同宗教信仰、不同民族的人们对颜色的喜爱是不尽相同的。每个民族都有自己认为吉祥的颜色。在地图色彩的设计上应充分反映出来,达到色彩选用与地图内容的总体适应性目的。

4 专题地图设计

专题地图的总体设计是指在任务和要求明确后初步提出的图幅基本轮廓,包括投影选择、明确比例尺、划定图幅范围、进行图面规划和绘制设计略图等内容。专题地图设计包括解决制图传输过程中抽象化问题的全部思维过程,它涉及比例尺、符号、色彩和印刷工艺等因素的最佳选择与组合。

4.1　图幅基本轮廓的设计

专题地图的总体设计,比普通地图和国家基本地形图复杂。编制一幅专题地图,不仅要有学科专业与制图的紧密结合,而且要对图幅的用途及使用者的要求有深入的了解和掌握。在此基础上,才能进行图幅的基本轮廓设计。具体要了解的内容包括:

(1)该图幅是专用还是多用。专题地图既能专用又可多用,而且愈来愈向多用方向发展,并相应地产生了一版地图多种式样的做法。

(2)已出版的类似专题地图。分析这些图件在使用中的优缺点,吸取长处,改进不足,以便更好地满足地图使用者的需要。

(3)明确地图使用者的特殊要求。根据不同的读者对象、不同用途及不同使用场合等要求,考虑到所编制的专题地图是作为规划用还是作为参考、教学用等,予以满足。

在弄清上述图幅的用途与要求之后,就要明确总体设计的指导思想,拟定专题内容项目,突出重点,提出图幅总体设计的方案。

4.2　制图区域范围的确定

专题地图图幅的区域范围,是根据用途和要求来确定的。范围选择是否合适,在很大程度上影响着图幅的使用效果,并与专题地图的数学基础有紧密的联系。与普通地图一样,专题地图根据图幅范围可分为单幅、单幅图的“内分幅”、分幅 3 种形式。

4.2.1　单幅

这是指一幅图的范围能完整地包括专题区域,通常叫截幅。专题区域放置在图幅的正中,它的形状确定了图幅的横放、竖放和长宽尺寸。专题区域与周围地区的关系要正确地处理。为了便于阅读和使用,专题地图一般以横放为主要式样;有些专题区域形状是长的,而地图的方向习惯是上北下南,所以只好竖放。

4.2.2　单幅图的“内分幅”

这是针对超过一张全开纸尺寸而分为若干印张而言的。“内分幅”应按纸张规格,一般分幅不宜过于零碎,分幅面积大体相同。

4.2.3　分幅

分幅是地形图普遍采用的一种形式。分幅图不受比例尺限制,分幅图的分幅线是根据区域大小采用矩形分幅和经纬线分幅的,分幅图原则上是不重叠的。

此外,图廓内专题区域以外的范围如何确定,在总体设计时也应明确下来。方法有:

(1)突出专题区域线,区域内外表示方法相同,只把专题区域界线加粗,或加彩色晕边,以显示专题区域范围,同时能与相邻区域紧密联系。

(2)只表示专题区域范围,区域外空白,突出专题区域内容,区域内要素与区域外没有什么联系。

(3)内外有别,即专题区域内用彩色,区域外用单色,且内容从简。这是专题地图普遍采用的方法。

4.3　专题地图数学基础的设计

专题地图数学基础包括地图投影、比例尺、坐标网、地图配置与定向、分幅编号和大地控制基础等,其中地图投影和比例尺是最主要的。

4.3.1 影响数学基础设计的因素

(1)专题地图的用途与要求。这是影响数学基础设计的主导因素,因为投影和比例尺都是根据图幅的用途和要求选择设计的。

(2)制图区域的地理位置、形状和大小。该要素是一个重要的因素,位置和形状往往影响投影和比例尺的选择。在设计时对制图区域的形状和大小要详细研究,并同时设计几个方案,选择一个合理的方案。

(3)地图的幅面及形式。地图的幅面及形式都对数学基础设计有一定的影响,直接关系到使用效果。

4.3.2 投影设计和比例尺设计

(1)投影设计。在专题地图制图中采用较多的是等面积投影和等角投影,具体设计时采用何种投影,要视专题地图的用途和要求而定。

(2)比例尺设计。专题地图比例尺设计应考虑图幅的用途和要求,根据制图区域形状、大小,充分利用纸张有效面积,并将比例尺数值凑为整数。在实际设计地图比例尺的工作中,往往还会出现一些特殊的问题,如不要图框或破图框、移图、斜放。

4.4 图面设计

专题地图不仅要有科学性,而且要有艺术性。图面设计包括图名、比例尺、图例、插图(或附图)、文字说明和图廓整饰等。

4.4.1 图名

专题地图的图名要求说明图幅的主题,一般安放在图幅上方中央。字体要与图幅大小相称,以等线体或美术体为主。

4.4.2 比例尺

比例尺有两种表示方法:一种是用文字(如一比十万)或数字(如1:100 000)表示;另一种是用图解比例尺表示。图解比例尺间隔也有两种划分方法:一种是按单位长度划分,表明代表的实际长度;另一种是按实地千米数划分,每格按比例计算出在图上的长度。比例尺一般放在图例的下方,也可放置在图廓外下方中央或图廓内上方图名下处。

4.4.3 图例

图例符号是专题内容的表现形式,图例中符号的内容、尺寸和色彩应与图内一致,多半放在图的下方。

4.4.4 附图

附图是指主图外加绘的图件,在专题地图中,它的作用主要是补充主图的不足。专题地图中的附图,包括重点地区扩大图、内容补充图、主图位置示意图、图表等。附图放置的位置应灵活。

4.4.5 文字说明

专题地图的文字说明和统计数字,要求简明扼要,一般安排在图例中或图中空隙处。其他有关的附注也应包括在文字说明中。

专题地图的总体设计,一定要视制图区域形状、图面尺寸、图例和文字说明、附图及图名等多方面内容和因素具体灵活运用,使整个图面生动,可获得更多的信息。图6-17展示了一些不同风格的专题地图图面模板样式。

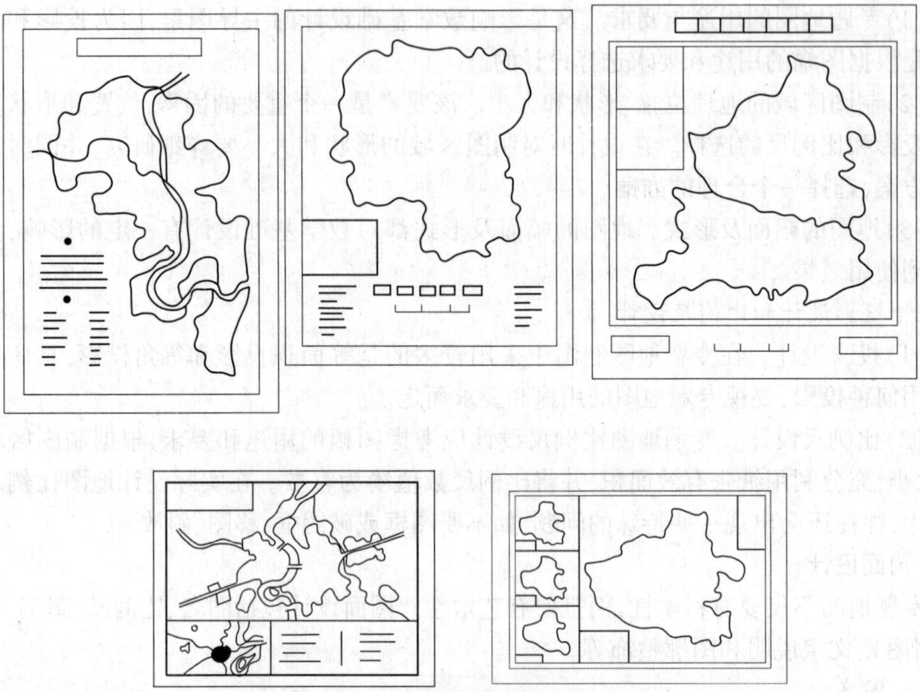

图 6-17 专题地图图面模板样式示例

第 3 节 地理信息与计算机地图制图

所有的地理信息系统都具有计算机制图的成分。一个成熟的 GIS 软件,其地图输出功能是十分重要的,输出地图的目的有 3 个:传输地理信息、突出重要的地理关系、解释分析结果。一般来讲,GIS 软件可以输出普通地图和专题地图。普通地图强调地物位置及其相互关系,这类地图表现为多种地理特征,自然的或人文的,所以普通地图也可作为参考地图,地图上的各种符号有着相同的重要性。专题地图是用于强调表示特定要素或概念的地图。专题地图所表示的内容往往是普通地图上没有的、地面上无法量算的要素和现象。

地理信息系统不同于计算机地图制图,后者主要考虑可视材料的显示和处理,不太注重可视实体具有或不具有的非图形属性,而这种属性数据在分析中可能非常有用。GIS 必须具有良好的计算机图形软件,但图形软件包本身不足以完成用户希望完成的任务。

1 计算机地图制图

20 世纪六七十年代,空间数据应用的主要领域是资源调查、土地评价和规划等。在实践中,规划师、土地利用工作者已从原理上认识到各种单项资源测量数据的组合和综合,可以简单地在透光桌上将绘在透明薄膜上的单项图进行多图叠置处理来完成组合工作,并找出各叠置层上多边形边界一致的部分。与此同时,一些建筑师和城市规划师用计算机在格网纸上打印统计数值并绘出简单地图。在设计的绘图软件中包括一系列数据分析和数据处理模块,用这些模块可以产生等值区域或等值线内插值,而且能用多种方法显示分析结果。在这些软件中还包括著名的栅格制图程序和自动进行地图叠置的程序。19世纪70年代后期,由于计算机硬件的持续发展,计算机地图制图的历程向前迈进了一大步。地图制图领域使用计算机的优点在于:

(1)能更快、更便宜地生产现有地图。

(2)能生产特殊用户需要的地图。

(3)能在缺少技术人员的情况下生产地图。

(4)允许以同样的数据进行不同图形表示的试验。

(5)易于进行统计分析。

(6)改变了仅以印刷地图当作空间数据存储介质的现状,增大了信息载负量,因而减少了数据压缩分类和数据综合对质量的影响。

(7)能生产手工方法难以生产的地图,如三维地图、立体地图等。

(8)能生产那些已确定地图内容取舍原则而连续生产的地图。

(9)自动化的引入能导致整个地图生产过程的工艺革新、工时节省和技术改进。

2 GIS软件的地图制图输出

地理信息系统具有强大的地图制图功能,可以让用户根据自己的需要制作美观、标准、实用的地图。在商用GIS软件中,地图制作过程主要包括地图模板设置、制图版面设置、地图辅助要素设置、制图数据操作、地图整饰操作、地图输出操作等过程。现以ArcMap制图过程为例,讨论GIS中地图制作与输出的过程及方法。

2.1 地图模板设置

在许多大型GIS应用软件中,不仅为用户编制地图提供了丰富的功能和途径,而且从实际出发,将常用的地图输出样式制作成地图模板(map template),可以直接调用,减少了常规的设置。同时,若对模板不满意,用户可根据自身的工作需要定制自己的地图模板。

2.2 制图版面设置

制图版面设置包括图面尺寸设置、地图底色设置、图框大小设置等相关的内容。

2.2.1 图面尺寸设置

在正式输出地图之前,首先按照地图的用途、比例尺、打印机或绘图仪的型号,设置图面尺寸,也就是纸张的大小。纸张的大小对于地图要素比例、符号尺寸、注记大小等都会产生影响,所以是地图编制过程中的一个重要环节。通常情况下,在GIS中,如果没有进行设置,系统自动应用默认的打印机或绘图仪及相应的默认纸张尺寸。

2.2.2 地图底色设置

由于GIS地图是由一个或多个数据组构成的,如果输出地图中只有一个数据组,则所设置的图框与底色就是整幅地图的图框与底色;如果输出地图中包含若干个数据组,则需逐个进行设置,每个数据组可以有不同的图框与底色。

2.3 地图辅助要素设置

为了便于编制输出地图,ArcMap提供了多种地图输出编辑辅助要素,如标尺、辅助线、格网点、纸边线等,巧妙地应用这些辅助要素,有助于地图图面要素的规则排列、定位和编辑,达到事半功倍的效果。

2.4　制图数据操作

如果一幅输出的地图中包含了若干个数据组,此时需要操作制图数据,诸如增加数据组、复制制图所需的数据组、调整数据组尺寸、生成数据组定位图等操作。

如图6-18所示为在ArcMap中通过主菜单插入数据框操作完成在布局视图中新增制图数据的示例。

图6-18　ArcMap中新增制图数据示例

2.5　地图整饰操作

数据组是地图的主要内容,一幅完整的地图除包含反映地理数据的线划和色彩要素外,还必须包含与地理数据相关的一系列辅助要素。如图名、图例、比例尺、指北针、统计图表等,所有这些要素设置,统称为地图整饰操作。

图名是一幅地图所表达内容的精炼和概括,因而图名要简洁准确。图例是地图的语言,用于简单说明地图内容的确切含义,对于地图的阅读和使用具有非常重要的作用。图例通常包括两个部分:一部分是用于表达地图符号的点、线、面;另一部分是对地图符号含义的标注和说明。地图上标注的比例尺分为数字比例尺和图形比例尺,在地图上一般可同时放置两种比例尺。指北针对于地图定向非常重要,地图制作时要在恰当和醒目的位置放置指北针。

地图经过整饰操作之后,输出地图中的内容已经相当丰富,但可能出现众多地图要素的图面布局比较零乱,相互关系没有很好地表示。此时,需要将相关的要素有机地组合,进行规则的排列。

2.6　地图输出操作

编制好的地图通常按两种方式输出:一种方式是借助打印机或绘图仪硬拷贝输出;另一种方式是转换成通用格式的栅格数据,以便于在多种系统间应用。对于硬拷贝输出,关键是要选择设置与编制地图尺寸相对应的打印机或绘图仪。而对于格式转换输出数字地图,主要是设置好满足需要的栅格采样分辨率。

2.6.1 地图打印输出

打印输出首先需要设置打印机或绘图仪及其纸张尺寸，然后进行打印预览，通过打印预览发现是否可以完全按照地图编制过程中所设置的样式打印输出地图。

2.6.2 地图转换输出

一般而言，大多数 GIS 软件都提供了输出多种栅格格式文件的功能，如 EMF、BMP、EPS、PDF、JPG、TIF 等。在转换时，要注意设置输出栅格文件的尺寸大小、分辨率、色彩等参数，以达到满意的输出转换效果。

3 专题地图制图

专题地图的主要组成有两种：底图要素和专题要素，所以专题地图的制作包含了对底图内容和专题内容的选择、处理、符号化等操作，专题地图的制作流程如图 6-19 所示。

底图要素的确定就是根据地图的用途来确定所要制作的专题地图的地理基础，包括制图区域的确定、区域内辅助制图信息表示的其他一些地理要素等。专题内容的选取一般采用交互的方式，在制图过程中用户要清楚自己所做专题地图的专题信息。

数据的处理包括对底图内容的符号化和对专题数据的分类分级及符号化。符号化目前是通过建立符号库来实现的。一般 GIS 软件中都带有一个符号制作系统，它包括符号的制作、存取和修改三部分，符号制作系统的完善与否直接影响图形符号的表达及成图质量。因此，符号设计可以说是专题地图制作过程中的一个非常关键的环节。确定专题要素符号要受到其选择的表示方法限制。专题要素的表示方法有多种，如符号法、等值线法等，它们完成对于专题要素质或量及单个或多个专题变量的描述即符号化。专题要素的分类分级，各要素的符号化是专题地图制图的核心内容，也是最能体现系统制图功能和特色之处。

注记和图例的配置也是专题地图制作中不可缺少的功能项，它们帮助用户更好地理解图上内容。图面整饰是为了保证专题地图的完整性而进行的绘制图廓、添加图层等工作。一幅专题地图经过以上的制作过程（见图 6-19）就可以输出了。

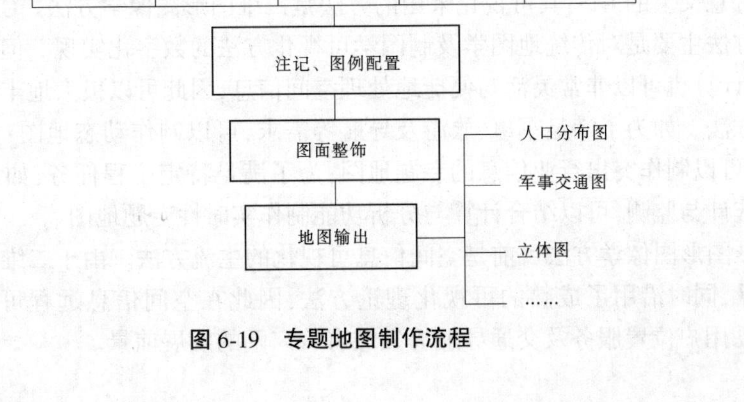

图 6-19 专题地图制作流程

第4节　地理信息的可视化技术

地理空间信息可视化是信息可视化中重要的技术,涉及大多数国民经济行业,已经有广泛的应用。地理空间可视化通过强大的、有效的地图系统将复杂的空间和属性数据以地图的形式展现出来,从而挖掘数据之间的关联性和发展趋势,了解市场动态,发现商业机会,进而作出及时和正确的判断及决策。

1　可视化概念与方法

地理空间信息在人类活动及生产实践过程中起着非常重要的作用,从近万年前人类打猎前的路线规划到今天的交通自动导航,以图形方式呈现的空间信息极大地促进了人们对周围空间的认知乃至感知。地图是空间信息最早的可视化方式,它在古代交通、军事及其他各种生产和社会实践中发挥着重要的作用。到目前为止,地图仍然是人类直观认识自然最好的表现形式。随着计算机技术的发展,地图在一定程度上逐渐被地理信息系统(GIS)所取代,制图学问题在一定程度上转变为 GIS 中的可视化问题。在 GIS 中,可视化概念要早于科学计算可视化的提出,可视化问题是 GIS 中一个非常重要的问题,有人甚至提出空间信息的可视化可以被看作是数字时代的地图学。

空间信息的可视化是现有计算机可视化技术的具体应用,它以地理环境作为依托,强调的是地理认知与分析,透过视觉效果,探讨空间信息所反映的规律知识是空间信息可视化的真正目的。

一方面,空间信息的可视化是非常复杂的,需要投入大量的时间与精力进行专门深入的研究;另一方面,随着 GIS 的发展,空间信息的应用得以推广和加强,目前在测绘、农、林、水、牧、渔、地质普查及勘探、交通运输、房地产管理、公用事业、居民服务及咨询、科学研究与综合技术服务等行业均有应用。这些行业涉及的应用领域主要有:宏观决策、环境保护、基础数据库、资源管理、规划管理、综合性 GIS、电力电信公路等公共事业、城市建设、公安消防、投资咨询、土地管理、地图测绘、制图等。由于不同领域行业应用的需求有所不同,空间信息的可视化形式也特别丰富,主要的表现形式及其相关应用可以归纳为二维图形图像学方法、三维图形图像学方法、三维表达与增强现实技术、时空可视化等几个方面。

1.1　二维图形图像学方法

通常意义上的 GIS,其可视化采用的方法是二维图形图像学方法。GIS 中空间信息的可视化方法主要是对传统地图学及制图学可视化方法的数字化实现。但在数字化基础之上,由于计算机可以非常灵活与便捷地处理空间信息,因此可以极大地丰富传统地图学的可视化方法。如为了满足军事、旅游及导航等需求,可以制作动态地图;为了满足专门行业需求,可以制作突出行业信息的专题地图;为了满足特定工程任务,如禽流感疫情分布的实时统计与监测,可以结合计算与分析功能制作实时性专题地图。

二维图形图像学方法目前是空间信息可视化的主流方法。由于二维可视化含有较少的数据量,同时沿用了成熟的可视化理论方法,因此在空间信息远程可视化(如网络地图)、移动用户位置服务及交通导航等领域有着广阔的发展前景。

1.2 三维图形图像学方法

从常识性的认知角度而言,现实世界是一个三维空间,使用计算机将现实世界表达成三维模型则更加直观逼真,因为三维的表达不再以符号化为主,而是以对现实世界的仿真手段为主。

三维空间的表现方式与手段随应用需求的不同而有很大的差异。常用的三维电子地图,大多直接利用已有二维空间数据库的空间数据,通过添加少量的空间信息,将现实环境中的主要实体表达成简单的几何形体,形成具有一定直观性的三维地图。如果给这些几何形体粘贴纹理图像,则形成具有一定逼真度的三维地图。目前,利用数字摄影测量方法,可以方便快捷地构建整个城市的三维电子地图。

近年来,三维地理信息系统(3DGIS)的研究在城市领域的发展非常迅速,代表性的研究方向即是人们比较熟悉的数字城市模型,国内外在这一方面已经有一系列代表性的成果,在城市小区建筑景观模拟、城市发展规划设计等方面有着广泛的应用。

三维表达及虚拟现实技术空间信息理想的可视化是对现实世界真实的写景,随着虚拟现实技术的发展,这 理想越来越成为现实。为了进 步提高人机交互性,将先进的计算机可视化技术与虚拟现实技术引入地理信息系统领域,人们早就开始了虚拟现实技术(VR)与GIS结合的研究。

目前,人们已经初步实现了对地理环境的真实仿真,这种仿真能较好地重现现实景观。比较典型的应用是在考古领域,利用考古学者发掘的原始数据,可以复原古代地理环境及主要建(构)筑物。更重要的应用领域是在军事领域,进行虚拟战场环境构建,供军事演习与训练,目前美国在该领域的研究已经可以为海、陆、空三军提供联合演习的虚拟仿真平台。另外,在商业领域,广为人们熟悉的是动画与电影的制作,自然景观模拟的可视化达到了极好的水平;在城市规划、环境保护、数据可视化等方面有着广泛的运用。

1.3 三维表达与增强现实技术

未来GIS的发展将与网络、可穿戴式计算机、超媒体、虚拟现实、增强现实、科学可视化及动画等相结合,而且这种结合目前正在实施。虚拟现实技术(AR)融合了虚拟环境与真实环境,其在交互性与可视化方法方面开辟了一个崭新的领域。

目前,AR与GIS结合的研究比较广泛,如将空间超媒体、GIS等与AR技术结合,为已有的各种系统提供新的功能或开发新的系统;将AR与GIS空间数据库结合可用于车辆自主导航;将AR与GIS组合,可用于解决环境变化的可视化问题;将AR作为GIS的新界面,可在面向公众的应用领域开辟广阔的市场前景。

1.4 时空可视化

在空间信息领域,另一个人们非常关注的问题是多维动态可视化问题,即以时间为主导的信息可视化的问题。目前,由于一方面缺乏有效的描述模型,另一方面在增加时间维之后,信息量急剧增加,现有计算机技术难以处理与管理,因此时空可视化方面的研究尚有待深入。但时空可视化将是空间信息可视化发展的一个极具吸引力的方向,时空可视化的实现将提供对自然地理现象变化的动态仿真,包括历史回溯与未来预测等,这将在根本上改变现有地理信息系统的理论体系。

不同的可视化方法有着迥然不同的可视化效果,但总的来说,计算机可视化的理论与技术对空间信息的显示、分析产生了很大的影响,对于理解各种空间现象、加快信息处理及寻找科学规律起着不可替代的作用。其应用将随着理论与技术的不断提高,逐步渗透到社会生活的各个领域。

2　GIS 中空间信息可视化表现形式

在 GIS 的计算机管理中,将空间数据组织成一系列的专题图层和表格,由于 GIS 中的空间数据集具有地理参考,它们具有现实世界的位置信息并互相叠加,如图 6-20 所示。通过图层管理能有效地在 GIS 中实现空间不同信息的叠加和表现。

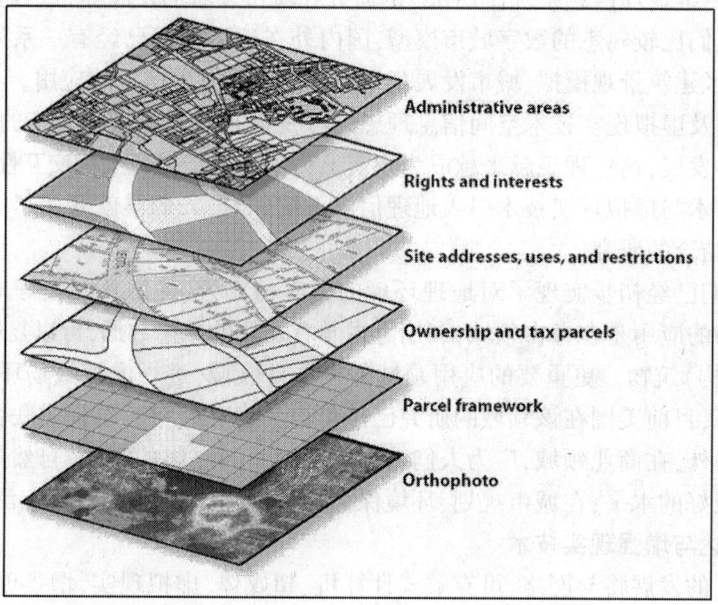

图 6-20　GIS 集成了多种类型的空间数据

2.1　空间数据的地理表现形式

在 GIS 空间信息表现设计工作中,用户要指定地理空间要素该如何合理地表现。例如,地块通常用多边形来表达,街道在地图中是中心线的形式,水井表现为点的形式等。这些要素会组成要素类,每个要素类都有共同的地理表现形式。

每个 GIS 空间数据集都提供了对世界某一方面的空间表达,包括:基于矢量的地理要素(点、线和多边形)的有序集合,示例如图 6-21 所示;基于 TIN 的地形和其他地表表达,示例如图 6-22 所示;诸如数字高程模型和影像的栅格数据集,如图 6-23 所示;地表测量数据集,如图 6-24 所示;其他类型的地理数据,诸如地址、地名和制图信息,如图 6-25 所示。

2.2　基于 GIS 的空间可视化表现

空间可视化是指生成地图及其他地理信息的表现形式,包括交互式地图、3D 场景、简报、图表、基于时间的浏览及表现网络关系的图解示意图。

GIS 使用包括交互式的地图和其他视图来对地理数据集进行操作。地图为人们如何

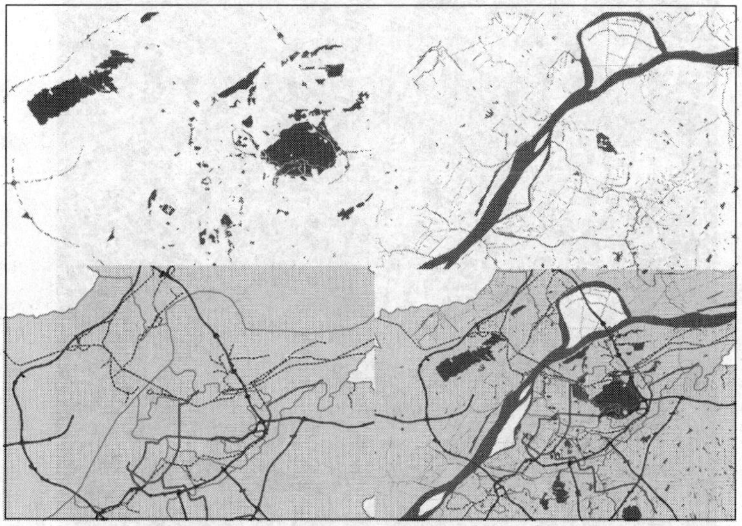

图 6-21　基于矢量的地理要素(绿地、河流、区域、公路)表达示例

图 6-22　基于 TIN 的地形和其他地表表达示例

方便地、交互地使用地理信息提供了一个强有力的途径。对于大多数的 GIS 应用来说,交互式地图提供了主要的用户界面,并且在不同级别的应用中——从手持移动设备到基于浏览器的网络绘图以至高端的桌面 GIS,都可以看到交互式地图的应用。

GIS 地图类似于静态的、打印出来的地图,所不同的是使用者能够交互地使用它们。使用者可以方便地漫游、缩放一幅交互式地图,可以让某些图层在适合的比例尺下自动显示或关闭。可以基于任意的属性给一个图层设置符号。例如,可以根据地块的类型给它们施以不同的颜色,或者根据水井的水量给代表水井的点设置不同尺寸的符号。也可以在一幅交互式地图中指定地理对象来获取更多的关于这个对象的信息,并执行空间查询和分析。例如,可以找到学校附近 200 m 以内的所有特定类型的商店,或者找到选定的道路 500 m 以内的所有沼泽地。此外,大部分的 GIS 用户是通过交互式的地图来编辑空间数据的。

除地图外,其他交互式的视图,如按照时间顺序发生的事件描述,全球模拟图,以及图解都在 GIS 中被作为某种表现方式而使用。

图 6-23　基于单元格网(栅格数据)表达示例

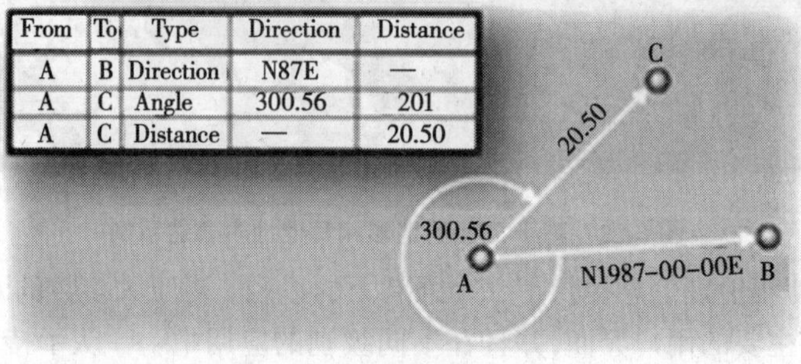

图 6-24　测量数据表达示例

3　信息可视化技术的应用

信息采集与信息可视化相辅相成。信息可视化技术是帮助人们表现数据或挖掘数据隐含信息的手段,目的是辅助人们得出某种结论性观点。因此,信息可视化技术通常用在解决问题的后期阶段,并且需要以信息采集和处理技术为基础。没有信息采集技术,信息可视化技术就无从谈起;没有信息可视化技术,采集来的数据就得不到很好的应用,它们是相辅相成的。

目前,适合信息可视化应用的领域包括:

(1)多维数据可视化:如人口普查、健康状况、现金交易、顾客群、销售业绩等。

(2)数字图书馆:如书籍、照片、电影、报纸和杂志文章、网页等。

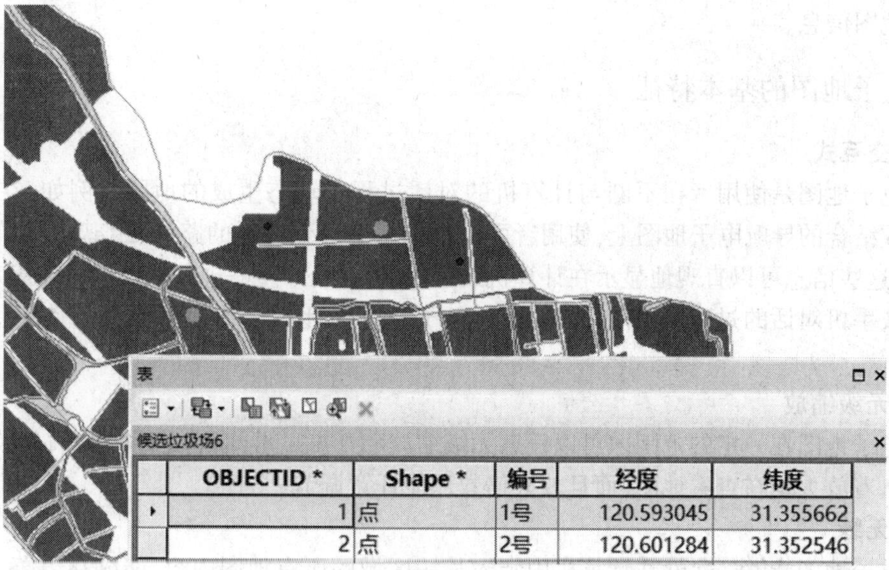

图 6-25 其他类型的地理数据表达示例

(3)复杂文档:如专利文献、年报、软件模块、数据结构等。

(4)历史:如病历、学生成绩、经济趋势、股市走向、项目管理等。

(5)统计和分类系统:物种分类、专利列表、硬盘数据目录、财务预算、销售记录等。

(6)网络:如远程通信的联接和使用、电子电路、公路网、社会结构、组织关系。

(7)地球表面:如模拟某一区域或全球地表起伏变化形状、某一地区三维现实表现。

第5节 电子地图系统简介

电子地图是20世纪80年代初发展起来的一种新型地图,电子地图是数字地图与GIS软件工具结合后的产物,随着GIS技术和计算机处理能力的提高,计算机图形图像设备的快速发展和更新,电子地图得到迅速应用和普及。

1 电子地图的概念

电子地图也称为数字地图,是已数字化的地图。电子地图可以存放在数字存储介质上,如磁盘、CD-ROM、DVD-ROM等。地图图形主要显示在计算机屏幕上,也可以通过打印机或绘图仪输出到纸质上。地图显示出来的内容是动态可调整的,能由使用者交互式操作指定。一般电子地图均带有一个使用方便的操作界面,以方便使用者操作使用。不同的电子地图系统具有相对统一的操作界面。例如,相似的鼠标操作方式和相似的功能提示图标,使用者能够触类旁通。电子地图大多数连接有属性数据库,或者连接多媒体信息,能够进行查询、计算、统计和分析等诸多的地理空间操作。电子地图图形不限于矢量图形,往往是矢量和栅格图形联合使用,用先进的计算机图形技术和计算机动画技术反映多维地图信息。

2　电子地图的基本特征

2.1　交互式

电子地图是使用者在不断与计算机的对话过程中动态生成的地图。例如,在 GNSS 与 GIS 结合的导航电子地图上,使用者可以查询从甲地到乙地的路线、距离、方位等导航信息,这些信息可以直观地显示在计算机或手机屏幕上,产生一屏新的地图。使用者与计算机或手机对话的过程称为交互式操作,电子地图因此比纸质地图更具有使用上的灵活性。

2.2　无级缩放

电子地图在一定的范围内可以任意无级缩放和开窗显示,以满足用户要求,就好像使用者拿着放大镜在查看地图,而且放大倍数还能任意调节。

2.3　无缝

电子地图能够一次性在计算机中装入某一区域的所有地图内容,能够在屏幕上漫游和平移,不需要地图分幅,因而电子地图是无缝的,能避免地图分幅和接边引起的误差。

2.4　动态载负量调整

载负量是信息载体上信息的密度,地图载负量一般为地图上地物的密度。地图载负量小是指地图上地物太稀疏,会使得地图所具有的信息量不够;地图载负量大是指地图地物太密集,则使得地图杂乱难读。电子地图因为可以无级缩放,所以一般带有自动载负调整系统,能动态地调整地图载负量,使得屏幕上显示的地图保持适当的载负量,以保证地图的易读性。例如,城市交通电子地图当显示的图形为全市范围图时,可只显示主要交通道路的名称,而当地图放大到几个街区范围时,可详细地显示每个街道的名称。这一切均由计算机按照设计好的模式动态调整好载负量。比例尺越小显示信息越概要;反之,比例尺越大显示的信息越详细。

2.5　多维化

电子地图可直接生成三维立体影像,甚至还能在地形三维影像上叠加遥感图像,这样能够很逼真地再现或者模拟真实的地面情况。传统的地图要素如行政区界线、地物标注等也能被三维投影后叠加显示到三维图像上。这个三维地图图像能交互式地由使用者任意缩放和移动观测,这是纸质地图难以完成的功能。

配合计算机动画技术,出现了两种新电子地图形式。

(1)飞行地图:能模拟出乘坐飞行器以一定的高度和路线显示区域而观测三维路线图像。高度和飞行路线可由使用者自行指定。

(2)演进地图:能够连续显示地物情况的演变过程。例如,在反映"二战"历史的一个电子地图中,以动画的形式连续显示德国在欧洲的侵略过程,非常直观。使用者还能随时停止播放过程,观看静止图像,还能直接跳转到任意年代查看当时的国际形势图。

2.6　信息丰富

电子地图反映的信息量大,它除有各种地图符号外,还能配合数据库来使用和查询。计算机屏幕采用多窗口技术,在交互式操作中,使用者随时可以查询地物的信息,将信息在窗口中进行显示。

2.7 共享性

数字化的优点是使得信息容易复制和传播,也就容易共享。电子地图能够大量地无损复制,并且能通过计算机网络传播。存放在 CD-ROM、DVD-ROM 上的地图已经普及。在 Internet 上有网络地图,使用者可以方便地下载世界各地的各种类型的地图,如著名的 Google Earth。

2.8 具有基本的计算、统计和分析功能

电子地图能支持常规的空间量算和统计、分析功能,如距离、方位、面积计算;还能进行三维体积计算、地形剖面分析、坡度坡向分析、最优路径分析等;配合 GNSS 还能进行实时定位等。

3 电子地图的系统构成

电子地图是一种新型 GIS 产品,电子地图采用矢栅一体的技术,在充分发挥地图传统优势的同时,能够向用户提供 GIS 的绝大部分功能,使地图的使用和利用变得直观可见,并能得到传统地图中难以发现的地理空间信息规律。电子地图系统由地图数据库、专业数据库、软件系统、硬件系统和用户组成,用户是系统的操作员和系统数据流的向导,其结构如图 6-26 所示。

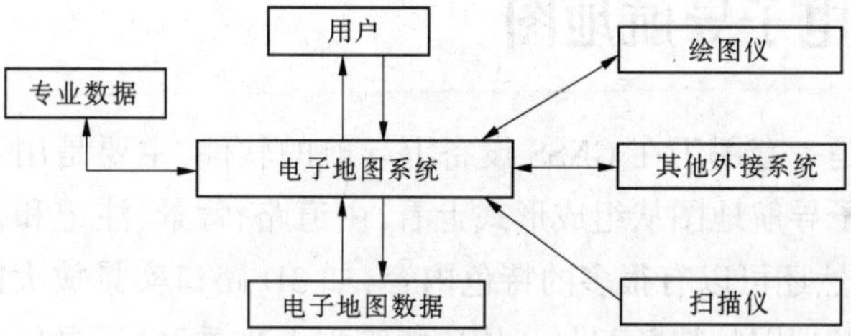

图 6-26 电子地图系统结构框架

4 电子地图的应用

电子地图系统融计算机图形制作和数据库管理于一体,把地理位置和相关属性有机地结合起来,适时提供多种空间的和动态的地理信息与属性数据,可广泛应用于资源开发、环境保护、城市规划、土地管理、精细农业、地图测绘、交通、能源、通信、林业、水利、电力、房地产开发、智能化小区、自然灾害的检测与评估、金融、保险、统计、军事、商业、石油与天然气、犯罪分析、运输导航、110 报警、公交调度等各个社会领域。图 6-27 所示为智慧物流系统的智能调度系统示意图,该系统可以在分钟级时间内运算出满足各项业务需求的最佳运输方案,综合考虑车型、运输地、收货时间、经验线路等约束条件,达到为最小化使用的车辆数和车辆总行驶距离等生成成本最优的运输调度方案。

随着社会信息化进程的不断加快,在社会生活中的许许多多领域,“基于定位的服务

(LBS)”将成为不可缺少的技术手段,因此电子地图是一个发展迅速、应用日益普及的新领域,有着广泛的应用前景。

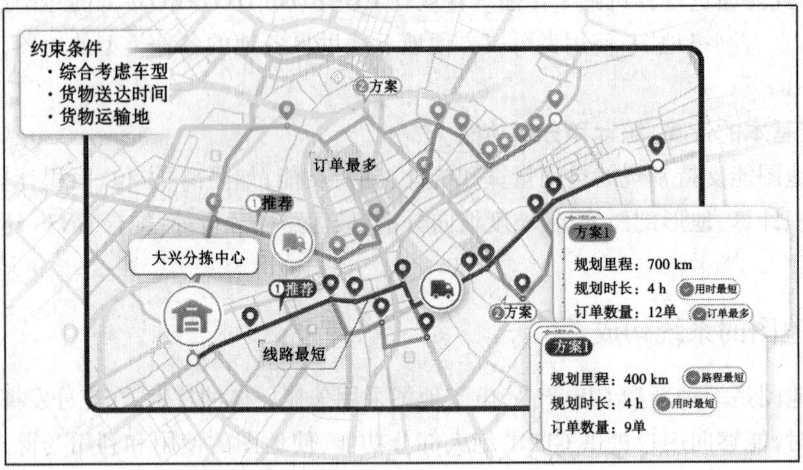

图 6-27　电子地图系统示例

第 6 节　电子导航地图

电子导航地图是一套用于在 GNSS 设备上导航的软件,主要是用于路径的规划和导航功能的实现。电子导航地图从组成形式上看,由道路、背景、注记和兴趣点(point of interest,POI)组成,当然还可以有很多的特色内容,如 3D 路口实景放大图、三维建筑物等,都可以算作电子导航地图的特色部分。从功能表现上来看,电子导航地图需要有定位显示、索引、路径计算、引导的功能。

1　电子导航地图的定义

电子导航地图是利用计算机技术,以数字方式存储和查阅的地图。电子导航地图是在电子地图的基础上增加了很多与车辆、行人相关的信息,如立交桥的形状、公交站点、加油站点、交通限制、道路相关属性等信息。电子导航地图存储资讯的方法,一般使用向量式图像存储,地图比例可放大、缩小或旋转而不影响显示效果,早期使用位图式存储,地图比例不能放大或缩小,现代电子导航地图软件一般利用地理信息系统来存储和传送地图数据。

2　电子导航地图的特点

(1)能够查询目的地信息。电子导航地图记录了大量的目的地信息和坐标,为用户提供目的地检索及所在地到目的地的路径计算依据。

(2)存有大量能够用于引导的交通信息。为了能够计算出一条实际的路径供车辆引导,数据必须记录实地的交通限制,这样才能计算出与实地相符的路径用于引导。

(3)需要不断地进行实地信息更新和扩大采集。由于实地的交通信息和POI信息会随着当地的发展而不断变化,地图开发的范围、深度和功能也在不断增加,因此相应的数据中记录的交通信息和POI信息就需要不断地进行实地的更新和扩大采集。

3 电子导航地图的内容

电子导航地图数据主要是在基础地理信息数据的基础上经过加工处理生成的面向导航应用的基础地理数据集,主要包括道路数据、POI数据、背景数据、行政境界数据、图形数据、语音文件等。

3.1 道路数据

道路数据主要有用于路径计算的高速公路、城市道路、国道、省道、县道、乡镇道路、内部道路等,用于拓扑描述的道路交叉点和图廓点等。

3.2 POI数据

POI数据用于检索,主要类别有一般兴趣点、道路名、交叉点、邮编检索和地址检索。

3.3 背景数据

背景数据主要包含显示城市道路布局结构的街区、房屋建筑,显示铁路走向的干线铁路、地铁和轻轨,用作地图背景显示的水系和植被等。

3.4 行政境界数据

行政境界数据主要有国界、省级界、城市级界、区县级界和乡镇级界,用于显示行政管理区域范围。

3.5 图形数据

图形数据包含高速分支模式图、3D分支模式图、普通道路分支模式图、高速出入口实景图、普通路口实景图、POI分类示意图、3D图、标志性建筑物图片、道路方向看板。主要用于电子导航地图的增强显示,增加了地图可观性和可读性。

3.6 语音文件

语音文件包含泛用语音、方向名称语音和道路名语音,用于辅助导航。

4 电子导航地图的应用

电子导航地图应用的领域非常广泛,几乎所有的汽车及消费电子设备都可以成为电子导航地图应用的载体。在汽车工业领域,从豪华汽车到中低端汽车都能成为电子导航地图应用的载体;在消费电子领域,从专业的PND设备到GNSS手机、数码相机、PSP等都可以运用电子导航地图进行导航应用。通过消费电子导航设备能够为乘用车拥有者提供便捷的导航服务;通过基于移动通信技术的LBS服务,电子导航地图能够为手机用户提供在线导航及位置服务。此外,居全球互联网用户量首位的国内互联网市场也为导航地图在互联网上的应用提供了广阔的发展空间。

目前的手机导航通常都借助 GNSS、AGPS 和 LBS 基站或 Wi-Fi 网络定位的多样化定位方式,室外可以搜到 GNSS 卫星信号的情况下采用 GNSS 可以得到非常精确的定位,而在室内没有卫星信号也能借助辅助 GNSS 和 LBS 获得比较精确的定位。例如,谷歌手机地图集合了传统的平面地图、地形地图和卫星地图多种地图模式。

电子导航地图应用示例如图 6-28 所示。

图 6-28 电子导航地图应用示例

思考题

1. 地理信息空间数据的可视化及表现形式主要有哪些?

2. 地图是地理数据的主要表现手段,请问地图可分为哪些种类?

3. 地理坐标的概念是什么? 平面直角坐标是如何定义的?

4. 简述我国基本比例尺的分幅和编号方法。

5. 什么是地图投影? 地图投影有哪些种类? 简述各类地图投影的方法与特点。

6. 我国的国家坐标系采用高斯平面直角坐标系,高斯投影是如何进行的?

7. 图形符号有哪些种类,在地图中起到什么作用? 色彩具有哪些属性? 在地图中使用色彩时应如何配置?

8. 什么是地图综合?

9. 什么是专题地图? 简述专题地图的内容、种类和特点。

10. 简述专题地图的设计过程。结合你自己所使用的 GIS 软件,自己独立完成一幅专题地图制作,可以采用不同的表现形式,如独立值地图、直方图、饼图、范围图和点密度图等。

11. 简述 GIS 软件的地图制图输出的过程与方法。
12. 什么是地理空间信息可视化？地理信息可视化有哪些方法？
13. 简述空间数据的地理表现形式。
14. 什么是电子地图？简述电子地图系统的构成。
15. 电子地图具有哪些特征？结合生活中的实例,列举出一些电子地图的应用。

第7章 地理信息系统应用技术

课件:地理信息系统应用技术

【本章概述】

本章详细介绍地理信息系统与遥感及地理信息系统与全球卫星导航系统的结合应用,简要介绍Web GIS原理、设计思想及特点意义,也介绍地理信息系统在测绘、国土等行业中的应用。

第1节 “3S”集成技术及应用

1 地理信息系统与遥感的结合

GIS是管理和分析空间数据的有力工具,而遥感(RS)是一种快速进行大区域空间数据采集和分类的有效手段,两者操作对象都是空间实体,相互之间支持、互为补充,两者结合是技术上的必需。

(1)遥感是GIS重要的数据源和有效的数据更新手段。GIS之所以有效,是因为它的数据是新鲜的、有效的。遥感手段能够迅速、准确、综合性地、大范围地采集环境和资料数据。同时,遥感数据具有多光谱和动态多时相的特点,它为GIS数据更新提供了全方位的手段和动态数据源。

(2)GIS也可为遥感分析提供有用的辅助信息和手段。GIS中确定的实体位置及DEM可以显著提高遥感的定位精度及分类精度,从而提高整个遥感的应用水平。

可见,GIS与遥感的结合,将是两者使用水平上的重大飞跃。

1.1 遥感与GIS结合的途径

(1)矢、栅一体的GIS。它能够融入遥感图像的栅格数据,这相应地要求GIS能够进行图像处理,增强分类;进行图像的目视和矢量化;矢、栅共存,时时处处准确叠合。

(2)通过国际标准的空间数据交换格式作中间媒介,相互转换,这方面的统一目前尚有一些困难。

(3)通过GIS与遥感系统间建立接口,实现格式转换与数据传送。

1.2 遥感与GIS结合在城市分析中的应用实例

以遥感图像与原始数据,应用GIS提供的分析功能,对深圳市城市用地空间分布进行了定量的描述和分析,给出了它的形态、结构,找出了深圳市用地扩展的规律性。

深圳市自1980年设立特区后,在以市场经济为主导的经济模式下,经济发展速度的空间表现为城市用地的扩张,它的形态、结构、变化规律对于探索城市化进程及城市用地变化都有典型的意义。研究采用Citystar基础地理信息系统,遥感数据采用1996年3月3日深圳的TM图像,提取城市新、旧建成区区块用地,并进行几何纠正,配准到1:75 000

的地图上。针对城镇和交通线地域进行了点、线的缓冲区分析。

1.2.1 点缓冲区分析——城市用地的外向分布和扩展

在深圳市宝安区,共有福永、沙井、松岗、公明、石岩、观澜、龙华、平湖、布吉等9个乡镇级居民点,以这些居民点为中心进行点缓冲区分析,即可以得到城市用地外向扩展的状况。

在研究过程中,采用了500 m、1 000 m、1 500 m、2 000 m、2 500 m等5个缓冲半径数值对上述9个乡镇级中心进行缓冲区分析,得到不同缓冲距离范围内的建成区用地(包括原有建成区区块和新建建成区区块)的分布。选用2 500 m作为最大的缓冲半径,这是因为在郊区,2 500 m的缓冲半径是一个较为合适的作用距离,可以认为,在该范围以内的城市用地,都是以位于几何中心的生长原点进行分布和扩展的。对9个乡(镇)进行点缓冲运算的结果如表7-1和图7-1所示,表7-1描述了在不同的缓冲带内城市建成区用地的面积比例;图7-1描述了在不同的缓冲带内新建建成区(新城)区块用地、原有建成区(旧城)区块用地及新旧城区加和的面积比例。

表7-1 深圳市9个乡(镇)级居民点的城市用地扩展状况

乡镇	缓冲半径/m				
	500	1 000	1 500	2 000	2 500
	扩展状况/%				
福永	80.4	58.1	53.1	40.9	37.6
沙井	82.0	62.5	48.1	42.6	32.9
松岗	79.6	70.8	64.8	46.6	34.6
公明	85.1	65.4	39.9	33.5	31.9
石岩	88.1	66.8	48.2	27.4	21.4
观澜	83.6	52.0	49.7	42.1	34.7
龙华	65.4	67.9	64.7	63.0	58.5
平湖	87.8	78.4	60.2	42.4	29.7
布吉	76.2	76.0	69.8	48.2	41.0
平均	80.9	66.5	55.4	43.0	35.8

从图7-1中可以看出,对于旧城区,城市用地占用率随距市中心距离的增加而急剧减少,而新的城市用地反而有缓慢的增加,其增加的峰值点在1 500~2 000 m的缓冲带上。尽管靠近城市中心的区域城市用地比重也较低,但由于地形、环境、地价等因素,土地开发商宁可选择离城镇稍远一些的区位,这表明其城市用地的开发是以外延式为主的开发。1 500~2 500 m是最佳的开发半径,实际上是受到前述的缓冲区范围的影响。

1.2.2 线缓冲区分析——城市用地沿交通线的轴向分布和扩展

从城市向外延伸的交通线(包括铁路、公路、高速公路乃至水路)呈放射状分布,沿交通分布的带状区域,成为城市用地扩展的最佳区位。

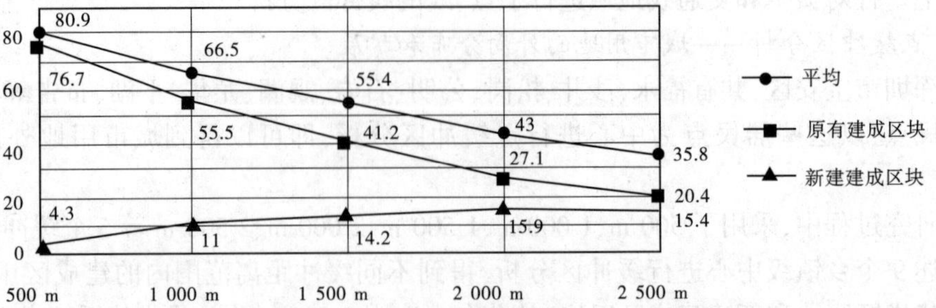

图 7-1　深圳市 9 个乡(镇)级居民点的城市用地扩展状况

在深圳市的研究中,利用 1994 年出版的 1∶75 000 地图,选取主要公路进行线缓冲区分析,由于深圳市西部城区已经基本连成一片,难以区分道路的影响,因而只选择了公明—石岩—龙华—布吉之间的公路进行缓冲分析。

在实际的建立模型中,确定缓冲距离为 300 m、600 m、900 m、1 200 m 及 1 500 m。在计算缓冲区的同时得到每一缓冲带内的新建建成区区块和原有建成区区块的分布及其面积,见表 7-2。

表 7-2　5 个缓冲带的新旧城区的面积统计

缓冲带距离/m	面积总计/km^2	旧城		新城	
		面积/km^2	百分比/%	面积/km^2	百分比/%
300	747.00	323.25	43.4	190.47	25.5
600	761.58	214.08	28.1	167.49	22.0
900	776.43	162.72	21.0	169.65	21.9
1 200	791.28	135.81	17.2	170.67	21.6
1 500	805.95	125.43	15.6	170.85	21.2

从表 7-2 的统计结果来看,旧城用地的分布面积随着到交通线的距离有明显的减少,而新城区的分布面积随着到交通线的距离则变化不大。实际上,这正是城市用地动态扩展的结果。

由于交通线是连接两个城镇的,因而城市用地沿交通线轴向分布的状况除受交通线的影响外,还受到其两端的两个城镇的影响。换言之,在交通线两端离城镇较近的区域,具有较好的区位,城市发展较早,发展速度也快;而在交通线中间的区域,发展较晚。这就造成在交通线两端发展较早的区域,离城镇较近的地方,土地利用类型已经转化为旧城区,新扩展的城市用地主要分布在离城镇较远的地方。从前面的分析来看,其分界在 1 500~2 000 m;而在中间区域,城市用地以交通线为基点,向两侧扩展,土地刚刚开发,新城区用地分布较多(如图 7-2 所示)。

从上述的空间分析结果来看,在城市边缘区内部,旧的城市用地、新的城市用地及未建设用地交错分布。受距离衰减规律的影响,城市用地轴向和外向扩展的过程较为明显,两个过程相结合,形成了城市用地沿交通线相向扩展,其空间形态呈“哑铃”形分布的结果。

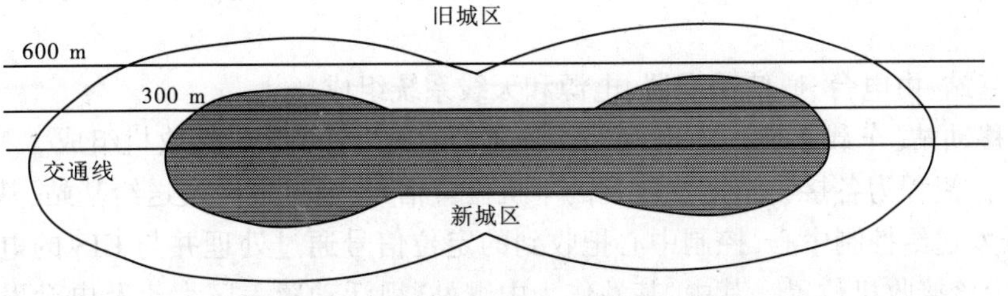

图 7-2 城市用地沿交通线轴向分布状况

从这种"哑铃"形的分布,可以看到在离交通线不同距离的缓冲带内,旧城区的分布随缓冲距离的增加而减少,新建区在不同缓冲带内的总面积则变化不大。"哑铃"形的城市用地分布形态也说明了道路两端的城镇相互吸引,城市用地相向扩展的形态。因为从一个区域的角度来看城市周围最具有发展优势的区位,应该是同外部联系最方便的区位,也就是说,它是城市的门户位置。

由上例可知,遥感与 GIS 结合,对于大范围空间实体的动态变化是十分有效和方便的。

由于遥感手段发展变化日新月异,分辨率、清晰度越来越高,多光谱、多时相及全天候的图像也得到全面应用,采用遥感和 GIS 结合的方式,动态更新基础地理信息产品地图的工程研究已在实施之中,可以预见,其前途是辉煌的。

2 地理信息系统与全球卫星导航系统的结合

全球卫星导航系统(GNSS),是泛指所有的卫星导航系统,包括全球的、区域的和增强的,如美国的 GPS、俄罗斯的 Glonass、欧洲的 Galileo、中国的北斗卫星导航系统,以及相关的增强系统,如美国的 WAAS(广域增强系统)、欧洲的 EGNOS(欧洲静地导航重叠系统)和日本的 MSAS(多功能运输卫星增强系统)等,还涵盖在建和以后要建设的其他卫星导航系统。其可为航空、航天、测地、海洋等方面的用户提供不同精度的在线或离线的空间定位数据,对于运动物体(车、船、机、星、弹)提供全球准确定位,被用于监控、救援、排险、导航等十分重要的场合。

2.1 GNSS 与 GIS 结合的形式

GNSS 与 GIS 结合的形式一般有两种:单台移动式和集中监控式。

2.1.1 单台移动式

单台移动式即在用户设备上直接配备 GIS 工具软件,把接收机天线接收的定位数字信号直接输入 GIS 系统,由 GIS 系统对接收机定位信息进行处理并与其数字地图匹配,这样即可实时显示接收机天线位置。这种情况对于接收机独立运作时可采用,定位精度要求不高。

2.1.2 集中监控式

当定位精度要求高,移动区域广,需要集中显示流动目标的运行状况时,便需要采取集中监控式。它往往由多台接收机、控制中心、基站、移动站组成。

(1)控制中心:由大屏幕计算机、无线电台、通信适配器、电源和天线系统组成,并配备GIS。

(2)基站:由电台、通信适配器、电源和天线系统组成。

(3)移动站(车载系统):由电台、天线、通信适配器和GNSS接收机组成。

其工作流程为各接收站把接收到的本机位置信号,通过电台发送给基站,基站接收信号后无线发送给控制中心,控制中心把收到的定位信号通过处理并与GIS的电子地图相匹配,显示该接收机位置。其中,基站作为中继站,视活动覆盖区大小及电台发送信号功率大小,可多可少,当接收机上电台功率大,或活动范围不大时,可不要基站。控制中心在了解移动器的运动后还可通过电台发出接收机动作指令,指挥接收机的运行。

2.2　GNSS与GIS结合实例——黄冈地区运钞车GNSS实时监控系统介绍

1994年初,中国人民银行湖北省分行黄冈支行结合黄冈地区的实际情况,建设了运钞车卫星定位监控系统,这是一个GNSS与GIS结合的系统。

由于黄冈地区地理位置特殊,从无线通信技术角度讲,有三大不利因素:大山遮挡、通信死角多;与三省交界,频率协调难;跨区范围大,通信质量难以保证。

为解决以上问题,在硬件和软件技术上要妥善解决以下问题:

(1)移动数据通信的抗多径衰落、抗多普勒频移、抗阴影衰落能力(空间分集、时间分集、优良的调制方式、纠错编码等多种技术的综合采用)。

(2)常规电台的高速数据传输,速率为16 kb/s。

(3)常规电台收发转换时间控制在5 ms以下。

(4)多基站系统的网络结构设计。

(5)移动站的自动漫游及自动越区。

(6)无线多址技术及效率。

运钞车卫星定位监控系统采用多基站集中监控方式的系统(4个基站),覆盖范围包括黄冈地区的9个(县、市)。此外,武汉、鄂州、黄石也在监控的视野内。

该系统主要技术指标为:系统容量500辆车;天线信道频率450 MHz;信道带宽25 kHz;调制方式为GMSK;多址协议为预约TDMA;数据链路规程HDLC;数据接口RS-232;信道编码为R-S码(名组码);纠错方式FEC;抗衰落技术GM-SK调制、交织、空间分集、纠错编码。

该系统的主要功能:移动站具有数、话兼容功能,既能传输GNSS定位数据,又能进行无线与有线、无线与无线间的语音通信;车辆监控、调度;误码率从10^{-2}纠正到10^{-5};报警信息具有优先权,响应时间小于3.5 s;移动站的传输周期为21 s,即每21 s传输一次GNSS定位信息;自组织网络,路由自动选择、自动中继;综合采用TDMA和CSAM两种介质访问方式,使天线信道的利用率大大提高;采用多媒体技术,使指挥中心的操作界面十分友善;电子地图具有放大、缩小、自动跟踪平移、运行轨迹保存再现及道路添加功能;系统定位精度不低于30 m,处理能力每秒20辆车。

该系统自1995年8月投入服务于刑警队伍以来,运行情况与设计目标吻合。

3 “3S”集成的意义

GNSS 是空间实体快速、精密定位的现代化工具,GIS 是空间信息分析、处理的有力武器,RS 是空间信息最迅速、覆盖面最大的采集手段,三者的结合简称“3S”集成。

全球动态实时定位全面进行航天、航海、航空和全球监控的时代已经开始。这必将推动 GNSS 结合全球移动通信,结合 GIS,结合信息的快速采集手段 RS 工具的进程,全球全面信息化必将出现新的面貌。

第 2 节 网络地理信息系统及应用

20 世纪 90 年代以后,地理信息系统在研究、开发和市场化方面取得了很大的进展。20 世纪 90 年代 IT 技术最引人注目的进展就是 Internet 的普及发展。它推开了网络时代的大门,为社会带来了巨大的发展空间。同时,它使应用系统的计算体系结构更容易走向分布化,使得 GIS 的认识论和方法论都发生了一些改变。随着用户对网络地理信息系统的需求日益增长,互联网上的地理信息系统应运而生,产生了很多相应的网络 GIS 技术产品。目前突出的一个就是 Web GIS。

1 Web 技术的原理

Web GIS 是建立在 Web 技术上的一种特殊环境下的地理信息系统。其本质与一般的地理信息系统没有区别。但是由于早先的 GIS 一般在网络功能上比较差,因此建立在网络环境下的 Web GIS 一出现就受到了高度重视。

Web GIS 也称为 Web-based GIS,是建立在 Web 技术之上的一种特定领域的应用。Web 的全称为 World Wide Web,一般简称为 WWW 或 Web。它是目前 Internet 上最重要的技术之一。Internet 从 1969 年美国国防部国防高级研究计划署资助建立的 ARPANET(阿帕网)开始,发展到今天,诞生了很多软件技术和产品,如 TCP/IP、FTP、EMAIL、BBS、网络新闻组等,但是最流行的应用技术还是 Web。目前,在网站建设、电子商务和大型应用研究系统的建设中都离不开 Web 技术的应用。

Web 技术是一种特殊形式的客户/服务器体系结构,由 W3C(World Wide Web Consortium)这个国际组织来维护相关的标准。其中,在客户和服务器之间通过超文本传输协议 HTTP(Hyper Text Transfer Protocol)交流信息。HTTP 是建立在 TCP/IP 基础上的一种高层网络应用协议。服务器一般采用 WWW Server,也称为 HTTPd(HTTP daemon)。客户端一般采用流行的通用浏览器(Browser),如 IE、Netscape 等。简单地说,Web 原理就是用浏览器下载服务器管理的文件并显示出来。浏览器通过统一资源定位符 URL(Universal Resource Locator)来访问服务器并请求取得文档。

URL 分三部分:一是通信协议;二是网络主机名(或 IP 地址)和端口号,默认端口号一般省略不写;三是文件在主机上的绝对路径名称。绝对 URL 地址包括完整的三部分,相对 URL 地址只包括文件在主机上的相对路径名称。

浏览器通过指出网络文件的 URL 地址就可以直接获取服务器上存储的文件。这些文件名称中带有不同的后缀。浏览器根据这种后缀的类别对文件内容进行识别和解释,这种后缀类别经过 W3C 标准化后形成了统一标准,被称为 MIME(Multipurpose Internet Mail Extentions,即多用途 Internet 邮件扩展映射)。*.HTML、*.GIF、*.WAV 等都是常见的 MIME 格式。其中,最重要的是超文本标记语言 HTML(Hyper Text Markup Language)文档,对应的 MIME 文件名为 *.html 和 *.htm。HTML 文档是一种增强版本的 ASCII 文本。它在文件中加入各种以"〈…〉"形式标记的标签,进行各种字体、图形、表格等要素的显示控制和说明。

一个 HTML 文件习惯上称为一个页面。一般在页面内实现点击后跳转到其他页面时,大多使用相对 URL 地址。但是 HTML 过于简单,随着 Web 内容的形式多样化,越来越显得不适应,于是出现了很多新的改进方法。

以下是一个 HTML 文件的例子。

```
〈html〉
〈head〉
  〈title〉MapQuest:Map Search Result〈/title〉
〈/head〉
〈body bgcolor=#ffffff〉
欢迎您使用 HTML 文件,这是 Web GIS 的基础
〈table border="2"  width="100%"  bgcolor=#663399〉
〈tr〉
  〈td〉
  〈a href="/cgi—bin/home? link=homepage&uid=w9y7"〉
  〈img src="http://127.0.0.1/img/school.gif"
            Width="200"
            Height="200"
  〈/a〉
  〈/td〉
  〈/tr〉
〈/table〉
〈/body〉
〈/html〉
```

浏览器的软件内容包含 MIME 文档的解释器。当接收到服务器通过 HTTP 传来的文档时,浏览器通过 MIME 来识别文档的类型,并调用相应的解释器来解释服务器发来的内容。例如,收到 *.GIF 文件就会按图像来解释,收到 *.HTM 或 *.HTML 就按标记语言的语法解释出内容。这种 MIME 解释器随着浏览器开发商的不同而有很大变化。例如,Netscape 对 MIME 的解释基本上都依赖浏览器自身的功能,而微软的 IE 则捆绑了自己操作系统的功能来解释。因此,同一个页面文件在不同的浏览器上显示出的外观会有些差别。

Web技术原本是一种通过网络直接访问和浏览以文件形式存储数据的技术。早期只能访问静态的文本和图像文件,后来该技术思想得到广泛的传播、发展和利用,目前已经实现了对多媒体数据、动态数据、实时数据和数据库等数据的访问。

2 Web GIS设计思想

Web GIS也是利用上述原理,通过浏览器访问服务器上的地理信息文件。不过,一方面浏览器需要增加解释和显示GIS数据的功能;另一方面,服务器需要具备动态产生GIS数据文件的功能。随着Web技术的发展,具体的过程越来越复杂。

由于MIME没有GIS数据格式,因此在Web GIS发展早期,需要在WWW Server端事先把GIS信息转换为GIF或JPEG图像和文字信息,组织在HTML文件内。当用户通过浏览器访问这些页面文件时,地理信息以图像和文件的方式传输给客户端,达到用浏览器访问地理信息的目的。开始只能预先在服务器上存储静态的地图图像文件,很快出现了动态生成栅格地图文件的技术。但这种方式受制于HTML语言的限制,用户对交互操作的能力很弱,而且纯图像方式也不太适合一些GIS的深入使用。后来随着WWW技术的发展,Web GIS实现了矢量地图文件的传输显示,目前已经可以实现把传统GIS的全部功能搬到Web GIS上。

Web GIS的发展依靠了WWW技术的快速发展进步,其实现技术的重点是加强浏览器显示操作地理数据的功能,同时加强服务器读取GIS数据库的功能。

第一种Web GIS的实现原理是利用客户端浏览器的扩展技术。

首先是利用浏览器厂家开放的数据解释功能。各浏览器厂家除在浏览器软件中内置了MIME解释器外,还为第三方软件开发商提供了开发MIME解释器的预留开发接口。这为Web GIS开发浏览器接收解释专用GIS数据格式和执行特定功能提供了机会。很多浏览器支持Plug-in技术,也称插件,这是最早向第三方软件开发商开放的浏览器功能扩展接口。针对解释特定GIS数据格式的Plug-in程序被编译后,放入浏览器指定的位置,浏览器启动时自动载入内存。当浏览器接收到指定类型的GIS文档时就交给这些插件处理,完成GIS数据的解译。例如,Autodesk公司首先利用Plug-in实现了浏览器对AutoCAD的矢量数据的访问,后来又开发了Web GIS产品Map guide。浏览器先自动下载一个GIS控制信息文件swf,由浏览器本地的Plug-in解释,根据其中的控制需要再分别下载实际的GIS矢量、栅格、属性等数据。这种方式需要提前在浏览器端安装插件程序。

当Java语言兴起以后,又出现了一种灵活的浏览器功能扩展方法。现在很多浏览器内置了Java语言的解释器,可以解释服务器传来的Java代码。Java的这种代码叫作Applet,预先编写的程序以*.class的文档方式存储在服务器上,当用户下载的HTML文件中包含了这种Applet程序的引用标记时,浏览器自动向服务器申请下载这个程序。于是Applet程序从服务器移动到浏览器端,被Java语言解释器解释执行。这种技术路线已经被很多Web GIS所利用。一般在*.class中都首先包含了一个GIS交互操作界面,供用户操作、激发和下载其他GIS功能及数据。

另外一种方式是在微软环境下,利用 ActiveX 技术来实现,其原理与 Java/Applet 的程序下载执行原理一样,ActiveX 程序编写好后存储于服务器上,跟随 HTML 下载到用户端。例如,在 HTML 内加入〈object ID="MBWebGis" WIDTH="100%" HEIGHT="100%" align = "center" CLASSID="clsid: C892ADFB-7E50-11D3-9B16-D85D20115343" CODEBASE = "mbWebGis. cab # version=1,0,0,4"〉〈/object〉,可以下载 ActiveX 程序。不同的是 ActiveX 程序会在用户端自动与操作系统的功能融合在一起,具有操作本地文件的能力。而 Applet 不能读写用户端的文件,也不能在用户端长久保留,每次调用 HTML 页面都要重新下载。微软的产品(IE 浏览器和 IIS WWW 服务软件)由于有微软强大的操作系统支持,很容易实现这种方式。

由于 HTML 缺乏适合的 GIS 数据描述,所以在目前 Web GIS 技术中,扩展浏览器的功能成为加强用户端交互能力和 GIS 数据格式多样化的重要实现方式,可以使浏览器提供与普通程序一样丰富的人机交互界面,如图 7-3 所示。

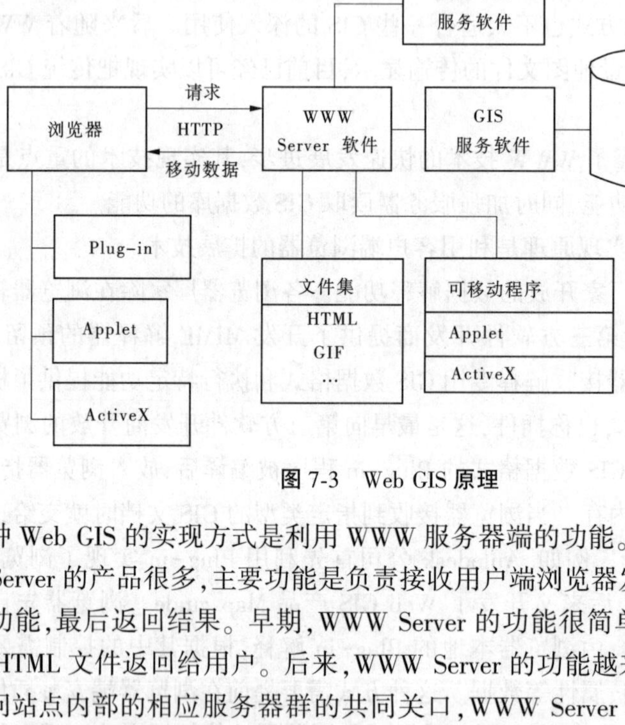

图 7-3　Web GIS 原理

第二种 Web GIS 的实现方式是利用 WWW 服务器端的功能。

Web Server 的产品很多,主要功能是负责接收用户端浏览器发来的请求,然后调用相应的服务功能,最后返回结果。早期,WWW Server 的功能很简单,只是直接调用预先静态存储的 HTML 文件返回给用户。后来,WWW Server 的功能越来越复杂,逐渐演变成为浏览器访问站点内部的相应服务器群的共同关口,WWW Server 联合其他的专用服务器来回答浏览器的请求,既分担了负载,又扩展了服务的内容,增加了动态性和灵活性。目前,最常见的是数据库服务器与 WWW Server 配合使用。由于 WWW Server 功能的独特性,目前它在与其他服务器的连接上存在一些效率问题,人们正在积极解决和改进。

由于 WWW Server 最主要的功能在于应对单位时间内大量客户对页面文件的快速访问和及时反馈,因此一般其他的服务都交给专业服务软件来配合完成,以减轻 WWW Server 软件的负担。GIS 软件也属于这种专业服务软件之一。

WWW Server 一般都采用成熟的商业产品,目前还很少有定做的。因此,在 WWW

Server 和专业服务软件之间一定要存在一个中件,这个中件承担着 WWW Server 和专业服务软件之间的通信桥梁的作用。

早期在技术上,这个中件多使用通用网关接口(common gateway interface,CGI)方式。CGI 是一种独立存储可执行的程序,执行参数后放在 HTML 页面的标记内,通过浏览器端的点击操作,激活 WWW Server 端的 CGI 程序。

CGI 一般通过操作系统的输入输出管道建立 WWW Server 与 GIS 服务软件之间的联系,后来还发展了很多中件技术,如 WWW 服务器专用的 API(如 ISAPI、NSAPI 等),可以较高效率地解决 WWW Server 与 GIS 服务软件的信息传递和功能调用。现在由于 WWW Server 和专业服务软件越来越专业化、多样化,这种中件技术也越来越与双方的服务软件甚至与操作系统紧密结合,中件的效率越来越高,出现了很多新的实现方式。

无论中件如何解决效率和通信问题,复杂的 Web GIS 都需要一个 GIS 服务软件来管理对 GIS 数据的访问。早期的 Web GIS,在服务器端主要使用一个画图服务软件。当它收到中件传来的参数后,迅速从 GIS 图库内查找和切割数据,把结果画在一张 GIF 图上,嵌入一个 HTML 页面,交给 WWW Server 返回给用户。用户看到的 GIS 数据都是以图像方式传来的信息,在可操作的图形和按钮等处隐藏着一些 CGI 请求及参数。后来浏览器使用前面讲的技术扩大了数据接收的形式,很多交互功能放在浏览器端进行,WWW Server 后台的 GIS 服务软件集中于反馈更多的专业信息以方便浏览器独立操作。于是 GIS 服务软件向提供更复杂的功能方向发展,如提供地图投影、统计、分析、编辑、录入等各种功能。

几乎所有大的 GIS 商业软件都在向 Web GIS 上靠拢,目前商业 Web GIS 产品一般都实现了地图的提取显示、简单的检索、放大缩小、漫游等各种功能,但分析功能还很少,大多处于信息抓取(retrieval)的阶段。从原理上讲,Web GIS 的服务软件可以实现任何常规的 GIS 功能,主要的障碍在于多用户的并发访问、对服务器系统资源的消耗和响应的速度等方面。

在实际中,经常把第一种和第二种方式结合起来应用,从客户和服务器两方面着手提高 Web GIS 的实用性。

当 WWW 服务器与 GIS 软件或 GIS 数据建立联系后,能对浏览器作出应答,把 GIS 数据以某种浏览器能识别的形式反馈回去,实现浏览器对远程地理信息的访问时,这就构成了基本的 Web GIS 框架。

3 Web GIS 的特点和意义

由于发展速度很快,出现的时间很短,Web GIS 本身实际上还处于发展和变动之中。对于 Web GIS 具体的概念和内涵都存在很多不同的理解。目前,Web GIS 一般都是指利用通用浏览器访问一个 WWW 服务站点,激活后台的 GIS 服务软件,获取 GIS 信息。而常说的 Internet GIS 或网络 GIS 范围更宽一些,是泛指 GIS 在一种网络环境下的应用,不一定使用通用浏览器操作 GIS 数据。

因此,综合来看,目前 Web GIS 具备以下一些基本特点:

(1)建立首次远程访问的传输协议采用 HTTP,建立联系后也可用其他协议传输信息。

(2)远程地理信息的首次访问或服务启动,需要利用 WWW 服务器上 HTML 的文档。

(3)用户端一般使用能解释 HTML 的通用浏览器。

(4)远程服务器端提供地理信息服务时,把 WWW 服务器作为信息进出的重要关口。

(5)WWW 使用的通用标记语言在浏览器与服务器之间的 GIS 信息通信中占有重要地位,即使使用其他数据格式或者将来 HTML 被其他标记语言所取代,这一点大概也不会改变。

目前,受技术限制和市场需求的影响,Web GIS 的主要应用功能还处于发布和浏览地理信息数据的阶段。各种 Web GIS 的具体实现方式都有其优缺点,在具体使用中要综合考虑。表 7-3 对常用的一些技术方法给出了一个评价。

表 7-3　Web GIS 建设的技术方案的优缺点

项目		纯基于 CGI	纯基于 API	Plug-in	Java/Applet	ActiveX
性能	客户端要求	无要求	无	一般	一般	一般
	服务器要求	高	高	无要求	一般	一般
	网络负载	重	重	轻	轻	轻
	信息传递	图像	图像	矢量多	矢量多	矢量多
	整体	良		优	优	优
交互性	用户界面	不方便		优	中	优
	功能支持	良		良	良	优
	本地数据操作	不能		可以	不能	可以
可移植性		好		中,与浏览器相关	好	差,仅限于 Windows
安全性		优		良	优	中
OS 平台限制		一般无,要 WWW Server 支持		有	无	有
代码移动		无		无	可以	可以
安装		不要		需要	不要	自动
用户群		普通大众		专业技术人员	普通大众	微软用户
用户并发性		取决于服务端硬件投资和 GIS 服务软件		取决于 GIS 服务软件	取决于 WWW Server 和 GIS 服务软件	取决于 WWW Server 和 GIS 服务软件

Web 技术的使用特点,决定了 Web GIS 必须考虑大数量的用户的并发操作问题。传统上,GIS 以文件的方式管理 GIS 数据的模式肯定不能适应这种需求。因此,需要以数据库的方式来管理 GIS 数据,为服务器上的 GIS 服务软件提供并发访问的保障。因此,GIS 厂家出现了向全数据库方式管理地理信息的趋势,不是自己开发,就是收购其他厂商的技

术。数据库发展也为这种 GIS 的技术转移提供了一定条件。如商业数据库可以实现一些复杂类型的数据管理,出现了对象化关系数据库、纯对象数据库等新技术。但从总体水平上讲,要满足 GIS 的矢量、栅格属性数据在数据库方式下的存储检索和分析,还有很长的路要走。

从本质上看,Web GIS 的兴起,反映了网络时代 GIS 的要求,反映了信息的静态存储与动态迁移的需要。无论是 GIS 的数据,还是 GIS 的功能,都存在这种静态存储、动态迁移的需要。在便于管理、更新的服务端,可以提供 GIS 信息的管理和存储,提供高效率的功能服务单元代码的存储,而用户端无须存储任何数据和功能,却能通过 Web GIS 让 GIS 数据和功能单元迁移到本地后自动执行。

由于技术发展很快,HTML 已经逐步被 XML 等新的描述语言所取代,还出现了很多更灵活、更智能和更专业的信息传递语言,如 VRML、XUL、KQML 等,浏览器的功能越来越专业化和复杂化,服务器端的 WWW Server 和 GIS 服务软件变化也很快,Web GIS 的具体实现方式将越来越复杂化和多样化,以满足不同层次的要求。从长远看,Web GIS 的更多意义在于为 GIS 远程服务提供一种便捷的方式,与大众化 WWW 的应用结合在一起共同使用,成为高速网络的一种重要的应用。随着网络时代的到来,信息在现代生活和工作中扮演的角色越来越举足轻重,Internet 构成了庞大的信息资源,Web GIS 将作为其中一种重要的大众化的使用地理信息的方式而得以普及推广。

4 Web GIS 服务应用

4.1 Web GIS 服务的对象

网络地理信息服务对象按地理信息使用权限可分为非注册用户和注册用户。

(1)非注册用户:可以进行一般性地理信息访问与应用。

(2)注册用户:可以进行授权地理信息访问与应用。

网络地理信息服务对象按使用方式可分为普通用户和开发用户。

(1)普通用户:通过门户网站进行地理信息浏览、查询、应用。

(2)开发用户:通过服务接口、应用程序编程接口(API)调用网络地理信息服务资源,开发各类专业应用。

4.2 Web GIS 服务的内容

4.2.1 电子地图

电子地图是针对网络地理信息应用需求,对各类地理空间数据(如矢量数据、影像数据、高程数据等)进行内容选取组合、符号化表达后形成的重点突出、色彩协调、图面美观的屏幕显示地图。从形式上,分为二维电子地图、三维电子地图、实拍街景地图等。从内容上,可分为公共地理地图及基于公共地理地图形成的专题地图(如旅游地图、设施分布地图、历史事件地图等)。

4.2.2 地理空间数据

地理空间数据包括基础地理数据、遥感影像数据及各种与空间位置相关的专题信息数据(如人口、民族、地区经济、自然灾害、生态、环境、教育等)。

4.2.3　专题地理信息产品

一种是以地理空间数据为基础,集成各种与位置相关的专题信息,利用相应的软件、硬件进行包装后形成的直接面向用户的消费商品,如可下载至电脑及移动终端的电子地图客户端、光盘、导航设备。

另一种是通过网络可供用户下载打印的不同幅面、不同主题的专题地图(如行政区划图、交通旅游图、服务设施分布图等)。

4.2.4　地球科学的科普知识

向社会提供多种形式的地理信息科学知识,为学校提供多种精心组织的教学素材等。一方面可以普及科学知识,提高大众的地理信息科学素养;另一方面可以培育大批潜在用户,有效推动网络地理信息服务行业的发展。

4.3　Web GIS 的服务形式

4.3.1　地理信息浏览查询

提供地理信息浏览、兴趣点查找定位、空间查询、用户信息标绘、相关帮助信息及技术文档资源浏览等服务。

4.3.2　地理空间信息分析处理

提供空间分析功能,如空间量算、信息叠加、路径分析、区域分析、空间统计等。

4.3.3　服务接口与应用程序编程接口(API)

服务接口可以直接向用户提供在线地理数据访问,应用于程序编程接口(API)通过预先定义的函数向开发人员提供基于在线服务资源的基本功能。

4.3.4　地理空间信息元数据查询

提供地理空间信息元数据,让用户知道在什么地方可以找到他想要的数据。

4.3.5　地理空间数据下载

直接下载地理空间数据,并提供关于下载数据的技术支持。

第3节　地理信息系统在测绘、国土等行业中的应用

地理信息系统的博才取胜和运筹帷幄的优势,使它成为国家宏观决策和区域多目标开发的重要技术工具,也成为与空间信息有关的各行各业的基本工具,以下简要介绍地理信息系统的一些主要应用方面。

1　测绘与地图制图

地理信息系统技术源于机助制图。地理信息系统(GIS)技术与遥感(RS)技术、全球卫星导航系统(GNSS)技术在测绘界的广泛应用,为测绘与地图制图带来了一场革命性的变化。集中体现在:地图数据获取与成图的技术流程发生根本的改变;地图的成图周期大大缩短;地图成图精度大幅度提高;地图的品种大大丰富。数字地图、网络地图、电子地图等一批崭新的地图形式为广大用户带来了巨大的应用便利,测绘与地图制图进入了一个崭新的时代。

2 资源管理

资源清查是地理信息系统最基本的职能,这时系统的主要任务是将各种来源的数据汇集在一起,并通过系统的统计和覆盖分析功能,按多种边界和属性条件,提供区域多种条件组合形式的资源统计和进行原始数据的快速再现。以土地利用类型为例,可以输出不同土地利用类型的分布和面积,按不同高程带划分的土地利用类型,不同坡度区内的土地利用现状,以及不同时期的土地利用变化等,为资源的合理利用、开发和科学管理提供依据。再如,美国资源部和威斯康星州合作建立了以治理土壤侵蚀为主要目的的多用途、专用的土地 GIS。该系统通过收集耕地面积、湿地分布面积、季节性洪水覆盖面积、土壤类型、专题图件信息、卫星遥感数据等信息,建立了潜在威斯康星地区的土壤侵蚀模型。据此,探讨了土壤恶化的机理,提出了合理的改良土壤方案,达到了保护土壤资源的目的。

3 城乡规划

城市与区域规划中要处理许多不同性质和不同特点的问题,它涉及资源、环境、人口、交通、经济、教育、文化和金融等多个地理变量及大量数据。地理信息系统的数据库管理有利于将这些数据信息归并到统一系统中,最后进行城市与区域多目标的开发和规划,包括城镇总体规划、城市建设用地适宜性评价、环境质量评价、道路交通规划、公共设施配置,以及城市环境的动态监测等。这些规划功能的实现,是以地理信息系统的空间搜索方法、多种信息的叠加处理和一系列分析软件(回归分析、投入产出计算、模糊加权评价、0-1规划模型、系统动力学模型等)加以保证的。我国大城市数量居于世界前列,根据加快中心城市的规划建设,加强城市建设决策科学化的要求,利用地理信息系统作为城市规划、管理和分析的工具,具有十分重要的意义。

常规的城乡规划设计都在测绘人员提供的测绘图件、资料下进行。由于测绘与规划设计严重脱节,既不能发挥测绘人员对规划设计的参与作用,又难以使规划设计人员掌握客观实际的信息,因而不利于提高规划设计工作的质量和效益。数字地图的出现和 GIS 的发展,使这一状况得到了改变。由于 GIS 主要以数字地图的形式输入、输出,查询、分析直观易懂,因此很容易被规划设计人员所接受。在 GIS 中,由于所获取的测绘基础数据详尽、可靠、准确,大大提高了城乡规划的科学性。同时,计算机的高速运算和极强的逻辑判断功能,可在短时间内提供多方案比选,增加了规划设计方案的合理性。而且,计算机可以自动地生成各种规划用图、表格和报告,利用数据库又易于删补、更新,因而还可以实现城市规划的动态监控和动态设计。通过对 GIS 的研究和使用,还可增强测绘人员和城市规划人员的协作,使信息的获取和使用臻于统一,促进城市规划工作。

近年来,随着获取和处理遥感数字图像的明显进步,数字化、多光谱航空、航天遥感在费用、质量、信息量上的优势将更加明显。将遥感信息列为城市规划基础地理信息的重要组成部分,尽量采用影像图作为规划成果的背景图,吸引更多的遥感应用机构为城市规划提供技术支持与服务。通过对 GIS 空间信息的查询、分析和应用,可大大增加规划设计的深度和广度。

4　灾害监测

利用地理信息系统,借助遥感遥测数据,可以有效地进行森林火灾的预测预报、洪水灾情监测和洪水淹没损失的估算,为救灾抢险和防洪决策提供及时准确的信息。1994 年的美国洛杉矶大地震,就是利用 ARC/INFO 进行灾后应急响应决策支持,成为大都市利用 GIS 技术建立防震减灾系统的成功范例。通过对横滨大地震的震后影响作出评估,建立各类数字地图库,如地质、断层、倒塌建筑等图库。把各类图层进行叠加分析得出对应极有价值的信息,该系统的建成使有关机构可以对像神户那样的大都市大地震作出快速响应,最大程度地减少伤亡和损失。再如,据对我国大兴安岭地区的研究,通过普查分析森林火灾实况,统计分析十几万个气象数据,从中筛选出气温、风速、降水、温度等气象要素,春秋两季植被生长情况和积雪覆盖程度等 14 个因子,用模糊数学方法建立数学模型,建立微机信息系统的多因子综合指标森林火险预报方法,对预报火险等级的准确率可达 73%以上。

5　环境保护

利用 GIS 技术建立城市环境监测、分析及预报信息系统,为实现环境监测与管理的科学化、自动化提供最基本的条件;在区域环境质量现状评价过程中,利用 GIS 技术实现对整个区域的环境质量进行客观、全面的评价,以反映出区域中受污染的程度及空间分布状态。例如,在野生动植物保护中,世界野生动物基金会采用 GIS 空间分析功能,帮助世界最大的猫科动物改变了目前濒于灭种的境地,取得了很好的应用效果。

6　国防

现代战争的一个基本特点就是“3S”技术被广泛地运用到从战略构思到战术安排的各个环节。它往往在一定程度上决定了战争的成败。例如,在海湾战争期间,美国国防制图局为战争的需要,在工作站上建立了 GIS 与遥感的集成系统,它能用自动影像匹配和自动目标识别技术处理卫星和高空侦察机实时获得的战场数字影像,及时地将反映战场现状的正射影像叠加到数字地图上,数据被直接传送到海湾前线指挥部和五角大楼,为军事决策提供 24 h 的实时服务。

7　宏观决策支持

地理信息系统利用拥有的数据库,通过一系列决策模型的构建和比较分析,为国家宏观决策提供依据。例如,系统支持下的土地承载力的研究,可以解决土地资源与人口容量的规划。我国在三峡地区研究中,通过利用地理信息系统和机助制图的方法,建立环境监测系统,为三峡宏观决策提供了建库前后环境变化的数量、速度和演变趋势等可靠的数据。

总之,地理信息系统已成为国民经济各有关领域必不可少的应用工具,相信它的不断成熟与完善将为社会的进步与发展做出更大的贡献。

思考题

1. GIS 与 RS 怎样结合起来？请举例说明。
2. GNSS 得到的信息有哪些？请举例说明 GNSS 与 GIS 的结合使用方式。
3. 什么是“3S”集成？请给出例子。
4. 在城市发展规划中应用 GIS 的意义有哪些？
5. 地理信息系统在社会中最重要的几个应用领域是什么？请给出一些例子。
6. 地理信息系统与自己的生活有关系吗？请举例说明。
7. 地理信息系统在政府决策中应该起什么作用？GIS 应该具备什么条件？

第 8 章　MapGIS 软件应用

课件:MapGIS
软件应用

【本章概述】

MapGIS 是中国地质大学信息工程学院武汉中地信息工程有限公司自行研制开发的大型基础地理信息系统软件平台。MapGIS 已广泛用于测绘、土地管理、电信、交通、环境、地质勘察、资源管理、房地产等领域。

本章从 MapGIS 软件的图形输入、编辑、输出整个流程较详细地介绍 MapGIS 软件的基本内容与操作方法。

第 1 节　MapGIS 软件简介

1　总体结构

MapGIS 是具有国际先进水平的完整的地理信息系统,它分为“输入”“图形编辑”“库管理”“空间分析”“输出”及“实用服务”6 大部分,如图 8-1 所示。

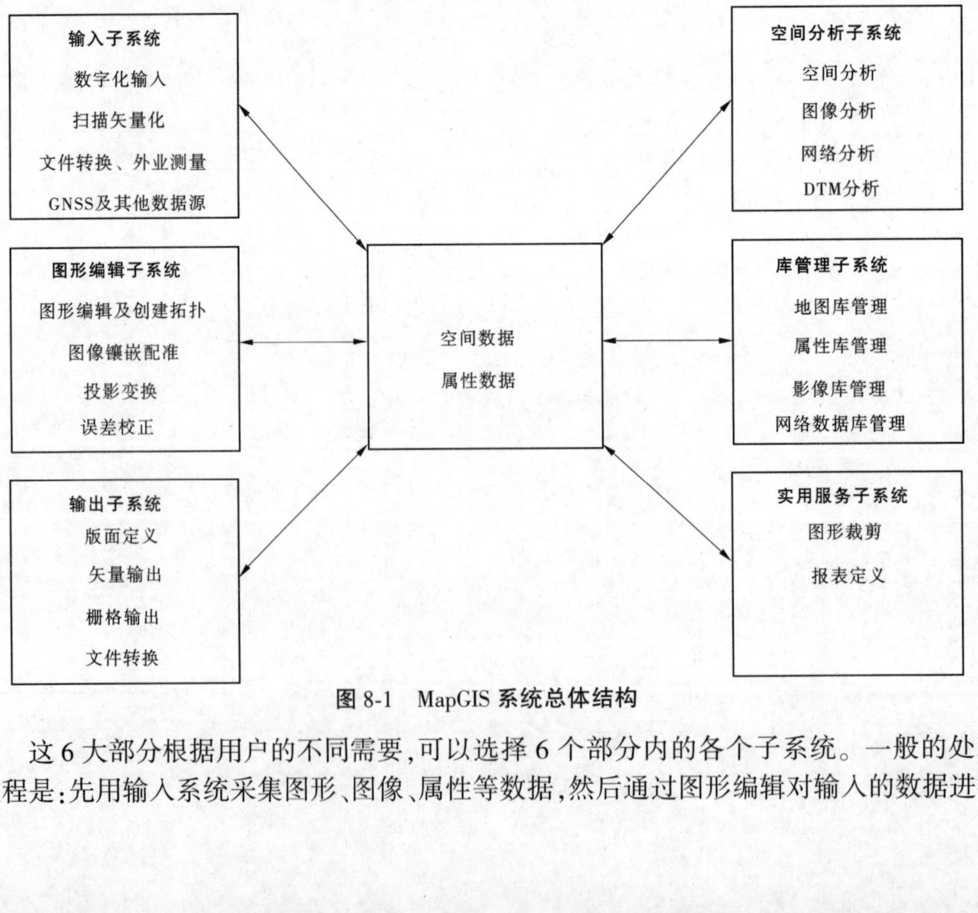

图 8-1　MapGIS 系统总体结构

这 6 大部分根据用户的不同需要,可以选择 6 个部分内的各个子系统。一般的处理过程是:先用输入系统采集图形、图像、属性等数据,然后通过图形编辑对输入的数据进行编辑和校准,通过库管理进行入库和库维护,接下来就可以通过空间分析来进行各种查询、分析、统计等操作,需要输出的图形、图像、报表等数据通过输出系统进行输出。

2 系统的特点

(1)以 Windows 为平台,采用 C++语言开发,用户界面友好,使用方便。

(2)支持大型网络数据库管理。

(3)具有扫描矢量化、数字化、GNSS、外业电子平板直接成图等几乎所有输入手段,具有完备的错误、误差校正方法。

(4)具有丰富的图形编辑工具及强大的图形处理能力。

(5)具有直观实用的属性动态定义编辑功能和多媒体数据、外挂数据库的管理能力。

(6)地图库管理系统具有较强的地图拼接、管理、显示、漫游和灵活方便的跨图幅检索能力,可管理多达数千幅地图。

(7)采用矢量数据和栅格数据并存的结构,两种数据结构的信息可以有效、方便地互相转换和准确套合。

(8)具有功能较齐全、性能优良的矢量空间分析、DTM 分析、网络分析、图像分析功能,以及拓扑空间查询和三维实体叠加分析能力。

(9)提供开发函数库,可方便地进行二次开发。

(10)具有齐全的外设驱动能力和国际标准页面描述语言 Postscript 接口,可输出符合地图公开出版质量要求的图件,并具有能自定义的、灵活的报表输出功能。

(11)电子沙盘系统提供了强大的三维交互地形可视化环境,利用 DEM 数据与专业图像数据,可生成近实时的二维和三维透视景观,通过交互地调整飞行方向、观察方向、飞行观察位置、飞行高度等参数,就可生成近实时的飞行鸟瞰景观。

(12)图像镶嵌配准系统提供了强大的控制点编辑环境,以完成图像的几何控制点的编辑处理,从而实时完成图像之间的配准,图像与图形的配准,图像的镶嵌,图像几何校正、几何变换、灰度变换等功能。

3 MapGIS 的主要功能

3.1 数据输入

MapGIS 提供的数据输入有数字化输入、扫描矢量化输入、GNSS 输入和其他数据源的直接转换。

3.1.1 数字化输入

数字化输入也就是实现数字化的过程,即实现空间信息从模拟式到数字式的转换,一般数字化输入常用的仪器为数字化仪。MapGIS 图形输入子系统的主要功能有设备安装及初始化功能、底图数字化输入功能、输入图元的平差校正功能、输入数据的显示功能、属性联接功能、属性数据的编辑功能。

3.1.2 扫描矢量化输入

扫描矢量化子系统,通过扫描仪输入扫描图像,然后通过矢量追踪,确定实体的空间位置。MapGIS 扫描矢量化的主要功能有图像格式转换功能、矢量跟踪导向功能、多种矢量化处理功能、自动识别功能、编辑校正功能。

3.1.3 GNSS 输入

GNSS 是确定地球表面精确位置的新工具,它根据一系列卫星的接收信号,快速地计算地球表面特征的位置。由于 GNSS 测定的三维空间位置以数字坐标表示,因此不需作任何转换,可直接输入数据库。

3.1.4 其他数据源的直接转换

MapGIS 升级子系统可接收低版本数据,实现相关版本数据的相互转换。MapGIS 还可以接收 AutoCAD、ARC/Info、MapInfo 等软件的公开格式文件。同时提供了外业测量数据直接成图功能。

3.2 数据处理

输入计算机后的数据及分析、统计等生成的数据在入库、输出的过程中常常要进行数据校正、编辑、图形的整饰、误差的消除、坐标的变换等工作。MapGIS 通过图形编辑子系统及投影变换、误差校正等子系统来完成。

3.2.1 图形编辑子系统

该系统用来编辑修改矢量结构的点、线、区域的空间位置及其图形属性,增加或删除点、线、区域边界,并适时自动校正拓扑关系。图形编辑子系统是对图形数据库中的图形进行编辑、修改、检索、造区等,它的主要功能有先进的可视化定位检索功能、灵活方便的线元编辑功能、功能强大的点元编辑功能、快速有效的面元编辑功能、图形信息的分层管理功能、强大的拓扑结构处理功能。

3.2.2 投影变换子系统

住房系统共提供了 20 种不同投影间的相互转换及经纬网生成功能。通过图框生成功能可自动生成不同比例尺的标准图框。

3.2.3 误差校正子系统

图形经扫描输入或数字化输入后,存在着变形或畸变。出现变形的图形,必须经过数据校正,消除输入图形的变形,才能使之满足实际要求,该系统就是为这一目的服务的。通过该系统即可实现图形的校正,达到实际需求。

3.2.4 镶嵌配准子系统

图像镶嵌配准子系统是一个 32 位专业图像处理软件,该系统以 MSI 图像为处理对象,具有实时完成图像之间的配准,图像与图形的配准,图像的镶嵌,图像几何校正、几何变换、灰度变换等功能。

3.2.5 符号库编辑子系统

符号库编辑子系统是为图形编辑服务的。它将图形中的文字、图形符号、注记、填充花纹及各种线型等抽取出来,单独处理,经过编辑、修改,生成子图库、线型库、填充图案库和矢量字库,自动存放到系统数据库中,供用户编辑图形时使用。其主要功能有形状多样的子图库编辑功能、各种线元的线型库编辑功能、花纹美丽的图案库编辑功能、专用符号库的生成功能。

3.3 MapGIS 数据库管理

MapGIS 数据库管理分为网络数据库管理、地图库管理、属性库管理和影像库管理 4

个子系统。

3.3.1 地图库管理子系统

图形数据库管理子系统是地理信息系统的重要组成部分。MapGIS 的图形数据库管理系统可同时管理数千幅地理地图,数据容量可达数十千兆,主要用于创建、维护地图库,在图幅进库前建立拓扑结构,对输入的地图数据进行正确性检查,根据用户的要求及图幅的质量,实现图幅配准、图幅校正和图幅接边。其主要功能有图库操作功能、图幅操作功能、信息查询功能、图幅剪取功能、图幅配准功能、图幅接边功能、图幅提取功能等,其还引入了"库类"的概念,建立了一种数据组织与管理的新方法,使得地图数据的存储与检索非常灵活。

3.3.2 属性库管理子系统

该系统能根据用户的需要,方便地建立一个动态属性库,从而成为一个有力的数据库管理工具。它的主要功能有动态建库功能、属性定义功能、记录编辑功能、多媒体属性库定义功能、专业库生成功能。

3.3.3 影像库管理子系统

该系统支持海量影像数据库的管理、显示、浏览及打印;支持栅格数据与矢量数据的叠加显示;支持影像库的有损压缩和无损压缩。

3.4 空间分析

地理信息系统与机助制图的重要区别就是它具备对空间数据和非空间数据进行分析与查询的功能,它包括矢量空间分析、数字高程模型(DEM)、网络分析、图像分析、电子沙盘 5 个子系统。

3.4.1 矢量空间分析子系统

矢量空间分析子系统是 MapGIS 的一个十分重要的部分,它通过空间叠加分析方法、属性分析方法、数据查询检索来实现 GIS 对地理数据的分析和查询。其主要功能有 DEM 数据分析、空间叠加分析、属性数据分析、综合查询检索、分析结果输出等功能。

3.4.2 数字高程模型子系统

该系统的主要功能有网格化、数据插密、绘制等值线图、绘制彩色立体图、剖面分析、面积体积量算、专业分析等功能。

3.4.3 网络分析子系统

MapGIS 网络分析子系统提供方便地管理各类网络(如自来水管网、煤气管网、交通网、电信网等)的手段;系统提供了丰富有力的网络查询检索及分析功能;系统还提供网络应用中具有普遍意义的关阀搜索、最短路径、最佳路径、资源分配、最佳围堵方案等功能,从而可以有效支持紧急情况处理和辅助决策。

3.4.4 图像分析子系统

多源图像处理分析系统能处理栅格化的二维空间分布数据,以及通过数据化和网格化的地质图、地形图,各种地球物理、地球化学数据和其他专业图像数据。

3.4.5 电子沙盘子系统

该系统提供了强大的三维交互地形可视化环境,利用 DEM 数据与专业图像数据,可生成近实时的二维和三维透视景观,通过交互地调整飞行方向、观察方向、飞行观察位置、飞行高度等参数,就可生成近实时的飞行鸟瞰景观。该系统提供了强大的交互工具,可实时地调节各三维透视参数和三维飞行参数;此外,系统也允许预先精确地编辑飞行路径,然后沿飞行路径进行三维场景飞行浏览。

3.5 数据的输出

GIS 的输出产品是指经系统处理分析,可以直接提供给用户使用的各种地图、图表、图像、数据报表或文字报告。MapGIS 的数据输出可通过输出子系统、报表定义输出系统、数据转换系统来实现文本、图形、图像、报表等的输出。

3.5.1 输出子系统

MapGIS 输出子系统可将编排好的图形显示到屏幕上或在指定的设备上输出。该系统功能有版面编排功能、数据处理功能、不同设备的输出功能、光栅数据生成功能、光栅输出驱动功能、印前出版处理功能。

3.5.2 报表定义输出系统

该系统是一个强有力的多用途报表应用程序。应用该系统可以方便地构造各种类型的表格与报表,并在表格内随意地编排各种文字信息,并根据需要打印出来。它可以实现动态数据链接,接收由其他应用程序输出的属性数据,并将这些数据以规定的报表格式打印出来。

3.5.3 数据转换系统

该系统功能为 MapGIS 系统与其他 CAD、CAM 软件系统间架设了一道桥梁,实现了不同系统间所用数据文件的交换,从而达到数据共享的目的。输入、输出交换接口提供将 AutoCAD 的 *.dxf 文件,ARC/Info 文件的公开格式、标准格式、E00 格式及 DLG 文件转换成本系统内部矢量文件结构的能力,以及反向转换的能力。

第2节 图形输入

1 基本概念

MapGIS 把矢量地图要素根据基本几何特征分为3类:点数据、线数据和区数据(面数据)。与之相应的文件也分为3个基本类型:点文件(*.wt)、线文件(*.wl)和区文件(*.wp)。为了有效地管理和利用空间数据,引入了“工程”及“图层”的概念。

1.1 点

点是地图数据中点状物的统称,是由一个控制点决定其位置的符号或注释。它不是一个简单的点,而是包括各种注释(英文、汉字、数字等)和专用符号(包括圆、弧、直线、五角星等各类符号)。所有的点图元数据都保存在点文件(*.wt)中。

1.2 线

线是地图中线状物的统称。MapGIS 将各种线型(如点画线、省界、国界、等高线、道路、河堤)以线为单位作为线图元来编辑。所有的线图元数据都保存在线文件(*.wl)中。

1.3 区

区通常也称面，它是由首尾相连的弧段组成封闭图形，并以颜色和花纹图案填充封闭图形所形成的一个区域，如湖泊、居民地等。所有的区图元数据都保存在区文件(*.wp)中。

1.4 工程

工程是对 MapGIS 要素层管理和描述的文件，它提供了对 GIS 基本类型文件和图像文件的有机结合的描述。它可由一个以上的点文件、线文件、区文件和图像文件(*.msi)组成。

1.5 图层

用户按照一定的需要或标准把某些相关的物体组合在一起，称为图层。如地理图中水系构成一个图层，道路构成一个图层等。

2 图形输入的准备工作

2.1 系统设置

在运行各子系统前，最好先进行系统设置，即设置好工作目录、矢量字库目录、系统库目录和系统临时目录，如图 8-2 所示。

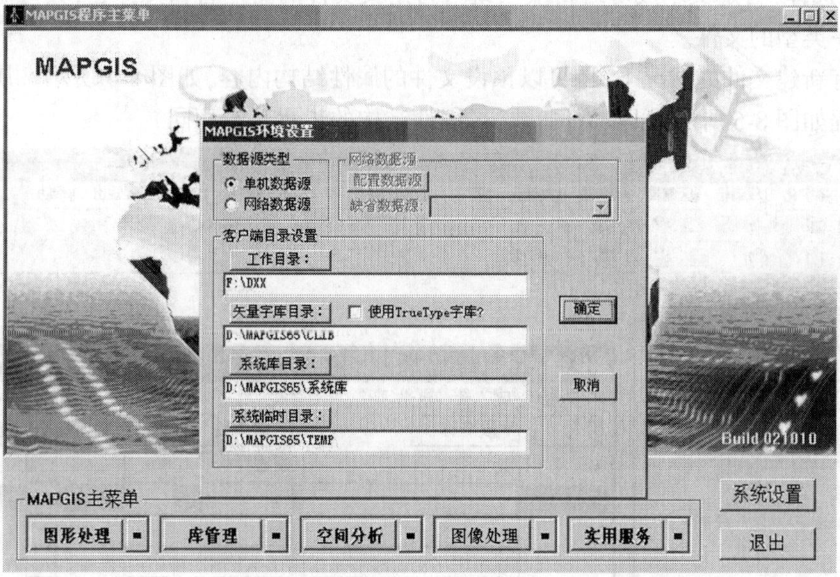

图 8-2 系统设置

2.2 新建工程

在进行数据输入之前，首先需要新建工程文件，用来对文件进行管理。“新建工程”即为创建一个新的工程，选择此功能，系统会弹出如图 8-3 所示的对话框。

系统要求在新建工程时，先设置好一个地图参数，作为以后在添加文件时比较的标准，不一样时要进行投影变换或修改地图参数，以保证工程中所有文件的地图参数一致。设置的地图参数内容可以从其他已存在的文件中得到，也可以自己设置。

用户可通过下面 3 种方式新建工程：

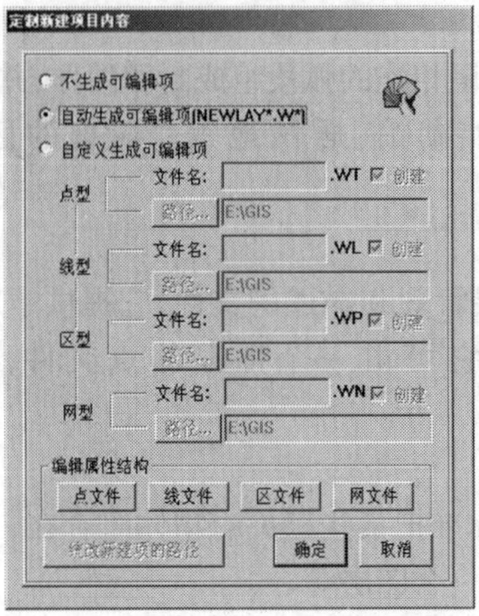

图 8-3 MapGIS 新建工程初始状态

(1)若选择"不生成可编辑项",则生成一个没有文件的空工程。

(2)若选择"自动生成可编辑项[NEWLAY＊.W＊]",则会生成包括3个缺省文件的工程(newlay.wp、newlay.wl、newlay.wt)。

(3)选择"自定义生成可编辑项",既可自定义文件的路径名和文件名,又可定义是否创建某一类型的文件。

在有新建文件的情况下,还可以预设文件的属性结构内容,如图8-4所示。属性结构编辑流程如图8-5所示(以点为例,线、区属性结构的步骤基本相同)。

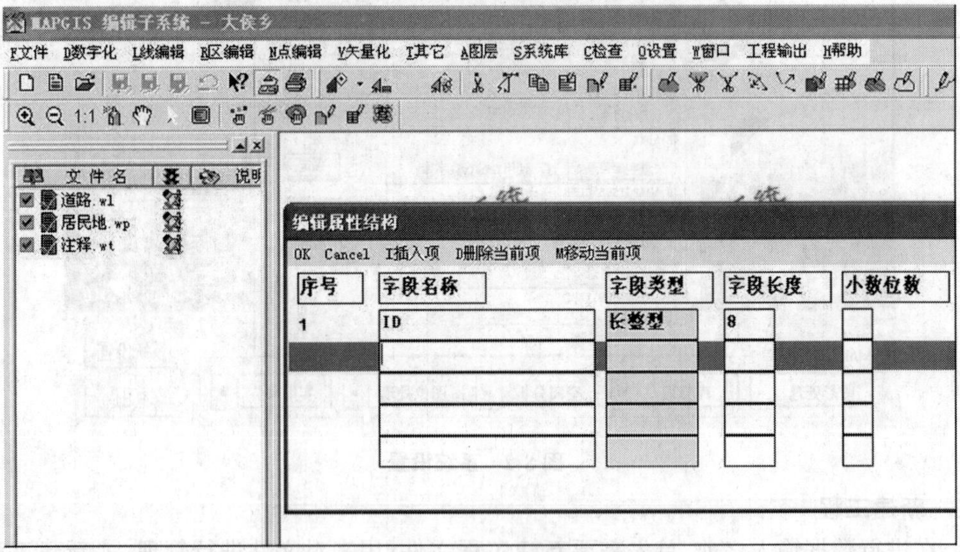

图 8-4 属性结构编辑

不管采取3种方式中的哪一种创建工程,在新建工程后的界面中,窗口都被分为左右两个部分,窗口的左半部分简称左窗口,右半部分简称右窗口。其中,左窗口的主要作用是对工程中的文件进行管理,工程中的文件显示状态包括关闭、打开、可编辑、当前编辑4种;右窗口的主要作用则是对文件中的图元进行管理;整个窗口上面的菜单都是对文件中

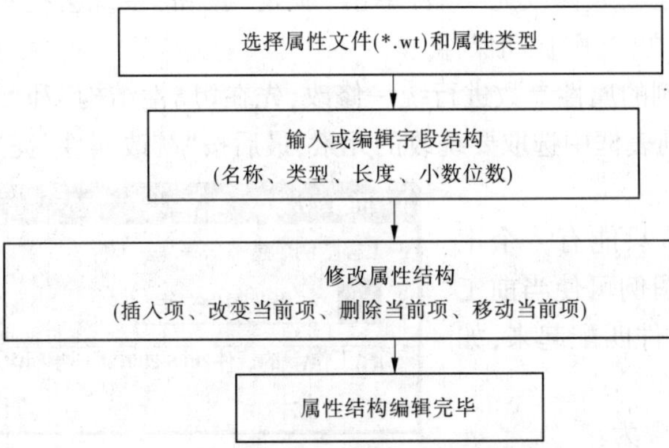

图 8-5 属性结构编辑流程

的图元进行操作的,所以菜单是否激活与左窗口是否激活紧密相关。

2.3 新建工程图例

2.3.1 图例的主要作用

(1)对于每个工程文件,一般都有它特定的实际应用意义,它所涉及图元的类型也是有限的,并且有特殊的含义。因此,有必要提供一个与其相对应的图例文件以存储这些经过用户自己定义、有特殊含义的图元类型。

(2)提供图例板检索功能。如在数据录入时,在输入另一类图元之前,图例板可以直接提供该类图元的固定参数,提高工作效率。

2.3.2 建立工程图例

进行图形编辑前,首先应该认真读图,整理归类出图中用到的各种图元的参数和属性,并以此为基础建立完备的工程图例。建立工程图例时,系统会弹出如图 8-6 所示的对话框。添加图例的具体步骤如下:

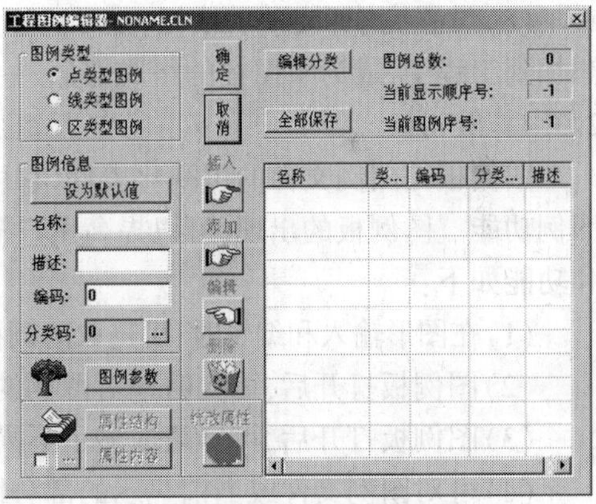

图 8-6 图例文件编辑对话框

(1)选择图例类型。不同类型的图元对应不同类型的图例,在此以选择点类图例为例。

(2)输入图例的名称、描述信息和分类码。

(3)设置图例图形参数。首先选择点类型,然后输入点图元的各个参数。

(4)编辑属性结构和属性内容。工程图例中的属性结构和属性内容与点、线、区菜单下的有所不同,当对图例中的属性结构和属性内容进行修改时,并不影响文件中图元的属性结构和属性内容,它只作为图例元素的一部分信息保存在图例文件中。

(5)用鼠标左键单击“添加”按钮,将所选的点图元添加到右边的列表框中。如果要修改某个图例,可先用鼠标激活图例再单击“编辑”按钮,或者用鼠标双击列表框中的图例,这样系统就可切换到图例的编辑状态,从而可对图例参数及属性结构和属性内容进行修改。用鼠标单击“确定”按钮,可对修改的内容进行确认。

(6)当工程图例已建立或修改完毕后,单击“确定”按钮,系统会提示您保存图例文件。若是编辑已有图例文件,则自动保存。

(7)可对选取的图例的属性参数进行统一修改,先在“属性结构”和“属性内容”中输入相应的值,再在图例列表框中选取要统改的元素,最后按“统改属性”完成修改。

2.3.3 关联工程图例

一个工程(*.mpj)只能有一个工程图例文件,关联工程图例可使当前工程与指定的工程图例文件匹配起来,如图8-7所示。

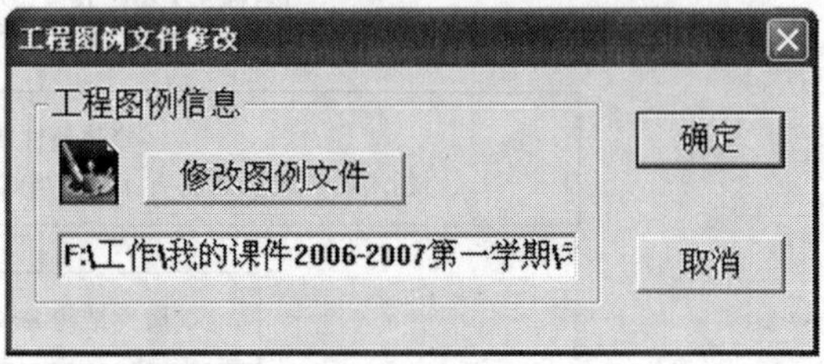

图8-7 关联工程图例文件对话框

关联工程图例的步骤为:

(1)选择CLN图例文件,将它添加到工程中,作为图幅的图例;

(2)设置CLN图例文件,出现在工程文件中的文件名和路径;

(3)选择符合自己意愿的图例边框;

(4)确定图例集合在图幅中的位置和大小,缺省位置在图幅的左下角;

(5)选择图例的排列方式,以行优先是指图例从左到右排列,以列优先是指图例从上到下排列;

(6)输入合适的图例显示参数;

(7)设置标题及脚注的位置、内容、参数;

(8)设置完毕,按预示按钮,预示一下结果,满意后,再按“创建”按钮,这样就把图例添加到工程中,成为了图幅的组成部分。

2.3.4 图例板

图例板是图例文件的可视化表现,它可按照不同的方式显示,同时提供部分现场修改图例功能。图例板的出现,可以提高用户输入和编辑数据的速度与效率。图例板的操作和功能如下:

(1)在图形输入和编辑时,可选取图例板中的不同图例元素,进行相应的修改和赋值;

(2)图例板打开后,可实时地对图例的某些参数进行编辑修改;

(3)图例板打开后,可屏蔽或显示不同类型的图例元素;

(4)可对图例文件或当前显示的部分图例内容进行保存;

(5)显示图例内容提示,当鼠标移到不同图例的位置时,显示一个ToolTip,内容为每个图例名称、描述、类型、大小等信息;

(6)每个图例上方的标题,可以显示为“图例名称”或“图例分类码”两种内容。

3 图形输入

MapGIS提供了数字化仪输入、扫描矢量化输入、GNSS输入、其他数据源的数据接口、野外数字测图等多种灵活方便、开放、高效的图形输入方式。在这里主要介绍扫描矢量化输入。

3.1　矢量化流程

矢量化流程如图 8-8 所示。在 MapGIS 中可用二值扫描、灰度扫描或彩色扫描图件。

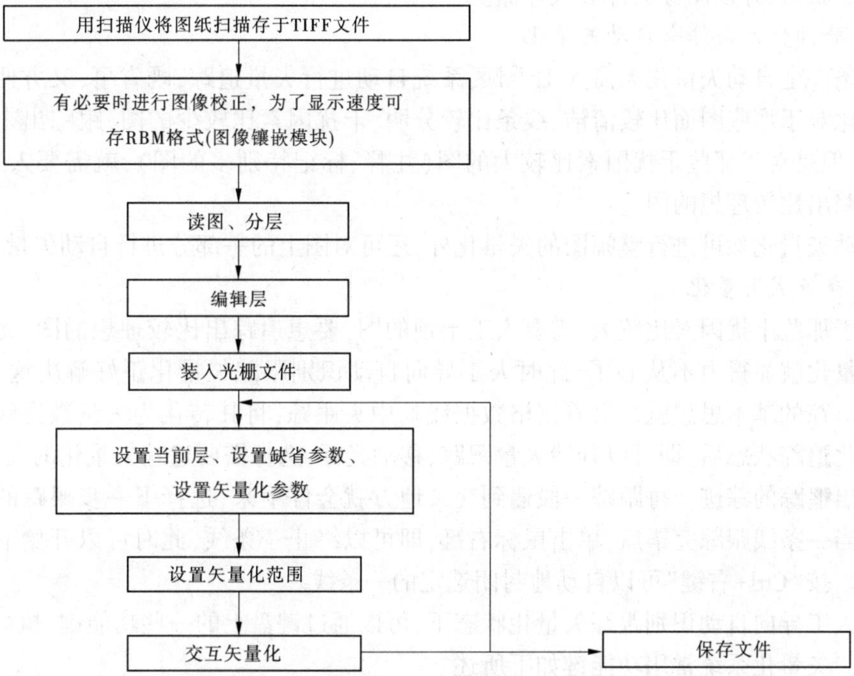

图 8-8　矢量化流程

3.2　矢量化系统的文件操作

(1)装入光栅。可以直接处理 TIFF(非压缩)格式的图像文件,也可接受经过 MapGIS 图像处理系统处理得到的内部格式(RBM)文件。该功能就是将扫描原图的光栅文件或将前次采集并保存的光栅数据文件装入工作区,以便接着矢量化,此时将清除工作区中原有光栅数据。

(2)保存光栅。将工作区中的光栅数据存成 MapGIS 系统的内部格式(RBM)文件。在矢量化的过程中,若设置"自动清除处理过光栅"选项,则工作区中的光栅图像会发生变化;另外,当进行"光栅求反"操作后,工作区中的光栅图像也会发生变化。为了保存修改后的图像,就得选择该功能来保存光栅图像文件。

(3)清除光栅。清除工作区中的光栅文件。

(4)光栅求反。将工作区中的二值或灰度图像进行反转(Invert),如使二值图像的白色变为黑色,黑色变为白色。

3.3　矢量化参数设置

(1)设置矢量化范围:包括全图范围和窗口范围两种。全图范围指矢量化操作在全图范围内有效;窗口范围指矢量化操作在定义窗口范围内有效。

(2)设置矢量化参数:包括抽稀因子、同步步数、自动清除处理过光栅、细线、中线、粗线等参数的设置。

3.4 矢量化

矢量化是把读入的栅格数据通过矢量跟踪转换成矢量数据。栅格数据可通过扫描仪扫描原图获得,并以图像文件形式存储。

3.4.1 非细化无条件全自动矢量化

无条件全自动矢量化无需人工干预,系统自动进行矢量追踪,既省事,又方便。全自动矢量化对于那些图面比较清洁、线条比较分明、干扰因素比较少的图,跟踪出来的效果比较好,但是对于那些干扰因素比较大的图(注释、标记特别多的图),就需要人工干预,才能追踪出比较理想的图。

自动矢量化除可进行整幅图的矢量化外,还可对图上的一部分进行自动矢量化。

3.4.2 交互式矢量化

对于那些干扰因素比较大,需要人工干预的图,要想追踪出比较理想的图,无条件全自动矢量化就显得力不从心了,此时人工导向自动识别跟踪矢量化正好解决这个问题。矢量化追踪的基本思想就是沿着栅格数据线的中央跟踪,将其转化为矢量数据线。当进入矢量化追踪状态后,即可以开始矢量跟踪,移动光标,选择需要追踪矢量化的线,屏幕上即显示出追踪的踪迹。每跟踪一段遇到交叉地方就会停下来,选择下一步跟踪的方向和路径。当一条线跟踪完毕后,单击鼠标右键,即可以终止一条线,此时可以开始下一条线的跟踪。按"Ctrl+右键"可以自动地封闭选定的一条线。

在人工导向自动识别跟踪矢量化状态下,可以通过键盘上的一些功能键,执行所需要的操作。矢量化系统常用功能键如下所述。

F4键(高程递加):这个功能是供进行高程线矢量化时,为各条线的高程属性进行赋值时使用的。在设置了高程矢量化参数后,每按一次F4键,当前高程值就递加一个增量。

F5键(放大屏幕):以当前光标为中心放大屏幕内容。

F6键(移动屏幕):以当前光标为中心移动屏幕内容。

F7键(缩小屏幕):以当前光标为中心缩小屏幕内容。

F8键(加点):用来控制在矢量跟踪过程中需要加点的操作。按一次F8键,就在当前光标处加一点。

F9键(退点):用来控制在矢量跟踪过程中需要退点的操作,每按一次F9键,就退一点。有时在手动跟踪过程中,由于注释等的影响,使跟踪发生错误,这时通过按F9键,进行退点操作,消去跟踪错误的点,再通过手动加点跟踪,即可解决。

F11键(改向):用来控制在矢量跟踪过程中改变跟踪方向的操作。按一次F11键,就转到矢量线的另一端进行跟踪。

F12键(抓线头):在矢量化一条线开始或结束时,可用F12功能键来捕捉须相连接的线头。

3.4.3 封闭单元矢量化

对于地图上的居民地等一些图元,它的本身是封闭的。然而,由于内部填充的阴影线等内容,无论无条件全自动或人工导向自动识别跟踪矢量化都无法将其一次完整地矢量化出来,这时选用封闭单元矢量化功能就能将其完整地矢量化出来。

封闭单元矢量化功能有两项选择:一种是以这个光栅单元的外边界为准进行矢量化;另一种是以边界的中心线为准进行矢量化。

3.4.4 高程自动赋值

这是快速等高线赋值方法,具体操作如下:

(1)在线编辑中,修改线属性结构,加高程字段,字段类型必须是浮点型;

(2)设置高程参数;

(3)自动赋值。

用鼠标拖出一条橡皮线,系统弹出高程设置对话框要求用户设置当前高程、高程增量和高程域名,然后系统将凡与该橡皮线相交的等高线,根据已设置的“当前高程”为基值,自动逐条按“高程增量”递增赋值,原先若有值,则被自动更新高程。

第 3 节 图形编辑

1 设置

设置菜单为图形编辑提供了辅助手段。主要内容有坐标点可见、弧段可见、还原显示、数据压缩存盘、拓扑重建时搜子区、符号编辑框可见、使用十字大光标、透明显示、用户定制菜单、目录设置、设置系统参数、工作区信息、编辑地图参数、选择背景色及光标色。用户可根据要求和需要进行设置,选择或设置该选择项时就在前边打“√”。

2 图形编辑

图形编辑是一个很重要的环节,在数字化和矢量化操作中,由于系统和人工的因素造成数据存在误差,编辑过程必不可少。图形编辑主要包括点、线、区图元的编辑,拓扑处理、系统库编辑、图形剪裁等。

2.1 数据编辑

2.1.1 点编辑

(1)编辑指定图元:用户输入将要编辑的点号,编辑器将此点加亮,然后用户可进入其他点编辑功能,对该点进行编辑。

(2)输入点图元:点图元有注释、子图、圆、弧、图像、版面 6 种类型。输入点图元时有几种方式。每一种图元对应着几种相应的输入方式,当选择图元类型时,系统会自动显示图元的输入方式。

(3)删除点:删除一个点或一组点。

(4)移动点:移动一个点或一组点。

(5)移动点坐标调整:首先捕捉操作点对象,然后按下左键拖动点对象到大概位置后放开左键,此时弹出一对话框,用户可精确调整纵、横坐标位移量。

(6)复制点:复制一个点或一组点。

(7)阵列复制点:对点阵列复制。具体操作见“阵列复制线”。

(8)点定位:将指定的点移到指定的位置。

(9)对齐坐标:用一拖动过程定义一窗口来捕获一组点图元,将捕获的所有点在垂直方向或水平方向排成一直线。它分“垂直方向左对齐”“垂直方向右对齐”和“水平方向对齐”3 项子功能。

(10)剪断字串:将一个字串剪断,使之成为两个字串。

(11)连接字串:将两个字串连接起来,使之成为一个字串。

(12)修改图像:用鼠标左键来捕获图像,修改插入图像的文件名。

(13)修改文本:用鼠标左键来捕获注释或版面,修改其文本内容。

(14)改变角度:用鼠标左键来捕获点,再用一拖动过程定义角度来修改点与 X 轴之间的夹角。

2.1.2　线编辑

线编辑是图形编辑中很重要的一个环节。用户通过数字化和矢量化操作,开始进入系统的都是线类图元及区域的边界。利用线编辑,可以修改线元的空间数据,其中包括增删线、改变线的空间位置,剪断线、产生平行线、拷贝线等功能,也可以编辑、修改线参数,还可以编辑和输入线属性,对所有线图元的编辑操作都在该功能菜单下。线编辑的菜单如图 8-9 所示。

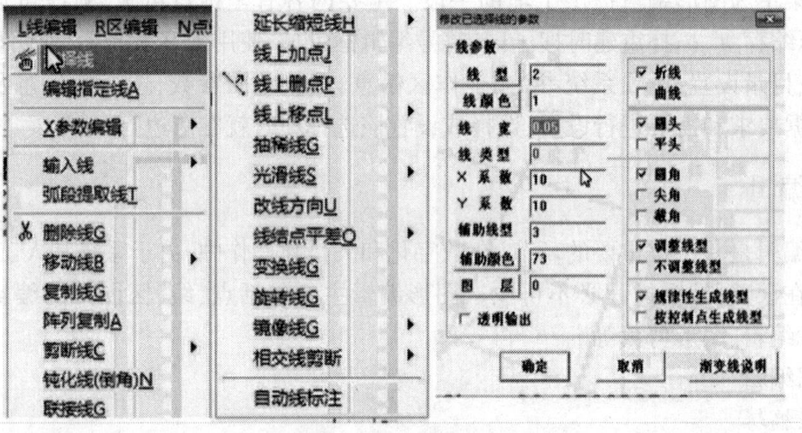

图 8-9　线编辑菜单

(1)编辑指定的线:用户输入将要编辑的线的序号,编辑器将此线闪烁,然后用户可再进入其他线编辑功能,对该线进行编辑。

(2)删除线:删除一条线——捕获一条线将之删除。删除一组线——在屏幕上开一个窗口,将窗口捕获到的所有线全部删除。

(3)移动线:移动一条线——单击鼠标左键捕获一条线,移动鼠标将该线拖到适当位置按下左键即完成移动操作。移动一组线——在屏幕上,用窗口(拖动过程)捕获若干线,按下鼠标左键,拖动鼠标光标到指定的位置松开鼠标即可。

(4)移动线坐标调整:在屏幕上,用窗口(拖动过程)捕获若干线,按下鼠标左键,拖动鼠标光标到指定的位置松开鼠标后,屏幕弹出具体移动的距离,供用户修改。

推移线:移动光标指向要移动的线,按下鼠标左键捕获该线,拖动鼠标光标到指定的位置松开鼠标后,屏幕弹出具体移动的距离,供用户修改。

(5)复制线:复制一条线——捕获一条线,移动鼠标将该线拖到适当位置按下左键将其复制之。继续按左键将连续复制直到按右键。复制一组线——复制一组线操作过程可分解为两个拖动过程,第一个拖动过程确定一个窗口,落入此窗口的所有线为将要被复制的线;第二个拖动过程确定复制线的移动的增量。

(6)阵列复制线:在屏幕上,用窗口(拖动过程)捕获若干曲线,并将它们作为阵列的一个元素进行拷贝。依次输入行、列数及 X、Y 方向距离值后系统将完成拷贝工作。

(7)剪断线:在屏幕上将曲线在指定处剪断,将一条曲线变成两条曲线。

(8)钝化线:对线的尖角或两条线相交处倒圆。

(9)连接线:将两条曲线连成一条曲线。

(10)延长、缩短线:对线延长或缩短。

(11)线上加点:在曲线上增加数据点,改变曲线形态。

(12)线上删点:删除曲线上的原始数据点,改变曲线的形状。

(13)线上移点:在曲线上移动数据点,改变曲线形态。

(14)造平行线:在屏幕上对选定曲线按给定距离形成平行线。执行这项功能时,系统会提示输入产生的平行线与原线的距离,距离以 mm 为单位。

(15)光滑线:利用 Bezier 样条函数或插值函数对曲线进行光滑处理。选择该功能后,系统即弹出光滑参数选择窗口,由用户选择光滑类型并设置光滑参数。

(16)抽稀线:选择合适的抽稀因子对"一条线"或"一组线"进行数据抽稀,从而在满足精度要求的基础上达到减少数据量的目的。

(17)改线方向:改变选定的曲线的行进方向,变成它的反方向。

(18)线节点平差:对于在节点处没有闭合或吻合的线,将它们在交叉处的端点按照一定的匹配半径捏合起来,成为一个真正节点。

(19)放大线:可以放大一条线及一组线。

(20)旋转线:可以旋转一条线及一组线。选中线,然后确定旋转中心并拖动鼠标,所选线即跟着转动,到合适位置后放开鼠标,即得到旋转后的结果。

(21)镜像线:可镜像一条或一组线,分别可对 X 轴、Y 轴、原点进行镜像,选好以上基本要求后,即可选择欲镜像的线,然后确定轴所在的具体位置,系统即在相关位置生成新的线。

2.1.3 区编辑

区编辑是图形编辑中很重要的一个环节。它包括区的形成及其属性的编辑等。它能辅助用户提高绘图精度,协助用户利用计算机速度快、色彩丰富的特点和多样化的图示技术,寻求图形的最佳表现形式。熟练地掌握区编辑,对于提高编辑效率有很大的帮助。区编辑的菜单如图 8-10 所示。

(1)编辑指定区图元:用户输入将要编辑的区的号码,编辑器将此区黄色加亮,然后用户可再进入区编辑功能,可对该区进行编辑。

(2)输入区:用来在屏幕上,以选择的方式构造多边形(面元)。为了生成区域,首先要有构成区的曲线(弧段),在输入区之前,这些弧段应经过"剪断""拓扑查错""节点平差"等前期处理,否则造区失败。

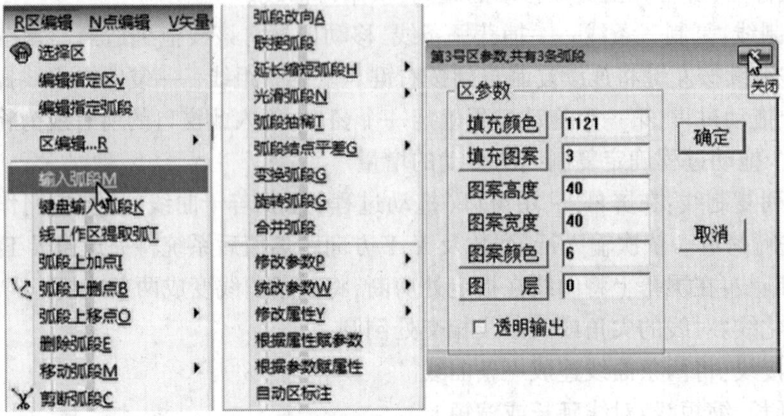

图 8-10　区编辑菜单

(3)查组成区的弧段:选取此功能菜单后,选定一区域,则弹出窗口显示所选定区域的弧段编号及相关节点。

(4)挑子区(岛):挑子区的操作非常简单,选中母区即可,由编辑器自动搜索属于它的所有子区。

(5)删除区:删除一个区或一组区。

(6)区镜像:有镜像一个、一组两种选择,分别可对 X 轴、Y 轴、原点进行镜像,选好以上基本要求后,即可选择欲镜像的区,然后确定轴所在的具体位置,系统即在相关位置生成一个新的区。

(7)复制区:复制一个区或一组区。

(8)阵列复制区:在屏幕上,用窗口(拖动过程)捕获若干区,并将它们作为阵列的一个元素进行拷贝。依次输入行、列数及 X、Y 方向距离值后系统将完成拷贝工作。

(9)合并区:该功能可将相邻的两个面元合并为一个面元。

(10)分割区:该功能可将一个面元分割成相邻的两个面元。

(11)自相交检查:面元自相交检查是检查构成面元的弧段之间或弧段内部有无相交现象。

2.1.4　参数编辑

参数编辑包括点参数编辑、线参数编辑、区和弧段参数编辑。

(1)点参数编辑。用于对点图元的属性进行修改或对系统的缺省参数进行修改、设置,以及对注释的文本内容进行修改。点图元参数编辑包括注释参数、子图参数、圆参数、弧参数、图像参数和版面,也包括改变点元内容、颜色、角度、大小等图形参数。

(2)线参数编辑。用于对线图元的属性参数进行修改和设置缺省参数,主要内容有修改线参数、统改线参数、编辑图元属性结构和根据参数赋属性等。

(3)区和弧段参数编辑。区和弧段的参数及属性是一样的,主要内容有修改参数、统改参数、修改属性、根据属性赋参数和根据参数赋属性等。

2.2 拓扑处理

2.2.1 弧段编辑

组成区域边界的曲线段称为弧段,弧段编辑属于区域几何数据的编辑。它的功能包括纠正弧段上的偏离点,增加、删除弧段,改正"造区域"中反向的弧段等。弧段编辑主要用来修改区域形态。将该编辑功能与"窗口"技术相结合,可以精确修正区域边界线,以提高绘图精度。

弧段编辑的具体操作和线编辑一样,这里不再赘述。弧段编辑之后,编辑器会更新与之相关的区。为了将弧段显示在屏幕上,在编辑弧段时,需在"选择"菜单中打开"弧段可见"选项,即弹出相关命令。

2.2.2 拓扑处理工作流程

(1)数据准备。将原始数据中那些与拓扑无关的线(如航线、铁路等)放到其他层,而将有关的线放到一层中,并将该层保存为一新文件,以便进行拓扑处理。

(2)预处理。用户用数字化仪或矢量化工具得到的原始数据是线数据(*.wl)。进行拓扑处理前,须进行预处理,其核心工作是将线数据转为弧段数据(*.wp)(这时还没有区),存入某一文件名下,然后将之装入。此后就可以做拓扑处理的工作了。

为了纠正数据的数字化误差或错误,在执行线转弧段的前后可以选择执行以下功能:编辑线、自动剪断、自动平差等,具体的先后次序不难从功能项中推知,如"自动线节点平差"应在"线自动剪断"后,"自动剪断线"只对线文件起作用,因此要运用"自动剪断"功能,应在线转弧段前执行,或将弧段转换为线后再执行。在执行这些功能时,可按下面的顺序进行:

自动剪断线→清除微短线→清除线重叠坐标→自动线节点平差→线转弧段→装入转换后的弧段文件→拓扑查错。

在进行操作处理时应注意:自动节点平差时应正确设置"节点搜索半径"。半径过大,会使相邻节点缀合在一起造成乱线的现象。反之,半径过小,起不到节点平差作用。

(3)拓扑查错。可以执行查错操作,根据查错系统的提示改正错误。

(4)重建拓扑。若认为所有的预处理工作做好了,执行"重建拓扑"这个功能项,系统随即自动构造生成区,并建立拓扑关系。拓扑处理时,没有必要注意那些母子关系,当所有的区检索完后,执行子区检索,系统自动建立母子关系,不须人工干预。当拓扑建立后,人工手动建立的区,且有区域套合关系时,就得执行"子区检索"功能。

2.3 系统库编辑

系统库编辑主要提供了对子图库、填充图案库、线型库和颜色库的编辑功能。对系统库中已有的子图、图案、线型,只要给出相应的代号和参数,该编辑系统就可以从库中调出;若库中没有需要的子图、图案、线型,那么就要编辑生成新的,然后存到库中。利用"符号库拷贝"功能可以实现不同符号库之间符号的拷贝、增删、重组,从而为用户实现不同符号库间的符号交换和组合优化提供方便。

2.3.1 系统库编辑步骤

(1)若是编辑修改库中已有的库内容,则直接到"编辑子系统"中的"其他"菜单下选择"编辑符号库"功能,将需要编辑的子图、图案、线型提取出来。

(2)若是编辑新的子图、图案或线型,则在文件菜单下选择装入点、线、面文件进行编辑,或直接在屏幕上输入生成。

(3)"其他"菜单下选择"符号编辑框可见"功能将符号编辑框打开,用"修改符号编辑框"将编辑框移动及改变大小至合适的位置。编辑框的中心线和中间的十字点分别控制着符号的基线(如线型的基线)和符号的中心点(如子图的中心点)。

(4)用系统中的点、线、面编辑功能进行相应的编辑。

(5)编辑完毕,将编辑好的图元保存到相应的库中,成为系统库中的子图、图案或线型。

2.3.2 符号处理

(1)提取原有符号。从子图符号库中选择或浏览已有的符号,其选择窗口如同编辑系统中的符号选择窗。被选中的符号在编辑窗口中显示,其符号的各个单元被展开成MapGIS标准内部格式,存于编辑系统当前的点、线、面工作区中,可在编辑子系统中进行处理。

(2)查询符号参数。从符号库中选择一个符号。被选中的符号在编辑窗口中展开成MapGIS标准格式并显示的同时,系统弹出信息窗口逐项显示符号中各个单元的参数,此时同时完成符号的展开工作。

注意:在提取和查询符号时,都会先清除编辑系统当前的点、线、面工作区,因此在这之前必须做好存盘工作。

(3)保存符号。将编辑好的点、线、区文件作为符号保存到符号库中。保存符号时,系统弹出"符号保存参数"输入窗口。用户确认后,系统将点、线、区文件转换成符号库格式保存到符号库中,其中可变色在库中将以白色显示。

(4)符号库拷贝。一般来说,一套符号库中不可能包括各种符号,用户做不同类型的图时,可积累生成不同类型的符号库,如旅游符号库、地质符号库、规划设计符号库等。MapGIS系统本身仅带了一套基本的符号库(包括子图库、线型库和图案库),而且系统在运行时,只允许有一套符号处于当前运行状态,同时,这些库位于用户指定的系统库目录下,其名字都是系统约定固定不变的。其中:图案库,FILLGRPH. LIB;线型库,LINESTY. LIB;子图库,SUBGRAPH. LIB。

所以,用户在重新建立或生成另一套不同的符号库时,一般情况下,应重新建立一个目录,将其以如上的文件存储,然后在系统环境设置中,将"系统库目录"设置指向该目录,系统即可使用该目录下的符号。

2.3.3 图案处理

(1)提取原有图案。从图案库中选择或浏览已有的图案,被选中的图案在编辑窗口中显示,其图案的各个单元被展开成MapGIS标准内部格式,存于编辑系统当前的点、线、面工作区中,可在编辑子系统中处理。

(2)查询图案参数。从图案库中选择一个图案。被选中的图案在编辑窗口中展开成MapGIS标准格式并显示的同时,系统会弹出信息窗口显示图案中各个图元的参数,此时同时完成图元的展开工作。

(3)保存图案。将编辑好的点、线、区文件作为图案保存到图案库中。保存图案时,系统弹出“图案保存参数”输入窗口。图案保存的参数与子图保存相似,所不同的是,图案的原点位置固定为左下角。

2.3.4 线型处理

(1)提取原有线型。从线型库中选择或浏览已有的线型,被选中的线型在编辑窗口中显示,其各个单元被展开成MapGIS标准内部格式,存于编辑系统当前的点、线、面工作区中,可在编辑子系统中处理。

(2)查询线型参数。从线型库中选择一个线型。被选中的线型在编辑窗口中展开成MapGIS标准格式并显示的同时,系统会弹出信息窗口显示线型中各个图元的参数。

(3)保存线型。将编辑好的点、线、区文件作为线型保存到线型库中。系统弹出“线型保存参数”输入窗口。

2.3.5 符号编辑框

当MapGIS编辑系统库中的子图、图案、线型时,以“符号编辑框”为准,符号编辑框实际上是一个带标记的绿色方框,中间有一个小“+”,编辑框的水平中心线和中间的十字点分别控制着符号的基线(如线型的基线)和符号的中心点(如子图的中心点)。在保存符号时,都将以“符号编辑框”为准,将其规整为一个单位大小。

(1)符号编辑框可见:是系统的选择项,在“选择”菜单中。当该选项被选中后,系统在屏幕中央显示符号编辑框,被编辑或装入的符号,都将被显示在该方框内。

(2)修改符号编辑框:为了使符号编辑框满足符号的大小及修改中心点的位置,可选择该功能。在执行该功能前,首先将符号编辑框显示在屏幕上。执行该功能时,若用鼠标直接抓取方框内的任一位置,都可以移动方框的位置,通过移动方框的位置,可使方框落在符号上。若抓取方框的四角,则为修改方框的大小。此时,用户可自由设置方框的大小,使其能包含整个符号。当方框的大小改变时,中心点的位置也跟着改变。

2.4 图形裁剪

图形裁剪程序提供对图形(点、线、区)文件进行任意裁剪的手段。裁剪方式有内裁剪和外裁剪。内裁剪即裁剪后保留裁剪框里面的部分,外裁剪则是裁剪后保留裁剪框外面的部分。图形剪裁窗口如图8-11所示。

2.4.1 定义、编辑裁剪框

在裁剪之前,必须先定义裁剪框,定义裁剪框可用下列方法之一:

(1)用图形编辑系统中的造线、修改层号、改当前层、存当前层等功能编辑裁剪框,存到线文件中,然后进入裁剪程序进行裁剪。

(2)在裁剪程序中,装入被裁剪文件,对照被裁剪文件,用编辑裁剪框功能直接编辑、修改裁剪框。编辑裁剪框的步骤如下:

①“装入裁剪框”将裁剪框文件(.wl)装入内存,作为当前裁剪框。

②“造点”指用鼠标造裁剪框,选中“造点”菜单后,光标变为十字光标,移动鼠标,按一次鼠标左键,造一个点,按鼠标右键结束造点。

③“改点”修改点位置。移动鼠标,按左键选中裁剪框上的点,移动鼠标修改点位,再次按鼠标左键确定点位置,按鼠标右键则取消修改。

④“删点”删除裁剪框上某一点。当裁剪框点数少于3个时,删点功能被禁止。

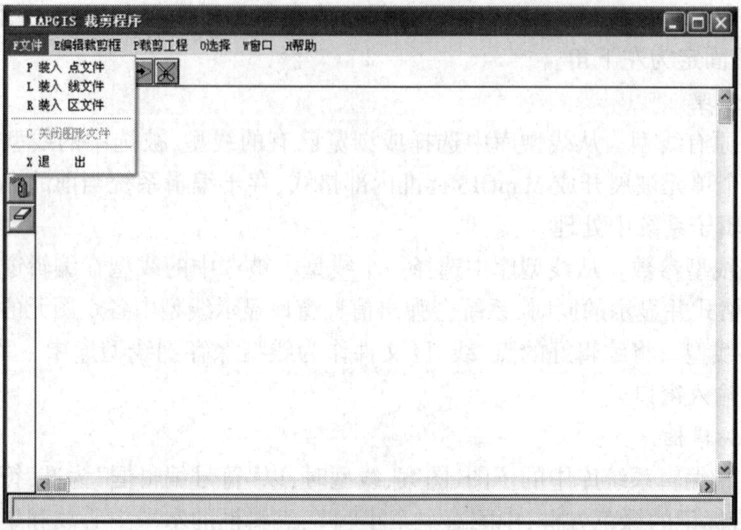

图 8-11 图形剪裁窗口

⑤“删除裁剪框”删除当前裁剪框。

⑥“存盘裁剪框”将当前裁剪框存到线文件中。

⑦“另存裁剪框”将当前裁剪框存到指定的线文件中。

⑧“键盘输入裁剪框”用键盘输入裁剪框坐标,或修改裁剪框坐标。选中该菜单系统弹出坐标输入对话框,输入 X、Y 坐标值,按回车键。

2.4.2 定义裁剪工程

在定义好裁剪框后,就可以定义裁剪工程。裁剪工程定义完毕,就可以开始裁剪。也就是说,裁剪是根据当前的裁剪工程进行的。裁剪工程菜单功能如下所述。

“新建”:根据当前裁剪框和装入的文件,建立新的裁剪工程,然后进入裁剪工程编辑状态。

“打开”:打开已存在的裁剪工程文件,并把新打开的文件作为当前裁剪工程。在打开新的裁剪工程文件之前,若已存在当前裁剪工程,则先关闭当前裁剪工程,再打开新的裁剪工程文件。

“关闭”:关闭当前裁剪工程文件。

“保存”:将当前裁剪工程的内容保存到磁盘文件。

“另存”:将当前裁剪工程的内容保存到指定的文件。

“修改”:修改编辑当前裁剪工程。

“裁剪”:根据当前裁剪工程进行裁剪。在裁剪之前,先检查裁剪工程的内容是否齐全,若不齐全,则进入编辑状态,否则直接进行裁剪。

2.4.3 编辑裁剪工程

在裁剪工程编辑窗口中,显示一个新创建的裁剪工程,包括新创建的裁剪工程名 ＊. clp,该文件包括 3 个裁剪项,分别对应打开的 3 个图形文件 ＊. wl、＊. wt 和 ＊. wp。3 个图形文件的裁剪框是同一个文件(＊. wl),即当前裁剪框。裁剪工程没有确定裁剪结果文件,裁剪结果文件名可以直接在对应的编辑框中输入,也可以通过对应“浏览”按钮从磁盘上选择输入。输入好裁剪项的内容(包括裁剪框、被裁剪文件、结果文件、裁剪类型)后,按“增加”按钮可将裁剪项增加到裁剪表中,按“修改”则修改裁剪表中的当前项。无论何时,按“删除”按钮都将删除裁剪表中的当前项。

裁剪方式有制图裁剪和拓扑裁剪两种。制图裁剪和拓扑裁剪的区别在于对区文件的裁剪。制图裁剪方式是当裁剪两个相邻的区时,将它们共同的弧段一分为二,使两个区相互独立,并且拓扑关系发生了变化,而拓扑裁剪方式将它们共同的弧段继续保持着原来的拓扑关系。

2.4.4 裁剪

定义好裁剪工程后,就可以开始裁剪,裁剪程序根据裁剪工程中的内容逐项进行,并将裁剪结果存到裁剪结果文件中。如果没指定裁剪结果文件名,系统将不进行任何操作。

2.5 误差校正

图形数据误差可分为源误差、处理误差和应用误差3种类型。由于各种误差的存在,使地图各要素的数字化数据转换成图形时不能套合,使不同时间数字化的成果不能精确联结,使相邻图幅不能拼接。所以,数字化的地图数据必须经过编辑处理和数据校正,消除输入图形的变形,才能使之满足实际要求,进行应用或入库。

2.5.1 误差校正的使用步骤

(1)为了对输入的图元文件进行校正,首先得确定图形的控制点。控制点的选取应尽量能覆盖全图且均匀,至于控制点的多少根据实际情况确定,若图件较大,要求的精度较高,要求的控制点较多。一般控制点为三角点、水准点和经纬点,控制点越多,控制越精确。

(2)在文件菜单下,选择“打开控制点”菜单,打开或新建控制点文件。

(3)装入并显示图形文件,通过“设置控制点参数”功能设置控制点的数据值类型为实际值,通过“选择采集文件”功能选择控制点所在的文件,然后通过“添加控制点”功能直接在图上采集图形中控制点的实际值。

(4)直接从键盘输入控制点的理论值或从标准数据文件中采集理论值。

(5)显示或编辑校正控制点,检查是否正确,输入完毕并进行保存。

(6)设置校正参数,进行相应文件校正。

(7)显示校正后的图元文件,检查校正效果,若未能达到要求的精度,请检查控制点的质量和精度。

2.5.2 文件和显示操作

文件菜单主要用来装入校正前的图元源文件或者用来采集控制点的文件及保存变换后的校正图元文件。在输入文件名窗口中,按着Shift键或Ctrl键可以选择多个文件同时打开,装入工作区。

显示操作主要用来显示图元文件,其中选择复位窗口时,可自由地选择工作区中的文件进行显示。为了比较校正前后的文件,可分别选择校正前后的文件名,一般没有存盘时,缺省的校正后的文件名是newlin. wl(newreg. wp或newpnt. wt)。

在“显示”菜单下有“还原显示开关”和“控制点显示开关”两个开关项,用鼠标点击对应菜单项进行打开和关闭。若菜单项前有“√”,则表示打开。

2.5.3 对图形及其参数进行校正

(1)整图变换。将所选文件进行比例、平移和旋转变换。参考图形编辑的相关功能。

(2)校正转换。被校正文件装入工作区中后,即可设置校正控制点。若校正系数也已设置完毕,即可开始校正变换操作。校正变换的操作相当简单,选中相应的文件校正变换项,选择要校正的文件,系统即自动进行校正变换,变换后的文件分别是用 newlin. wl (newpnt. wt、newreg. wp)表示的。

第4节 MapGIS地图制图与输出

1 标准图框的生成

在绘制标准比例尺地形图的过程中,图框是必不可少的,而且必须符合国家标准。

标准图框的生成步骤分为输入参数、选择选项、计算数据、绘制图框及输出图形文件。

图框生成与投影结合比较紧密,因此将其放入投影变换程序中。从主菜单上执行投影变换按钮,即可启动该程序。在“系列标准图”菜单项下列出了相应比例尺图框的生成菜单,如图8-12所示。

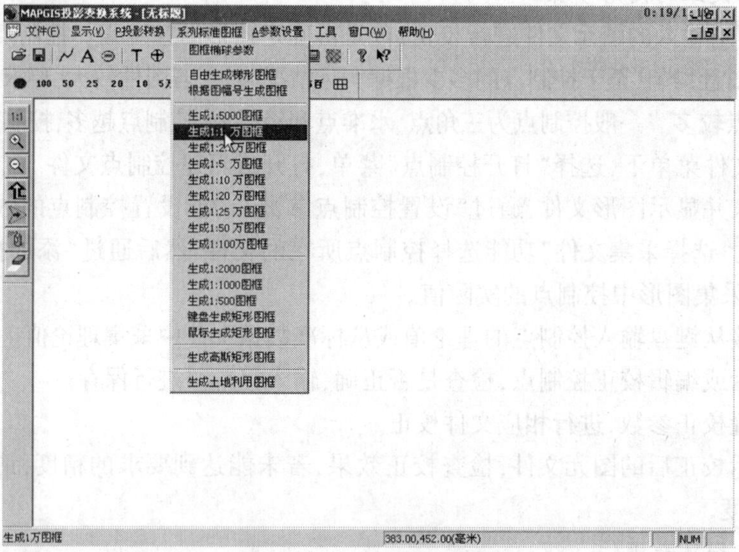

图 8-12 图框生成主菜单

此时用户根据需要,可选中图框生成的不同功能选项,以自动生成所需的图框。在生成图框以前,先选择“椭球参数”功能设置图框所在大地坐标系的椭球体。

以生成1:1万图框为例,系列标准图框的生成具体操作如下。

1.1 选择图框模式

选中生成1:1万图框功能选项,则系统弹出如图8-13所示的对话框,其中“图框模式”可选择如下6种方式来输出。

(1)地理坐标十字经纬网:在外框用短线画地理坐标标记(1′),用“+”画经纬网并标

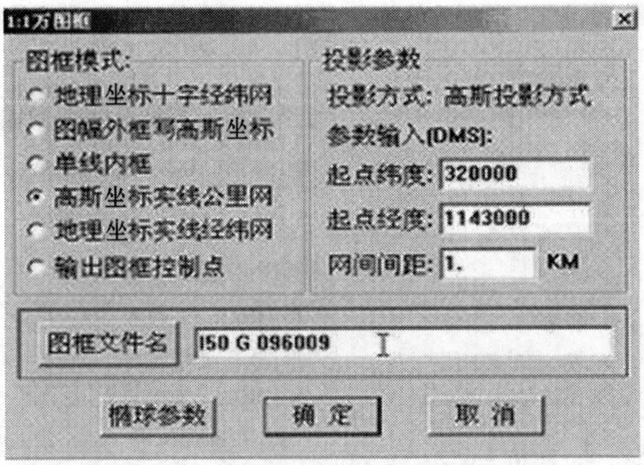

图 8-13 生成 1:1万标准图廓对话框

记分秒数。

(2)图幅外框写高斯坐标:在外框写高斯坐标,用短线画经纬标记(1′)。

(3)单线内框:只画内框。

(4)高斯坐标实线公里网:在外框写高斯坐标,用短线画地理坐标标记(1′),用实线画公里网。

(5)地理坐标实线经纬网:在外框用短线画地理坐标标记(1′),用实线画经纬网并标记分秒数。

(6)输出图框控制点:输出控制点坐标到文件 F1_COOR. DAT 中。

1.2 输入图框左下角经纬度

用户只须根据需求设定待选模式项,继而按对话框提示输入该图幅内任一点的经纬度值及相应的网间间距值。若选择模式为经纬网,则网间间距为角度值,单位是 DMS;若选择模式为公里网,则网间间距为长度值,单位是公里(km)。

1.3 输入图框辅助选项及内容

正确输入图廓数据及输出文件名之后,则系统弹出绘制内容选择窗口,如图 8-14 所示。下面简要地介绍一下各项内容。

(1)图幅名称:在图框生成过程中是否生成图幅名。若选择并输入图框名称,则系统会自动将图名按相应国家标准的要求写在图框对应位置。

(2)坡度尺等高距:在图框生成过程中是否生成坡度尺,若选择生成,则输入等高距,在缺省情况下系统会自动给出一个等高距值。有了坡度尺和等高距,就可以量测图上坡度。

(3)资料来源说明:在图框生成过程中是否输入资料来源。选择项右边的输入窗口是个多行文本输入窗口,按 Shift+Enter 键即可换行。按方向键或滑动右边的滚动条可以浏览输入多行文本内容。一般资料来源的格式为:

本图依据 20××年印刷的 1:××××××地形图
×××测绘局于20××年编绘
20××年印刷

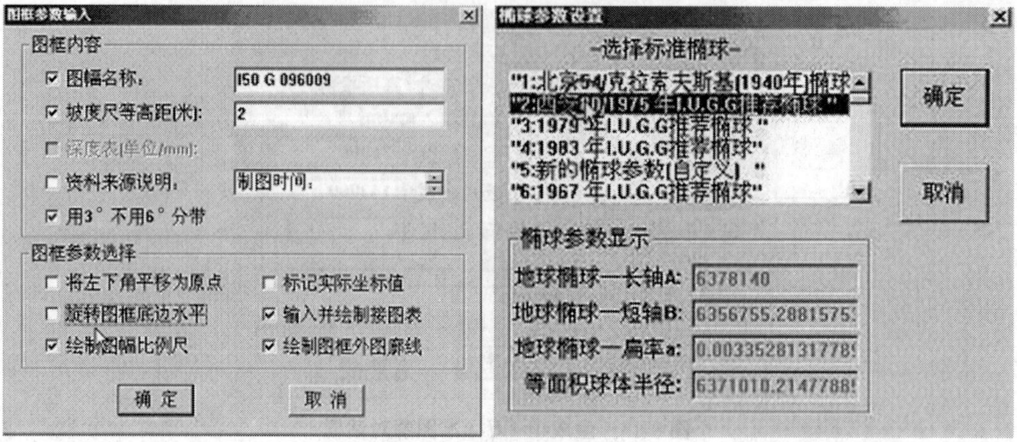

图 8-14 图框参数输入

(4)用3°不用6°分带:在绘制大比例尺图框时,高斯投影一般采用3°分带,所以缺省情况下绘制1:5 000图框时用3°分带方式。输出图框的横向公里网值的带号也是3°带号。若用户想按6°分带输出,则取消该选择项。

(5)将左下角平移为原点:系统生成的图框是按高斯投影的大地坐标系确定的,即 X 轴为赤道,Y 轴为中央经线西移500 km,所以生成的图框坐标值较大。选择此项将图框左下角平移为(0,0)点。

(6)旋转图框底边水平:按高斯投影的大地坐标系确定的图框,在中央经线两侧的图是倾斜的。选择此项可将图框旋正,使图框底边两个角点的 Y 值相同。

(7)输入并绘制接图表:选择此项在生成图框时自动绘制接图表,接图表中的内容由用户输入,输入窗口如图8-15所示。

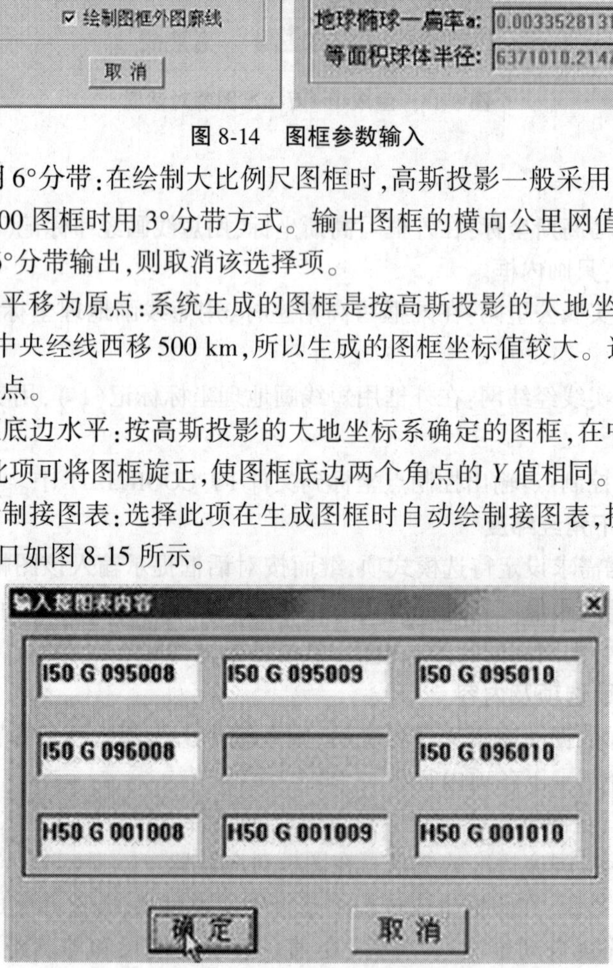

图 8-15 接图表输入窗口

(8)标记实际坐标值:选择此项,在标记图框的经纬网值或公里网值时,用相应点的图形位置坐标,而非经纬度或公里值。

(9)绘制图幅比例尺:此项决定是否在图框下绘制数字比例尺和直线比例尺。

(10)绘制图框外图廓线:此项决定是否绘制外图廓线。一般如果是用于图形拼接,则仅保留内图廓以内的部分即可,此时可以不选择该项及上一项绘制图幅比例尺。

1.4 绘制图框

各项参数准备完毕，按"确定"按钮即可自动绘制出所要求的标准图框。生成的图框文件被自动保存在用户指定的文件中，无须用户保存。

2 图形输出

MapGIS输出系统是MapGIS系统的主要输出手段，它读取MapGIS的各种输出数据，进行版面编辑处理、排版，进行图形的整饰，最终形成各种格式的图形文件，并驱动各种输出设备和不同型号的打印机（包括彩色打印机、激光打印机和喷墨打印机等），完成MapGIS的输出工作。

2.1 MapGIS输出格式类型

MapGIS输出系统是一个具有Windows多文档界面的软件系统，它具有Windows多窗口系统操作的基本特征。MapGIS输出格式按功能主要分成Windows、PostScript、栅格三大类。

2.1.1 Windows输出

打开一个工程文件后，可以直接选择打印输出，它可以驱动Windows打印设备进行图形输出（必须安装设备的打印驱动程序）。打印前，首先设置其打印机的参数、打印方式。

用Windows输出，由于GDI的性能限制，有的图元输出效果令人不满意，有的图元不能正确输出。但是对于一些比较简单且幅面较小的图来说，这种方法输出速度快，而且能驱动的设备比较多，适应范围也比较广。

2.1.2 PostScript输出

若地图需要进行最终的出版印刷，就应选用PostScript输出格式，此格式提供了北大方正及西文两种输出格式，用户可根据需要和配置的汉字库选择正确的输出格式。

2.1.3 栅格输出

栅格输出是将地图进行分色光栅格化，形成供打印机及彩色喷墨绘图仪输出用的分色光栅格化后的栅格文件格式，将生成的栅格文件在"文件"菜单下打开后，就可以对形成的栅格文件进行显示及打印输出。

MapGIS系统在对数据进行光栅化时，能设定颜色的还原曲线，对不同的设备，精心调整曲线，得到满意的效果，对于复杂地图的彩色喷墨输出，用这种方式能得到较好的输出结果。

2.2 数据输出步骤

(1)在"文件"菜单下，选择创建工程项，创建一个新的工程文件。

(2)编辑工程文件。选择"添加项目"添加点、线、面文件（还可以用插入项目、删除项目、修改项目、编辑项目功能来编辑工程文件）。再双击"工程输出编辑"功能对其进行编辑。即在工程输入编辑对话框中正确设置页面大小（使页面正好能包含整个地图）。设置工程文件的相对位移、比例和旋转参数，并将编辑后的文件存盘。

(3)在"文件"菜单下，打开编辑的工程文件，在"Windows输出"菜单下显示工程文件。

(4)选择输出格式。选择“PostScript 输出”菜单下的西文 RIP 输出键,再逐级选其子菜单下的不分色输出、字符按曲线描述项。

(5)在“开始”菜单下,选择运行项,设置输出文件路径、文件名进行输出。

在工程文件的左窗口中点击右键→选“工程输出编辑”,点击左键→进入“工程输出编辑”→进行“页面设置、参数设置”→“确定”,如图 8-16 所示。

图 8-16　工程输出编辑

思考题

1. MapGIS 软件的主要功能有哪些?

2. 图形分层有何意义? 怎样对图形进行分层? 并举例说明。

3. 简述在 MapGIS 中矢量化的流程。

4. 分别说明在 MapGIS 中 F4、F6、F7、F8、F9、F11、F12 功能键的功能。

5. 简述图例板创建和添加图例的具体步骤。

6. 简述图形输入与编辑的主要内容和方法。

7. 简述拓扑处理的工作流程。

8. 为什么要进行误差校正? 简述误差校正的步骤。

9. 简述标准图框的生成步骤。

10. 简述数据输出的步骤。

11. 使用 GIS 软件,独立完成将一幅地图从扫描、矢量化、图形编辑、拓扑建立、图幅整饰到地图输出的整个过程。

第 9 章　ArcMap 软件应用

课件:ArcMap 软件应用

【本章概述】

随着地理信息产业的发展和数字化信息产品在全世界的普及,地理信息系统(GIS)已经深入各行各业乃至各家各户,成为人们生产、生活、工作、学习必不可少的工具和助手。而作为一种能够高效率处理 GIS 数据的工具——ArcGIS,已经在各行业得到了广泛的应用。本章将着重介绍 ArcGIS 的桌面产品——ArcMap 的操作、应用。

第 1 节　ArcMap 简介

1　ArcMap 的概述

ArcMap 是 ArcGIS 的应用环境之一。ArcMap 是一个可用于数据输入、编辑、查询、分析等功能的应用程序,具有基于地图的所有功能,实现如地图制图、地图分析、地图编辑等功能。ArcMap 包含一个复杂的专业制图和编辑系统,它既是一个面向对象的编辑器,又是一个完整的数据表生成器。

ArcMap 提供两种类型的地图视图:数据视图和布局视图。在数据视图中,用户可以对地理图层进行符号化显示、分析和编辑 GIS 数据集。数据视图是任何一个数据集在选定的一个区域内的显示窗口。在布局窗口中,用户可以处理地图的页面,包括地理数据视图和其他地图元素,如比例尺、图例、指北针等。

2　ArcMap 系统界面

ArcMap 窗口主要由主菜单栏、标准工具栏、窗口内容表、地图显示窗口、状态栏及数据显示工具栏、绘图工具栏、滑动条、标题栏等部分组成,如图 9-1 所示。

2.1　主菜单栏

要操作 ArcMap,首先应会使用 ArcMap 提供的各种菜单及菜单命令。ArcMap 的主菜单栏提供了 ArcMap 所有的菜单。点击某一个菜单,就会打开其下拉菜单。ArcMap 的主菜单栏包括 File、Edit、View、Insert、Selection、Tools、Window、Help 等菜单。

2.2　标准工具栏

标准工具栏中提供了利用 ArcMap 进行地图数据操作时常用的 15 个命令按钮。利用这些命令按钮,可以方便地打开、关闭地图,复制、粘贴、删除地图要素,加载地图数据,调用编辑工具,设置地图比例,启动 ArcCatalog,调用联机帮助等操作。

2.3　窗口内容表

窗口内容表用来显示地图文档所包含的数据组、数据层和地理要素。每个地图文档至少要包含一个数据组,每个数据组中又包含若干个数据层。通过点击数据层左边的“+/-”来显示或关闭层中的内容。

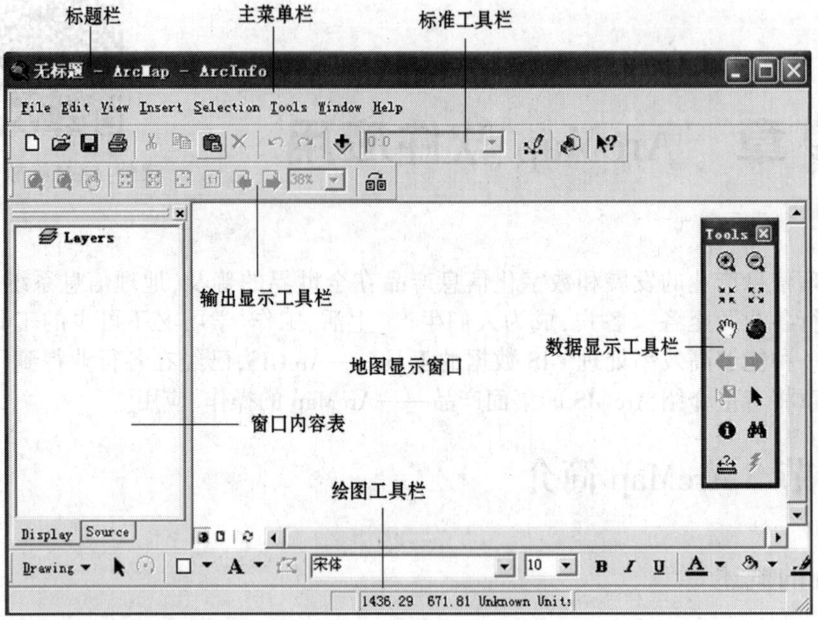

图 9-1　ArcMap 的工作界面

2.4　地图显示窗口

ArcMap 提供了两种地图显示状态:数据视图和布局视图。两种显示状态可以通过 View 菜单的 Data view(数据视图) 和 Layout view(布局视图)进行切换。在数据视图状态,可以实现对地图数据的编辑、查询、检索等操作;在布局视图状态下,不但可以完成对地图数据的操作功能,而且可以完成对地图辅助要素的加载,如在地图中加入图名、图例比例尺等。

2.5　输出显示工具栏

当地图窗口处于布局视图状态时,输出显示工具处于被激活状态。利用输出显示工具栏中的按钮可以实现如窗口缩放、地图漫游等操作。在输出显示工具的帮助下,不但可以完成对地图数据的操作,而且可以将图名、图例、比例尺、指北针等地图辅助要素添加到地图中。

2.6　数据显示工具栏

数据显示工具可以实现对地图数据的编辑、查询、检索、分析等各种操作,工具栏中各个按钮的功能如下所示。

视图放大	视图缩小	中心放大
中心缩小	地图漫游	全景显示
回到前一窗口	显示下一窗口	要素选择
图形选择	标定要素	查找要素
图形测量	超级链接	

2.7 绘图工具栏

在 ArcMap 地图窗口下面是绘图工具栏，提供了 ArcMap 的主要图形绘制、注记设置等工具。绘图工具栏中的按钮及其功能如下所示。

Drawing ▼ 图形编辑	图形要素选择	图形要素旋转
A ▼ 中心缩小	□ ▼ 图形绘制	编辑图形节点
宋体 ▼ 定义注记字体		10 ▼ 定义注记大小
B 定义黑体字符	I 定义斜体字符	U 定义字符下划线
查找要素	A ▼ 定义注记颜色	▼ 定义填充颜色
▼ 定义线状符号颜色	▼ 定义点状符号颜色	

第 2 节　ArcMap 基础功能应用

ArcMap 可以实现地图数据的输入、存储、编辑、管理、查询与分析等功能。本节将介绍 ArcMap 的一些基础操作，如系统的启动、地图窗口的操作、属性表管理及在地图窗口中绘制图形对象等。

1　ArcMap 的启动

双击桌面 ArcMap 的快捷方式，进入如图 9-2 所示界面。

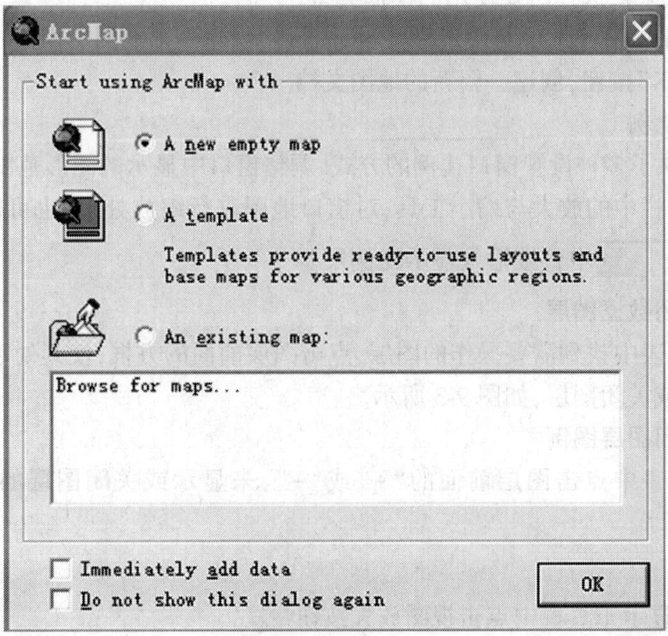

图 9-2　ArcMap 对话框

在对话框中，提供了进入 ArcMap 工作环境的 3 种方式，即

A new empty map：新建一副空地图；

A template：应用模板创建新地图；

An existing map：打开一幅已有地图。

选中“An existing map”选项，点击“OK”按钮，弹出“打开”对话框，选择需要打开的文件，点击“打开”按钮，进入 ArcMap 工作环境。

2　ArcMap 地图窗口的操作

应用 ArcMap 提供的菜单与工具，可以对地图窗口进行各种操作，如打开与关闭地图，打开与关闭图层、图例，窗口放大或缩小，窗口比例设置等。

2.1　打开一幅已有地图

(1)在 ArcMap 窗口中，点击 File>Open 命令，或点击标准工具栏中的图标。

(2)在“打开”对话框中选择所要打开文件的路径，并选中文件。

(3)点击“打开”命令按钮，文件被装载进入 ArcMap 窗口中。

2.2　保存一幅地图

(1)点击标准工具栏中的“Save”按钮。

(2)打开“保存为”对话框，在对话框中输入文件名及保存类型。

(3)点击“保存”按钮，完成操作。

2.3　创建一幅新地图

(1)点击标准工具栏中“File>New”命令，打开“New”对话框。

(2)在对话框中，选择所要使用的模框类型。

(3)在“Create New”选项组中选择“Document”，创建一幅地图文档。

(4)点击“OK”按钮，创建一幅新的地图文档。

2.4　设置窗口比例

ArcMap 提供了多种设置窗口比例的方式，调整窗口中显示的图形范围。用户可以使用数据显示工具栏中的放大与缩小工具，对窗口地图进行缩放处理，也可以在 Scale 下拉框 1:31,087,776 中直接输入显示比例尺。

2.5　打开或关闭数据图层

在窗口内容表中找到需要操作的图层，点击图层前面的方框，使其处于选中或不选中状态，可以打开或关闭图层，如图 9-3 所示。

2.6　显示与关闭图层图例

在窗口内容表中点击图层前面的“+”或“-”，来显示或关闭图层的图例，如图 9-3 所示。

2.7　放大地图

(1)在数据显示工具栏中点击视图放大按钮。

(2)将鼠标移动到需要放大区域的中心位置，并点击鼠标左键。

(3)重复上一步的操作，直到将地图放大到满意程度。

2.8　缩小地图

(1)在数据显示工具栏中点击视图缩小按钮 。

(2)将鼠标移动到需要缩小区域的中心位置,并点击鼠标左键。

(3)重复上一步的操作,直到将地图缩小到满意程度。

3　ArcMap 属性表操作

ArcGIS 的空间数据都应该与各自的属性表相连。属性表用来存储地图的属性、事件等信息。属性表由行和列组成,每一行对应于一个特定的地理属性或事件信息,如一条河、一个码头、一个居民区等;每一列包含有关表中数据项的特定类型信息,如河的长度、码头的位置、居民区的面积等。

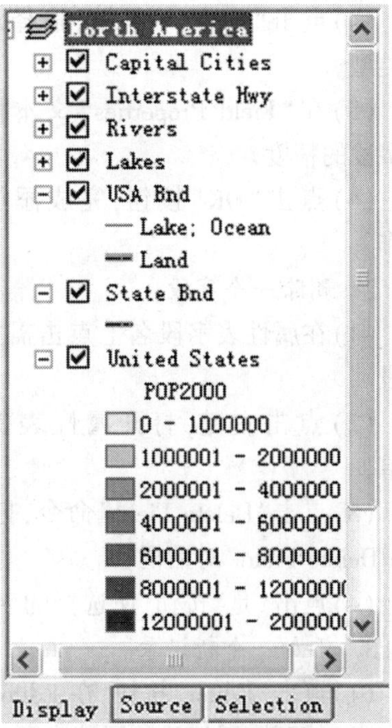

图 9-3　窗口内容表

3.1　打开属性表

(1)在窗口内容表中,用鼠标右键点击一个数据图层。

(2)在打开的快捷菜单中点击"Open Attribute Table"命令,打开空间数据属性表,如图 9-4 所示。

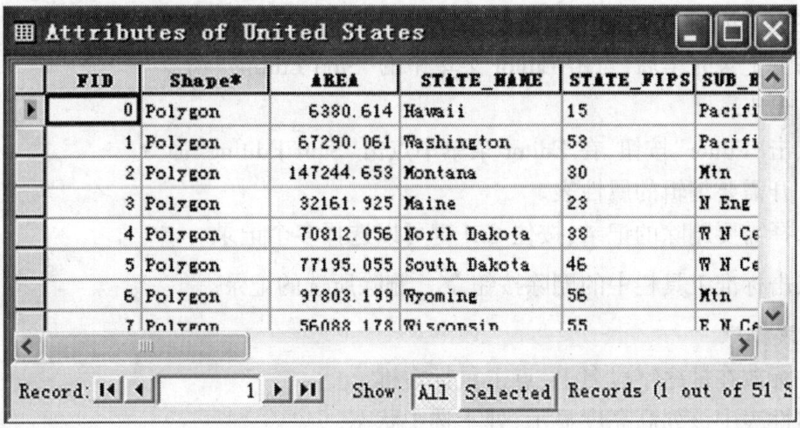

FID	Shape*	AREA	STATE_NAME	STATE_FIPS	SUB_R
0	Polygon	6380.614	Hawaii	15	Pacifi
1	Polygon	67290.061	Washington	53	Pacifi
2	Polygon	147244.653	Montana	30	Mtn
3	Polygon	32161.925	Maine	23	N Eng
4	Polygon	70812.056	North Dakota	38	W N Ce
5	Polygon	77195.055	South Dakota	46	W N Ce
6	Polygon	97803.199	Wyoming	56	Mtn
7	Polygon	56088.178	Wisconsin	55	E N Ce

图 9-4　空间数据属性表

3.2　编辑属性表

在 ArcMap 中,可以对属性表进行各种编辑操作,如添加、删除属性字段和记录等。当然,要对属性表进行编辑等操作,属性表应该处于可编辑的状态。

3.2.1　添加一个新字段

(1)点击属性表下方的"Option"按钮,打开属性表操作菜单。

(2)点击"Add Field"命令,打开"Add Field"对话框,如图 9-5 所示。

(3)在"Name"文本框中输入要添加的字段名。

(4)点击"Type"下拉框,选择添加字段的类型。

(5)在"Field Properties"文本框中输入新字段的精度。

(6)点击"OK"按钮,完成添加字段的操作。

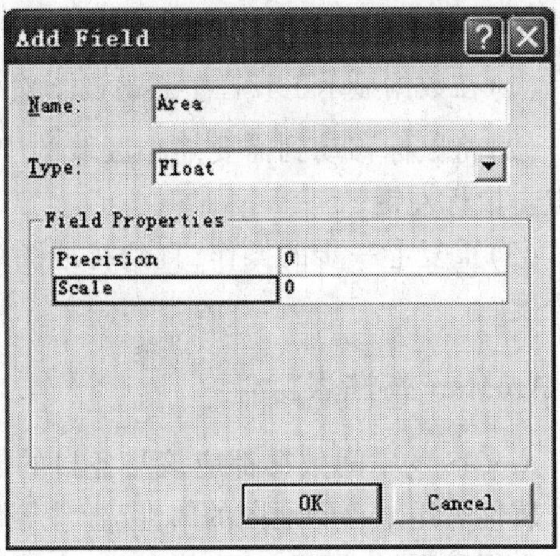

图 9-5 "Add Field"对话框

3.2.2 删除一个字段

(1)在属性表字段名上点击需要删除的字段。

(2)点击右键,打开属性表操作快捷菜单。

(3)点击"Delete Field"命令,打开"Confirm Delete Field"对话框。

(4)点击"是"按钮,所选择的字段被删除。

3.2.3 添加一个新记录

(1)点击"Editor"按钮,在 Editor 菜单中点击"Start Editing"命令。

(2)打开需要编辑的属性表。

(3)点击属性表下面的"Move to End of Table"按钮 。

(4)属性表末尾添加了一条空白记录。

(5)在空白记录中输入属性信息。

(6)添加记录完毕后,点击 Editor 菜单中的"Stop Editing"命令。

3.2.4 删除记录

(1)点击"Editor"按钮,在 Editor 菜单中点击"Start Editing"命令。

(2)打开需要编辑的属性表。

(3)选择需要删除的记录,按住 Ctrl 键可以选择多个记录。

(4)点击标准工具栏中的删除按钮 ,删除所选的记录。

3.3 属性表排序

(1)鼠标放在排序字段名上,点击鼠标左键。

(2)属性表中该列高亮度显示,处于选中状态。

(3)点击鼠标右键,打开属性表操作快捷菜单。

(4)点击"Sort Ascending"命令(或"Sort Descending"命令),属性表按照升序(或降序)排序。

3.4 属性表查询

(1)光标放在包含要查找数值或字符的字段上,点击鼠标左键。

(2)该列高亮度显示,处于选中状态。

(3)点击属性表下方的"Option"按钮,打开属性表操作菜单。

(4)点击"Find and Replace"命令,打开"Find and Replace"(查找和替换)对话框,如

图 9-6 所示。

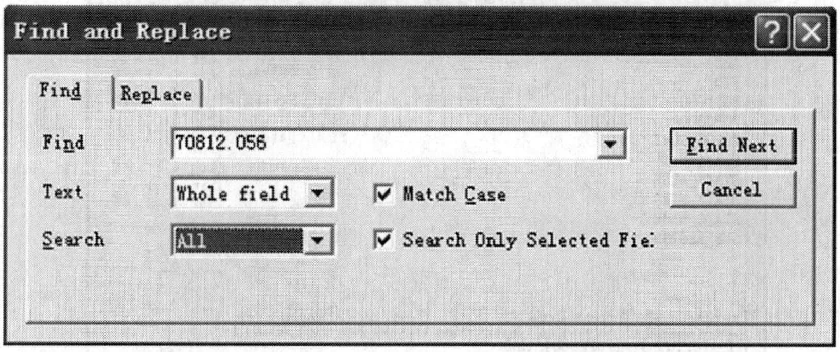

图 9-6 "Find and Replace"(查找和替换)对话框

(5)点击 Find 选项卡,进入 Find 选项界面。

(6)在 Find 下拉框中输入要查询的数值或字符。

(7)在 Text 下拉框中输入匹配规则。

(8)在 Search 下拉框中选择字符匹配范围。

(9)选中 Match Case 复选框,用于字符查询。

(10)选中 Search Only Selected Fields 复选框,只在选择记录中查询。

(11)点击 Find Next 按钮,查找第一个符合条件的记录。

3.5 属性表检索

(1)点击属性表下方的"Option"按钮,打开属性表操作菜单。

(2)点击 Select by Attribute 命令,打开 Select by Attribute 对话框。

(3)在 Method 下拉框中选中一个选择方法。

(4)在 Field 选择框中选择一个检索字段,双击。

(5)在逻辑符选项组中选择一个逻辑符,在 Unique Sample 框中输入属性值。

(6)在 Select * From states Where 框中生成一个逻辑表达式。

(7)点击"Verify"按钮,检查逻辑表达式是否正确。

(8)点击"Apply"按钮,符合选择条件的记录被选择,并以高亮度显示。

3.6 属性表中数据的计算

(1)鼠标右键点击要统计的字段,打开快捷菜单。

(2)点击"Calculate Values"命令,打开"Field Calculator"对话框,如图 9-7 所示。

(3)在 Fields 列表框中选择计算所需字段。

(4)在 Type 选项组中选择计算结果的类型。

(5)在 Functions 列表框中选择简单的运算函数及运算符。

(6)选中 Advanced 复选框,在 VB Script Code 窗口输入 VB 表达式语句。

(7)点击"OK"按钮,完成计算过程。

4 绘制图形对象

利用 ArcMap 绘图工具,可以绘制点、线、多边形、矩形等图形对象,并更改图形的大

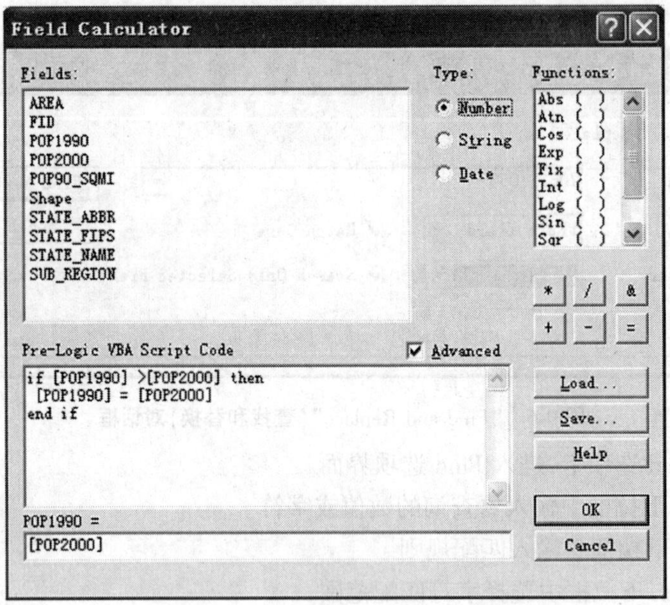

图 9-7　“Field Calculator”对话框

小、颜色、形状等属性信息。在 ArcMap 环境中绘制的图形对象可以被保存在注释数据层(Annotation Layer)中,用户可以自定义创建新的注释数据层,下面介绍创建注释层及点、线、多边形图形对象的操作。

4.1　创建注释层

(1)点击“Drawing”按钮 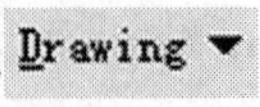,打开绘图菜单。

(2)在绘图菜单中点击“New Annotation Target”命令,打开“New Annotation Target”对话框。

(3)在 Save Annotation 选项组中选择“In the Map”选项。

(4)在 Annotation Group Name 文本框中输入注释层名称。

(5)点击“OK”按钮,完成创建过程。

4.2　绘制点要素

(1)点击绘图工具栏中的“Draw a Marker”按钮 。

(2)将鼠标移动到图形窗口,光标变成十字丝形状。

(3)在需要绘制点的位置点击鼠标左键,该处生成一个点符号。

4.3　设置点要素的样式

如果没有设置点、线要素的样式,系统将以默认的样式绘制。用户可以根据自己的需要,修改要素的样式。

(1)点击绘图工具栏中的“Select”按钮 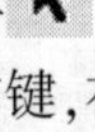。

(2)选择要编辑的点要素,点击鼠标右键,在弹出的菜单中选择“Properties”命令。

(3)打开“Properties”对话框,在对话框中设置点的颜色、大小及角度值。

(4)点击“确定”按钮,完成点要素样式的设置。

4.4 绘制直线或折线

(1)点击绘图工具栏中的“New Line”按钮 。

(2)将鼠标移动到图形窗口,光标变成十字丝形状。

(3)在需要绘制线的位置点击鼠标左键,定义一系列点,绘制出直线或折线。

(4)双击鼠标结束线要素的绘制。

4.5 设置线要素的样式

(1)点击绘图工具栏中的“Select”按钮 。

(2)选择要编辑的线要素,点击鼠标右键,在弹出的菜单中选择“Properties”命令。

(3)打开“Properties”对话框,在对话框中设置线的颜色及线宽。

(4)点击“Change Symbol”按钮,打开“Symbol Selector”对话框。

(5)在“Symbol Selector”对话框中设置线型、颜色及线宽等属性信息。

(6)点击“确定”按钮,完成线要素样式的设置。

4.6 绘制多边形

(1)点击绘图工具栏中的“New Polygon”按钮 。

(2)将鼠标移动到图形窗口,光标变成十字丝形状。

(3)在需要绘制多边形的位置点击鼠标左键,定义一系列点,生成多边形。

(4)双击鼠标结束多边形要素的绘制。

4.7 设置多边形要素的样式

(1)点击绘图工具栏中的“Select”按钮 。

(2)选择要编辑的多边形要素,点击鼠标右键,在弹出的菜单中选择“Properties”命令。

(3)打开“Properties”对话框,设置多边形区域的填充色,区域边线的颜色、线宽。

(4)点击“Change Symbol”按钮,打开“Symbol Selector”对话框。

(5)在“Symbol Selector”对话框中设置区域填充图案、填充颜色及区域边线颜色、线宽等属性。

(6)点击“确定”按钮,完成线要素样式的设置。

第 3 节 ArcMap 地图与数据编辑

ArcMap 具有功能强大的图形、数据编辑功能,可以实现对图形、数据的各种编辑操作,如对要素的选择、复制、删除,属性信息的修改,要素的分割、合并及新要素的创建等。

数据的编辑操作需要在编辑工具栏的帮助下实现。然而,在默认状态下,ArcMap 窗口中并不显示数据编辑工具栏,用户可以通过以下 3 种方法打开编辑工具栏:

(1)在 ArcMap 标准工具栏上点击“Edit Toolbar”按钮 。

(2)在 ArcMap 主菜单栏上点击“Tools”菜单的“Edit Toolbar”子菜单。

(3)在 ArcMap 主菜单栏上点击“View”菜单下的“Toolbars”子菜单,在下一级的子菜单中,选择“Editor”命令。

1 选择地图要素

对图形对象进行编辑以前,首先需要选择对象。ArcMap 提供了多种选择要素的方法,可以选择单个要素,也可以使用线、多边形等方式选择多个要素。下面介绍地图要素的选择方法。

1.1 设置图层的可选择性

在对数据或属性表进行编辑以前,需要先设置编辑图层的可选择性,步骤如下:

(1)在 ArcMap 窗口主菜单栏中,点击“Selection >Set Selectable Layers”命令,打开“Set Selectable Layers”对话框。

(2)选中图层前面对应的方框,表示此图层可选,方框空白表示此图层不可选择;也可以通过点击“Select All”选择所有图层,点击“Clear All”取消所有的选择。

(3)点击“Close”,关闭“Set Selectable Layers”对话框。

1.2 选择单个要素

(1)在 Editor 工具栏中,点击“Editor”按钮,打开“Editor”下拉菜单。点击“Start Editing”命令进入编辑状态。

(2)在 Editor 工具栏中,点击“Edit Tool”,光标变成状态。

(3)用鼠标左键点击需要选择的要素,被选择的要素被高亮度显示。

1.3 选择多个要素

(1)在“Task”下拉框中选中“Select Features Using a Area”(使用多边形选择要素)选项。

(2)点击“Sketch”按钮。

(3)在地图上画一个多边形,双击鼠标左键结束。

这样,包含在多边形区域中的元素就被选中,并被高亮度显示。

2 编辑地图要素

2.1 创建新要素

2.1.1 创建点要素

(1)在“Edit Task”下拉框中,选中“Create New Feature”选项。

(2)在“Target”下拉框中,选择目标层。

(3)点击“Sketch Tool”按钮,光标变成一个小圆点。

(4)在地图窗口点击,点击处生成一个新的点元素。

2.1.2 创建线或多边形要素

(1)在“Edit Task”下拉框中,选中“Create New Feature”选项。

(2)在“Target”下拉框中,选择要添加线或多边形要素的图层。

(3)点击“ Sketch Tool”按钮,光标变成一个小圆点。

(4)在地图窗口,点击鼠标左键生成一系列节点。

(5)如果想删除某一个节点,点击鼠标右键,在打开的菜单中,点击"Delete Vertex"命令,删除节点。

(6)双击鼠标左键或按 F2 功能键,结束绘制线或多边形操作。也可以通过点击鼠标右键,在弹出的菜单中,点击"Finish Sketch"命令,结束绘制过程。

在输入完新要素以后,可以点击属性表按钮,在弹出的元素属性表中,为新生成的元素添加属性。

2.2　复制要素

借助 ArcMap 的标准工具栏,可以实现要素在同一图层、不同图层之间的复制。当然,在图层之间复制要素时,要求两个图层数据类型应当相同。具体步骤如下:

(1)在 Target Layer 下拉框中,选择需要进行要素复制的图层。

(2)点击"Edit Tool"按钮。

(3)在图形窗口点击需要复制的要素(按 Shift 键可以多选)。

(4)在标准工具栏中点击"Copy"按钮(或按 Ctrl+C 键)。

(5)如果要将复制的要素粘贴到同一图层,点击"Paste"按钮(或按 Ctrl+V 键)。

(6)否则,在"Target Layer"下拉框中,选择需要粘贴要素的图层,点击"Paste"按钮(或 Ctrl+V),完成要素的复制操作。

2.3　删除要素

(1)点击"Edit Tool "按钮。

(2)选择要删除的要素(按 Shift 键可以选择多个要素),选中的要素高亮度显示。

(3)点击标准工具栏的"Delete"按钮,或键盘的 Delete 键,删除所选要素。

2.4　合并要素

(1)点击"Edit Tool"按钮。

(2)点击要选择的要素,按 Shift 键可以选择多个要素。

(3)在"Target Layer"中选择目标操作图层。

(4)点击"Editor"按钮,在"Editor"下拉菜单中点击"Merge"命令,要素被合并。

2.5　分割要素

2.5.1　任意点分割线要素

(1)点击"Edit Tool "按钮。

(2)在地图窗口中点击选择要分割的线要素。

(3)在编辑工具栏中点击"Split Tool"按钮。

(4)在线要素上选择分割点,并点击鼠标左键,线要素在分割点处被分割成两部分。

2.5.2　分割多边形要素

(1)点击"Edit Tool"按钮。

(2)在地图窗口中点击选择要分割的多边形要素。

(3)在“Task”下拉框中选择“Cut Polygon Features”(分割多边形要素)。

(4)点击“Sketch Tool”按钮。

(5)在地图窗口绘制折线或多边形,并与原始多边形相交。

(6)点击鼠标右键,在打开的“Sketch Context Menu”菜单中,点击“Finish Sketch”命令,多边形按照绘制的折线或多边形,被分成两部分。

2.6 延长线要素

在 Editor 工具栏中:

(1)选择“Task”下拉框中的“Extend/Trim Features”菜单。

(2)点击“Edit Tool”按钮。

(3)在地图窗口中,点击需要延长的线要素。

(4)点击“Sketch Tool”按钮。

(5)在地图窗口绘制延长线。

(6)绘制完成后,点击右键,在打开的菜单中,点击“Finish Sketch”命令,完成操作。

2.7 裁剪线要素

在 Editor 工具栏中:

(1)选择“Task”下拉框中的“Extend/Trim Features”菜单。

(2)点击“Edit Tool ”按钮。

(3)在地图窗口中,点击需要裁剪的线要素。

(4)点击“Sketch Tool ”按钮。

(5)在地图窗口绘制一条线,作为线要素裁剪的边界。

(6)点击右键,出现“Sketch Context Menu”菜单。

(7)点击“Finish Sketch”命令,完成线要素的裁剪。

2.8 要素节点操作

在 ArcMap 中,线要素和多边形要素是由节点组成的。用户可以利用 ArcMap 工具,实现对节点的添加、删除、移动等操作,以完成对线、多边形要素变形的目的。

2.8.1 在线或多边形要素中间添加节点

(1)在“Task”下拉框中,选中“Modify Feature”选项。

(2)点击“Edit Tool”按钮。

(3)在地图窗口中点击需要添加节点的线或多边形要素。

(4)将鼠标放在需要添加节点的位置,点击鼠标右键,打开“Sketch Context Menu”菜单。

(5)在菜单中点击“Insert Vertex”命令,在鼠标处添加了一个节点。

添加节点完成后,在“Sketch Context Menu”菜单中,点击“Finish Sketch”命令,完成添加节点的操作。

2.8.2 删除一个节点

(1)在“Task”下拉框中,选择“Modify Feature”选项。

(2)点击“Edit Tool”按钮。

(3)在地图窗口中点击需要删除节点的线或多边形要素。

(4)将鼠标放在需要删除的节点位置。

(5)点击鼠标右键,打开"Sketch Context Menu"菜单。

(6)点击"Delete Vertex"命令,节点被删除,图形的形状也相应地发生变化。

删除节点后,在"Sketch Context Menu"菜单中,点击"Finish Sketch"命令,完成删除节点的操作。

2.8.3 多节点的删除

(1)在 Task 下拉框中,选择"Modify Feature"选项。

(2)点击"Edit Tool"按钮 。

(3)在地图窗口中点击需要删除节点的图形要素。

(4)光标移动到要删除节点的图形要素上,点击鼠标右键。

(5)在打开的"Sketch Context Menu"菜单中,点击"Properties"命令。

(6)打开"Edit Sketch Properties"对话框。对话框中显示了被选中图形要素的所有节点,如图 9-8 所示。

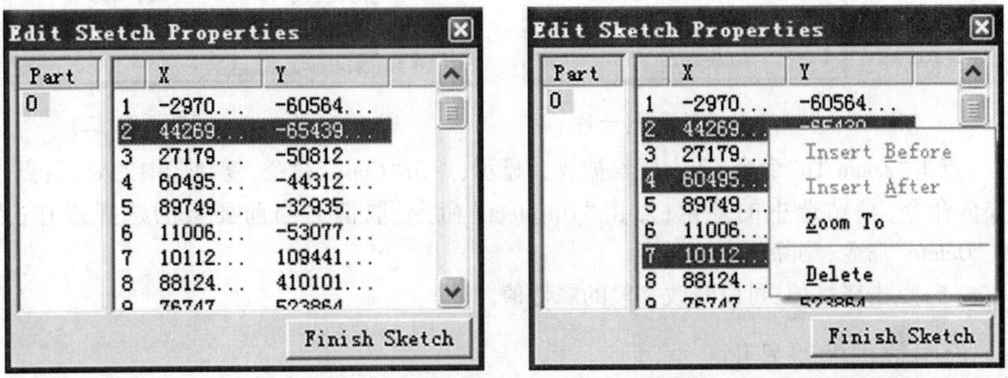

图 9-8 "Edit Sketch Properties"对话框

(7)选择要删除的节点,按 Shift 键或 Ctrl 键可以选择多个要素。

(8)在选中节点上点击鼠标右键,在打开的菜单上点击"Delete"命令,删除选中的多个节点。

2.8.4 拖放鼠标移动节点

(1)在"Task"下拉框中,选择"Modify Feature"选项。

(2)点击"Edit Tool"按钮 。

(3)在地图窗口中点击需要移动节点的图形要素。

(4)将光标放在需要移动的节点上。

(5)当光标发生变化后,按住鼠标左键,将节点拖到新位置。

3 编辑要素的属性

利用 ArcMap 编辑工具,不但可以实现对图形要素的编辑操作,而且可以轻松地完成对属性数据的编辑,如对点、线、多边形要素属性的添加、删除、修改等操作。操作步骤如下。

(1)点击“Edit Tool” 按钮 。

(2)在地图窗口中点击需要查询属性的图形要素。

(3)点击“Attributes ”按钮 ,打开“Attributes”对话框,如图 9-9 所示。

Attributes 对话框左窗口列出选中的图形要素,选中一个要素,右窗口列出选中要素对应的属性字段及属性值。

(4)在左窗口中选中一个要素,用鼠标右键点击,打开快捷菜单,如图 9-10 所示。

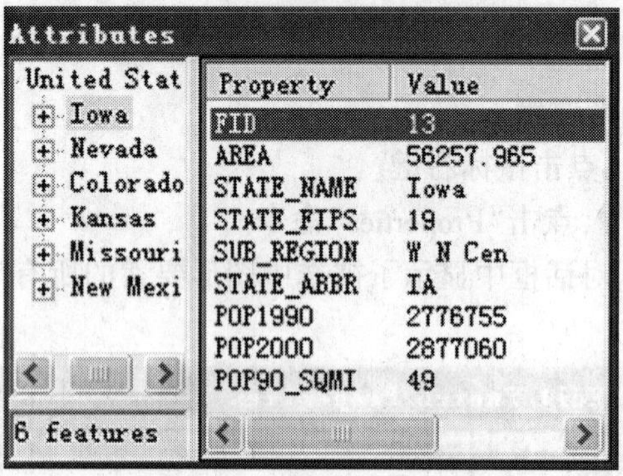

图 9-9 “Attributes”对话框(一)

图 9-10 “Attributes”对话框(二)

点击“Zoom To”命令,选中要素被放大显示;点击“Copy”命令,复制选中的要素;点击 Paste 命令,粘贴选中的要素;点击“Unselect”命令,取消对当前要素的选择操作;点击“Delete”命令,删除选中的要素。

(5)点击属性值,可以修改字段的属性值。

4　地图数据的符号化

根据数据的属性特征和地图的用途,ArcMap 提供了将地图数据符号化的数据表示方式,从而用户可以清晰直观地看出地图数据中难以发现的模式和趋势。ArcMap 包含多种数据符号化的表示方法,如单一符号、分类符号、分级色彩、分级符号、比率符号、点值符号、统计符号等,下面以分级颜色设置为例,介绍地图符号化的设置方法。

分级颜色表示方法是将要素的属性值按照一定的分级方法,分成若干级别,然后将不同的级别表示成不同的颜色。分级颜色表示方法可以明显反映出各类要素间的数量差别,经常用来表示面状要素,如降雨量分级图、人口密度图等。

下面以 CentralUSA. mxt 地图文档为例,介绍分级颜色设置的方法。

(1)打开“…ArcGIS\Bin\Templates\USA\CentralUSA. mxt”地图文档。

(2)鼠标放在需要设置分级的数据层 United States 上,用左键双击,打开“Layer Properties”对话框,如图 9-11 所示。

(3)点击“Symbology”选项,进入“Symbology”选项卡界面。

(4)在 Show 窗口中,点击“Quantities”,进入“Graduated Colors”对话框。

(5)点击“Value”下拉框,选择字段 POP2000。

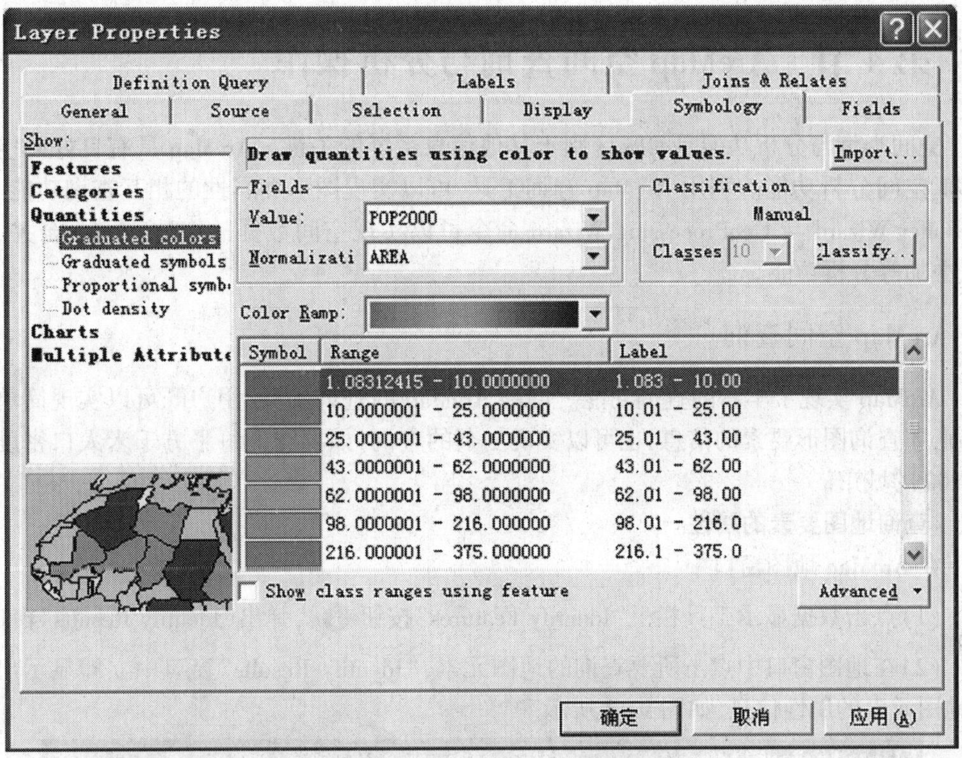

图 9-11　"Layer Properties"对话框

(6)如果需要做简单地除法计算，需要在 Normalization 下拉框中选择作为除数的字段。相应地，在 Value 下拉框中选择的字段将被作为被除数。

(7)点击 Classes 下拉框，确定分级个数。

(8)点击 Color Ramp 下拉框，确定用于分级的颜色。

上面的过程，是按照系统默认的 Natural Breaks 分级方法进行分级设置的。在分类过程中，将数据进行聚类分析，相似性大的数据被分在同一类中，相似性小的数据被分在另一类。如果用户需要自定义设置分级，需要改变分级方案，操作步骤如下。

(1)点击"Classify"按钮，打开"Classification"对话框。

(2)点击"Method"下拉框，选择分级方法。

(3)在"Classes"下拉框中，选择分级个数。

(4)在"Break Values"框中，用鼠标左键点击需要修改的数值，进入数据编辑状态。输入一个新值，重复操作，直到所有分级界限被调整完毕。

(5)点击"Show Std. Dev"和"Show Mean"选项，分级直方图中显示出数据的标准差和平均值。

(6)点击"OK"按钮，关闭"Classification"对话框。

(7)点击"确定"按钮，完成分级方案的修改操作。

分类符号法是根据数据的属性设置符号的方法，相同属性的要素用同一种符号表示。因此，分类符号法常用来表示分类地图，如土地利用图、行政区规划图等。统计符号设置是利用统计符号，将要素生成统计图，使数据图形化，从而以更直观的形式表现出来。

第4节　ArcMap空间查询与分析操作

空间查询与分析功能是GIS区别于其他信息系统的关键。ArcMap具有良好的空间查询、空间分析功能。利用ArcMap查询工具,可以实现图形和属性的相互查询功能,利用Buffer Wizard与GeoProcessing Wizard命令可以实现空间数据的缓冲、融合、合并、裁剪、叠加等分析功能。

1　ArcMap空间查询

ArcMap实现了丰富的查询功能。借助ArcMap的查询工具,用户既可以实现简单的查询,如查询图形要素的信息,也可以实现复杂的查询,如要查询每平方千米人口密度大于200的城市。

1.1　查询地图要素的属性

在ArcMap地图窗口中:

(1)点击数据显示工具栏上"Identify Features"按钮,弹出"Identify Results"窗口。

(2)在地图窗口中点击所要查询的地图元素,"Identify Results"窗口中立即显示出选中地图元素的属性信息,如图9-12所示。

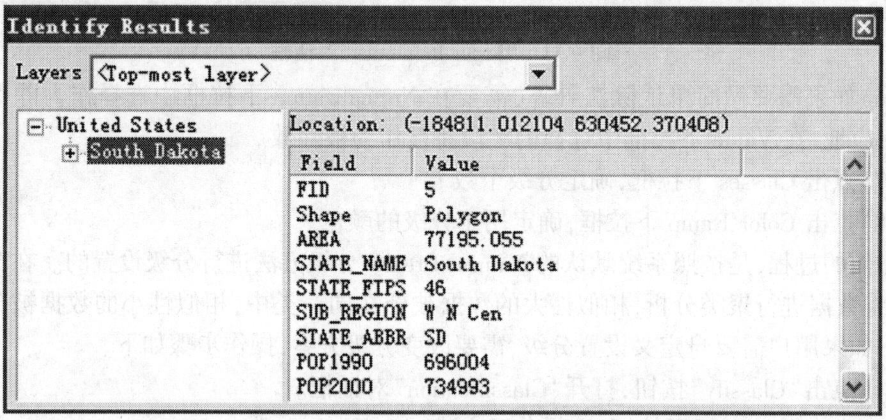

图9-12　"Identify Results"对话框

1.2　借助属性表查找地图要素

(1)将鼠标放在要选择要素的数据层上,点击鼠标右键打开快捷菜单。

(2)点击"Open Attribute Table"命令,打开属性表。

(3)点击表格记录最左边的灰色按钮,图形要素被选中,并高亮度显示。

(4)按Shift键,点击多个记录可以选择多个地图要素。

1.3　利用工具查找地图要素

(1)在"Tools"工具栏中点击"Find"按钮,打开"Find"对话框,如图9-13所示。

(2)点击"Features"选项卡,打开Features选项界面。

(3)在"Find"下拉框中,输入需要查找的属性值。

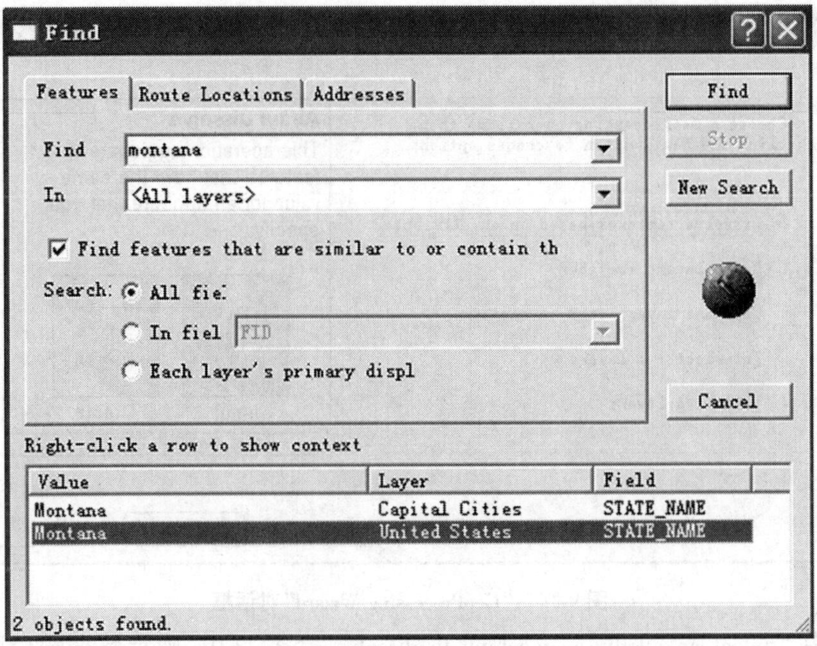

图 9-13　"Find"对话框

(4)在"In"下拉框中,确定查找范围。

(5)确定被查找的字段范围:All field 所有字段;In field 指定字段;Each layer's primary displ 每个数据层的默认字段。

(6)点击"Find"按钮,满足查询条件的记录列于下面的对话框中。

(7)在列表框中选择一个或多个记录,双击鼠标左键;或点击鼠标右键,在打开的菜单中点击 Flash feature 命令,满足选择条件的要素在窗口中闪烁显示。

2　ArcMap 空间分析

空间分析是从空间物体的空间位置、联系来研究空间事物,并对空间事物作出定量的描述。空间分析是地理信息系统的主要特征,是评价一个地理信息系统功能的主要标志,是利用 ArcMap 进行地学分析的基础。ArcMap 提供了功能强大的空间分析功能。

2.1　空间数据融合

ArcMap 的数据融合功能是根据数据的某属性,将相邻的线状或面状的地物进行合并。经过数据融合,相邻的具有相同属性的面要素被合并成一个面,具有相同属性的相接的线要素被合并成一条线。操作的步骤如下。

在 ArcMap 主菜单栏中:

(1)点击"Tools>GeoProcessing Wizard"命令,打开"GeoProcessing Wizard"对话框,如图 9-14 所示。

(2)选择"Dissolve features based on an attribute"单选按钮,点击"下一步",进入数据融合的第二步。

(3)在"Select the input layer to dissolve"下拉框中,选择需要融合的数据层。

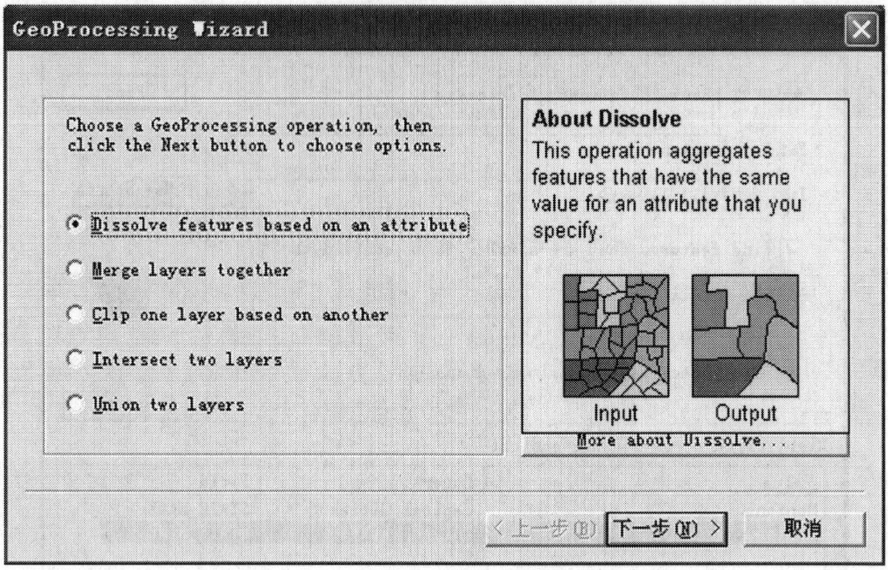

图 9-14　“GeoProcessing Wizard”对话框

(4)在“Select an attribute on which to dissolve”下拉框中,确定数据融合所依据的字段。

(5)在“Specify the output shapefile or feature”窗口中输入生成文件的名称及文件存储路径。

(6)点击“下一步”按钮,进入数据融合的第三步,在“Choose one or more…”窗口中选择输出的属性表中包含的统计字段。

(7)点击“完成”,关闭“Geoprocessing Wizard”对话框,完成数据融合的操作。

2.2　空间数据合并

在对空间地理信息数据进行分析操作时,如果分析、研究的对象分别包含于不同的数据图层中,就需要将不同图层中的空间数据进行合并。数据合并的操作步骤如下。

在 ArcMap 主菜单栏中:

(1)点击“Tools>GeoProcessing Wizard”命令,打开“GeoProcessing Wizard”对话框,如图 9-14 所示。

(2)选择“Merge layers together”按钮,点击“下一步”,进入数据合并第二步。

(3)在“Select at least two layers merge”窗口中,选择至少两个需要合并的数据层。

(4)在“Use Fields”列表框中选择合并依据的属性字段。

(5)在“Specify the output shapefile or feature”窗口中输入生成文件的名称及文件存储路径。

(6)点击“完成”,关闭“GeoProcessing Wizard”对话框,完成数据合并的操作。

2.3　空间数据裁剪

数据裁剪是数据合并的逆过程。在研究、分析空间数据时,用户可能只用到数据的一部分。如果能够将需要的那部分数据从整个空间数据中裁剪出来,就可以节省数据的运算量,减少数据处理时间,提高效率。ArcMap 的空间数据裁剪功能即可实现上述操作。

2.4 空间数据叠加求交

数据叠加是指在统一的空间参照系统条件下,将同一地区两个或多个地图图层叠加,生成一个新的数据层,以产生空间区域的多重属性特征,或建立地理对象间的空间对应关系。在ArcMap中,数据叠加分析可分为数据叠加求交和数据叠加求和。

2.4.1 数据叠加求交

在ArcMap主菜单栏中:

(1)点击"Tools>GeoProcessing Wizard"命令,打开"GeoProcessing Wizard"对话框。

(2)选择"Intersect two layers"单选按钮,点击"下一步",进入数据叠加求交第二步。

(3)在"Select the input layer to intersect"下拉框中,确定需要叠加求交的数据层。

(4)在"Select a polygon overlay layer"下拉框中,选择数据求交依据的属性字段。

(5)在"Specify the output shapefile or feature"窗口中,输入生成文件的名称及文件存储路径。

(6)点击"完成",关闭"GeoProcessing Wizard"对话框,完成叠加求交的操作。

2.4.2 数据叠加求和

(1)点击"Tools>GeoProcessing Wizard"命令,打开"GeoProcessing Wizard"对话框。

(2)选择"Union two layers"单选按钮,点击"下一步",进入数据叠加求和第二步。

(3)在"Select the input layer to union"下拉框中,确定需要叠加求和的数据层。

(4)在"Select a polygon overlay layer"下拉框中,选择数据求和依据的属性字段。

(5)在"Specify the output shapefile or feature"窗口中,输入生成文件的名称及文件存储路径。

(6)点击"完成",关闭"GeoProcessing Wizard"对话框,完成叠加求和的操作过程。

2.5 缓冲区分析

缓冲区分析是根据作为分析对象的点、线、面实体,自动建立它们周围一定距离的带状、面状区,用以识别这些实体对临近对象的辐射范围或影响程度,以便为某项分析或决策提供依据。例如,调查一所医院服务的范围,分析一条河流影响的区域等。

在ArcMap主菜单栏中:

(1)点击"Tools>Buffer Wizard"命令,打开Buffer Wizard对话框。

(2)点击"The features of a layer"单选按钮,并在下拉框中选择用来分析的数据层。

(3)选中Use only the selected features(仅对所选要素进行操作)复选框。

(4)点击"下一步"按钮,进入缓冲区分析的第二步。

(5)在"At a specified distance"窗口中输入缓冲区分析的距离。

(6)在"Distance units"窗口中输入分析距离的单位。

(7)点击"下一步"按钮,进入缓冲区分析的第三步。

(8)将Dissolve barriers between状态选择为NO。

(9)在Where do … be saved? 选项组中选择"In a new layer…"选项,并输入新生成的文件名和存储路径。

(10)点击"完成",关闭"Buffer Wizard"对话框,完成缓冲区分析的设置过程。

第5节　ArcMap 地图制图与输出

地图制图是一个非常复杂的过程。为了将数据在一幅完整的地图中表现出来,用以满足人们的生产、生活需要,除要在地图上绘制图形元素、为图形元素添加属性信息等操作外,还包括其他的很多内容,如对地图进行版面设置,在地图中添加图名、比例尺、指北针等辅助要素。

1　地图模板操作

ArcMap 不但具有强大的地图编辑功能,而且包括丰富的地图制图功能。ArcMap 允许用户将常用的地图输出模式制作成地图模板,在以后的制图过程中,可以直接调用模板,减少制图工作量。用户也可以根据自己的需要定义模板。

1.1　打开一个地图模板

(1)点击主菜单栏中"File→New"命令。

(2)打开"New"对话框。

(3)在对话框中选择一个模板,点击"确定"按钮。

1.2　新建一个地图模板

(1)点击主菜单栏"File→New"命令。

(2)打开"New"对话框。

(3)在对话框中选择"Template"单选按钮。

(4)根据需要,设置地图模板。

(5)点击主菜单栏的"File→Save as…"命令,打开"另存为…"对话框。

(6)确定保存模板的文件名、保存路径、文件类型。

(7)点击"保存"按钮,完成新建模板的操作。

1.3　保存地图模板

如果用户想将已经修改好的地图模板存储起来,以备以后使用,可以执行下面的操作:

(1)点击主菜单栏中"File→Save As…"命令。

(2)打开"另存为…"对话框。

(3)保存的文件类型为"＊.mxt"。

(4)在"文件名"中输入文件名。

(5)点击"保存"按钮。

2　地图版面的设置

借助 ArcMap 制版工具,用户可以调整地图的尺寸,设置地图图框,使用地图标尺与格网设置地图版面,使地图更美观,满足用户的要求。

2.1　数据视图与布局视图的切换

(1)点击 View 菜单的"Data View"命令,切换至数据视图窗口。

(2)点击View菜单的“Layout View”命令,切换至布局视图窗口。

2.2 图面尺寸设置

(1)在数据框外,点击鼠标右键。

(2)在出现的菜单中点击“Page and Print Setup”命令,设置打印机状态。

(3)在“Name”下拉框中选择打印机或绘图机。

(4)在Map Page Size选项组中选择纸张的大小。

(5)在Orientation选项组中选择纸张方向:横向或纵向。

(6)选中Scale Map …in Page Size(按照纸张尺寸自动调整地图比例尺)。

(7)选中Show Printer Margins on Layout(在地图输出窗口显示地图打印边界)。

(8)点击“OK”按钮,完成地图图面尺寸的设置过程。

2.3 设置地图图框

(1)在需要设置图框的数据组上点击右键,打开快捷菜单。

(2)点击“Properties”命令,打开“Data Frame Properties”对话框。

(3)点击“Frame”选项,进入“Frame”选项卡界面。

(4)在“Border”下拉框中选择图框形式。

(5)在“Background”下拉框中选择图框的底色。

(6)在“Drop Shadow”下拉框中选择阴影颜色。

(7)点击“确定”按钮,退出地图图框的设置操作。

2.4 设置标尺

(1)在数据框外,点击鼠标右键。

(2)在打开的菜单中点击“Rulers”命令,制图窗口中显示标尺。

(3)在标尺上点击鼠标右键,点击“”Option”命令。

(4)打开“Option”对话框,选择“Layout View”选项卡。

(5)在“Unites”下拉框中选择标尺单位。

(6)在“Smallest”下拉框中设置标尺分化。

(7)点击“确定”按钮,完成标尺的设置。

2.5 应用标尺辅助线

(1)在数据框外,点击鼠标右键。

(2)在出现的菜单中点击“Guides”命令。

(3)在标尺上点击鼠标左键,增加一条辅助线。

(4)将鼠标放在辅助线上点击拖动,可以移动辅助线。

(5)将鼠标放在辅助线上,点击右键,在打开的菜单上点击“Clear Guide”或“Clear All Guides”清除一条或所有辅助线。

2.6 格网点操作

(1)在数据框外,点击鼠标右键。

(2)在出现的菜单中点击“Grid”命令,打开格网点,再次点击,则关闭格网点。

(3)点击“Tools”主菜单栏的“Options”命令。

(4)在出现的“Options”对话框中选择“Layout View”选项卡。

(5)选择 Grid 选项组,设置格网。"Horizontal"下拉框:设置水平格网尺寸;"Vertical"下拉框:设置垂直格网尺寸。

(6)点击"确定"按钮,完成格网设置。

3　地图的整饰

一幅完整的地图不但要包含反映地理数据的图形、色彩等要素,还要包括一些辅助要素,如地图图例、图名、指北针、地图比例尺等。有了这些辅助要素,读取地图和使用地图时就变得更加方便。

3.1　在地图窗口中添加一个新的数据框

在 ArcMap 中,一个数据框显示统一地理区域的多层信息。一个地图中可以包含多个数据框,同时一个数据框中也可以包含多个图层。例如,一个数据框包含中国的行政区域等信息,另一个数据框显示中国在地球上的位置。建立数据框的操作为:

(1)点击主菜单栏中的"Insert>Data Frame"命令。

(2)在制图窗口中添加一个新的数据框。

3.2　在窗口中添加图名

(1)点击主菜单栏中的"Insert>Title"命令。

(2)在制图版面中出现"Enter Map Title"文本框。

(3)在"Enter Map Title 文"本框中输入图名。

(4)点击文本框并按住左键,将其拖动到一个合适的位置。

(5)双击文本框,在"Properties"对话框中,点击"Change Symbol"按钮。

(6)打开"Symbol Selector"对话框,改变图名的字体、大小、颜色、黑体、斜体、下划线等参数。

3.3　在地图中添加指北针

(1)点击主菜单栏中的"Insert>North Arrow"命令。

(2)打开"North Arrow Selector"对话框。

(3)在对话框中选择一个指北针。

(4)点击"OK"按钮,关闭"North Arrow Selector"对话框。

(5)点击并按住左键,拖动指北针到一个合适的位置。

3.4　插入一个地图比例尺

(1)点击主菜单栏 Insert 中的"Scale Bar"命令,打开"Scale Bar Selector"对话框。

(2)在对话框中选择一个比例尺符号。

(3)点击"Properties"按钮,在"Scale Bar"对话框中改变它的属性。

(4)点击并按住左键,拖动比例尺到一个合适的位置。

(5)点击主菜单栏 Insert 中的"Scale Text"命令,打开"Scale Text Selector"对话框。

(6)在对话框中选择比例尺文本样式。

(7)点击"Properties"按钮,在"Scale Text"对话框中设置文本属性。

(8)点击比例尺文本并按住左键,将其拖动到一个合适的位置。

3.5 添加地图图例

(1)点击主菜单栏 Insert 中的“Legend”命令。

(2)打开“Legend Wizard”对话框,设置对话框选项。

选择“Map Layers”列表框中的数据层,单击右箭头,将它加载到 Legend Items 列表框中。

选择“Map Layers”列表框中的数据层,点击向上或向下箭头调整顺序。

(3)单击“下一步”按钮,打开并设置“Legend Wizard”对话框。

在“Legend Title”文本框中输入图例标题。

在“Legend Title font properties”选项组中,设置标题字体的颜色、大小、字型。

(4)单击“下一步”按钮,在“Legend Wizard”对话框中继续设置以下选项:

点击“Border”的下拉框,选择图例背景的线型。

点击“Background”的下拉框,选择图例背景颜色。

点击“Drop Shadow”的下拉框,选择图例阴影颜色。

(5)点击“下一步”按钮,出现 Legend Wizard 第三步,设置属性:

在“Legend Items”列表框中,选择一个数据层。

在 Patch 选项组中设置方框的属性:Width 图例方框宽度,Height 图例方框高度,Line 图例方框轮廓线,Area 图例方框色彩属性。

(6)点击“下一步”按钮,在对话框中设置:

Height Title and Legend Items:图例标题与图例符号之间的距离。

Legend Items:分组图例符号之间的距离。

Columns:两列图例符号之间的距离。

Heading and Classes:分组图例标题与分级符号之间的距离。

Labels and Descriptions:图例标注与说明之间的距离。

Patches Vertically:图例符号之间的垂直距离。

Patches and Labels:图例符号与标注之间的距离。

(7)点击“完成”按钮,关闭“Legend Wizard”对话框。

4 地图打印输出

地图绘制并设置好以后,就可以打印输出了。打印输出的操作步骤如下:

(1)点击主菜单栏“File”的“Print Preview”命令,打开打印预览窗口。

(2)点击“Print”按钮,打开“Print”对话框。

(3)在对话框中选择打印机类型,并设置分幅打印页码、打印份数等信息。

(4)点击“OK”按钮,打印地图。

思考题

一、填空题

1. ArcGIS Desktop 由________、________、________3个组件组成,其产品按照功能可分为3个级别________、________、________。

2. ArcMap 的两种地图显示状态为________、________,它们可以通过________菜单的________和________命令进行切换。

3. 为了合并多个要素,需使用________下拉菜单中的________命令。

4. 在布局窗口中为了设置格网点,需点击________主菜单栏的________命令,在弹出的对话框中,选择________选项卡,在此选项界面中设置。

5. 点击菜单栏中的________菜单的________命令可以在地图中添加一个指北针。

二、简答题

1. 在 ArcMap 窗口中打开数据编辑工具栏的方法有哪些?

2. 地图的版面设置主要包括哪些内容?

三、操作题

1. 在 ArcMap 数据视图窗口绘制一个多边形区域,然后为它创建一个缓冲区。

2. 在 ArcMap 数据视图窗口中打开 USA. mxt 地图文档,并且打开 United States 数据层的属性表,完成以下操作:

(1)在 Pop2000 字段中查找属性值 762227,并将其改成 772227。

(2)查找 2000 年人口密度大于 200 的州。

(3)在属性表中添加一个名为“Pop2005”的新列,类型为整型,删除“Pop1990”列。

3. 打开 USA. mxt 地图文档,利用 ArcMap 分级符号的数据表示方法,为 Capital Cities 数据层建立一张 1990 年的人口分级图。

第10章 MapInfo软件应用

课件:MapInfo软件应用

【本章概述】

MapInfo地理信息系统作为一个将图形与属性信息结合较好的软件工具,能将所需要的信息资料形象、直观地与地理图形紧密地连接起来,能提供各种常用的查询、分析功能,能将结果以图形或表格的方式显示出来,已经被应用到各个领域,为用户的管理、决策提供了有力的支持与帮助。本章主要结合MapInfo软件的功能,介绍软件的操作使用方法。

第1节 MapInfo软件简介

MapInfo是美国MapInfo公司推出的一个地理信息系统软件。MapInfo公司成立于1986年,该公司成立以来,始终致力于为用户提供先进的数据可视化、信息地图化技术。MapInfo吸取了传统的GIS技术的精华,该产品自20世纪90年代进入中国以来,已经在测绘、水利、林业、军队、公安等行业、部门得到了广泛的应用。

为了便于用户对MapInfo产品的开发,MapInfo公司提供了一种定制的开发工具——MapBasic。MapBasic是MapInfo的产品之一。利用MapBasic,用户可以开发出具有可移植性强、数据库访问能力强、与其他系统交互性好的应用系统。

MapInfo产品的第一版是Dos版本的MapInfo2.0及其开发工具MapBasic1.0。其功能强大、简单易学并兼备强大的二次开发能力,因此受到各行各业的普遍关注。随着计算机技术的发展,该公司先后推出了Windows和Windows NT等版本。

1 MapInfo的主要特点

MapInfo提供了数据、地图、图表等可视化的处理功能,其已经被越来越多的行业所认识,这是因为MapInfo有下列一些特点。

(1)MapInfo对软件、硬件运行条件要求不高。对于MapInfo4.0而言,甚至可以在486等机器上运行(内存在8 MB以上,硬盘为20 MB以上)。

(2)MapInfo的数据和图形的兼容性很强,可以直接打开dBase、Shapefiles、Microsoft Excel、ASCII等格式数据,也可以读取gif、jpg、tif、bmp、bil、pcx、tga等格式栅格图像。

(3)MapInfo可以实现对Oracle、SQL Server等远程数据的ODBC访问。

(4)MapInfo提供了一个无缝图层,用户可以使用它像处理一张表一样处理一组表,并且允许用户一次为一组表改变显示属性,使用或改变标注,使用图层控制对话框等操作。

(5)MapInfo中可以十分容易地创建具有高视觉效果的用于数据分析的专题地图,包括格网表面专题、3DMaps专题及棱柱地图。

(6)MapInfo具有强大的选择、查询功能,涵盖从单一文件选择数据到从一个或多个文件执行复杂的SQL查询,为地理分析等操作奠定基础。

(7) MapInfo用MapBasic作为二次开发工具,由于MapBasic具有与普通Basic语言相通的语法结构,兼备强大的图形操作功能,而Basic语言简单易学,在我国很普及,为MapInfo在各行各业的技术人员中广泛应用创造了条件。

2　MapInfo的系统界面

图10-1为MapInfo中文版的系统界面。本节将以MapInfo中文版为例,介绍MapInfo的应用。MapInfo的工作界面主要由标题栏、菜单栏、绘图区、“工具”工具栏、“绘图”工具栏、“主”工具栏及任务栏等部分组成,下面将对界面的各个组成部分加以介绍。

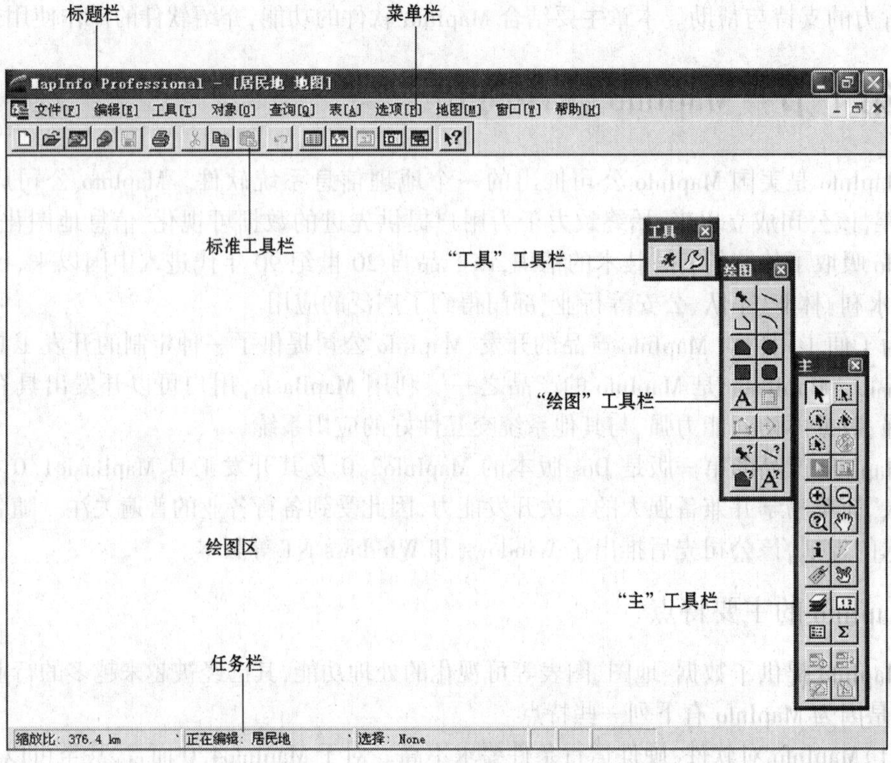

图10-1　MapInfo中文版的系统界面

2.1　标题栏和菜单栏

屏幕的最顶部是标题栏。标题栏显示了软件的名称和当前打开的表文件的名称。标题栏的右侧有一组按钮,包括最小化按钮、向下还原按钮和关闭按钮。

标题栏下面是菜单栏。菜单栏提供了MapInfo的所有菜单,包括文件、编辑、工具、对象、查询、表、选项、地图、窗口、帮助等菜单。

2.2　标准工具栏

标准工具栏包括执行“文件”“编辑”和“窗口”菜单中的常用菜单功能所需的工具。此外还包括用于快速访问新的重新分区窗口和联机帮助的工具。

2.3 “主”工具栏

“主”工具栏包含用于选择对象、更改地图窗口视图、获取有关对象信息和显示对象之间距离的工具。此外还包括众多命令按钮,可用于更改图层属性和打开图例或统计信息窗口。

2.4 “绘图”工具栏

“绘图”工具栏包含可用于创建和编辑地图对象的工具及命令。

第2节 MapInfo基础功能应用

MapInfo具有强大的地图处理功能,可以实现从地图数据输入到数据的编辑、存储,数据的查询、分析及地图的编绘与输出等功能。本节将介绍MapInfo的一些基本概念和基本操作。这些基本概念和基本操作会为进一步学习MapInfo的高级功能提供帮助。

1 MapInfo的表和图层

1.1 表

MapInfo对地图进行处理、查询、编辑、分析前,首先应对地图信息化。对地图信息化的过程称作地图化。进行地图化之前,首先应建立“表”的概念。在MapInfo中,表可以被分为两类:数据表和栅格表。

数据表由行和列组成,表中的每一行可以看作数据库中的一个记录,包含一个特定的地理特征或事件的信息,每一列可以看作是一个字段,包含表中数据项的特定类型的信息。

栅格表与数据表不同,它只是一幅能在MapInfo窗口显示的图像,并不包含记录、字段等信息。在MapInfo中的表,多数是指数据表或与图形相结合的数据表。当创建一个MapInfo表以后,将会产生以下5个文件。

(1)文件名.tab:表结构文件,定义了数据的表结构,如表的字段名、字段类型、字段宽度等。

(2)文件名.map:图形对象与数据相关联的文件。有了这个文件,当用户从地图上查询一个地图对象时,就可以容易地查到与之关联的属性信息。

(3)文件名.dat:属性数据文件,包含数据的属性等数据。

(4)文件名.id:交叉索引文件,其作用就是将图形对象和数据连接在一起。

(5)文件名.ind:索引文件,在MapInfo中并非必需的,用户只有在数据库中规定了索引字段以后,才能生成索引文件。

1.2 地图图层

在一幅地图中,通常要包含多种类型的信息,如行政区的边界、道路、河流、城市等。而对于某个人或者某个行业来说,用户只对一些信息感兴趣,在对数据进行分析处理时,只须处理这部分数据。这就需要对地图数据进行分层处理,即对地图进行图层化。

MapInfo是按照图层组织计算机地图的,即将一幅计算机地图加工成多个透明层,这个透明层就是图层。每个图层包含了一幅地图不同方面的信息,如第一个图层包含省、市边界,第二个图层包含省、市政府的符号,第三个图层包含省、市的名称,把这些图层叠加在一起就形成了一幅完整的地图,如图 10-2 所示。

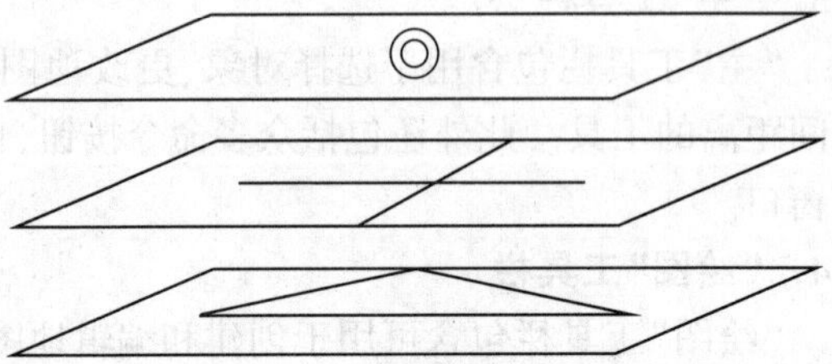

图 10-2　点、线、面图层的叠加

1.3　特殊图层

在 MapInfo 中,每一个含有图形对象的数据表都可以表现为一个图层,图层使数据表和地图之间建立了联系。MapInfo 地图通常是由多个图层叠加而成的。除基本的图层外,MapInfo 中还存在一些特殊的图层,如装饰地图图层、无缝地图图层等。

1.3.1　装饰地图图层

在每一个 MapInfo 地图窗口都有一个特殊的图层,就是所谓的装饰图层。装饰图层可以被想象为一个位于其他所有图层之上的透明体,它的作用就是承载工作期间创建的图形对象及地图的标题。装饰图层不能被删除,也不能参加图层的重新排序等操作,如图 10-3 所示。

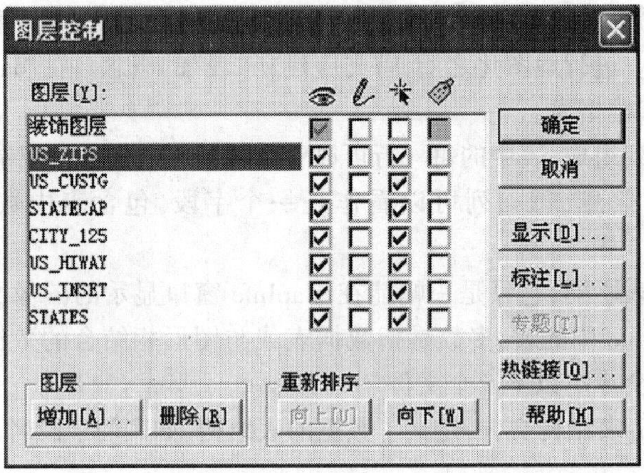

图 10-3　"图层控制"对话框

如果想保存已经绘制在装饰图层中的图形对象,可以点击"地图"菜单下的"保存装饰对象"命令,把装饰图层中的对象转移到一个已经存在的图层中或一个新建的图层中。

1.3.2　无缝地图图层

一般来说,一个图层对应一张数据表。然而有些时候,用户需要把几个图层一起操作,形成一个图层,这就需要引入无缝地图图层的概念。

无缝地图图层允许用户像处理一张表一样处理一组基表,允许用户一次为一组表改变属性,生成或改变标注,或使用图层控制对话框,也可以使用信息查询、检索工具,浏览该图层中的任意一个基表。

1.4　图层控制

图层控制是通过"图层控制"对话框使用户能够操纵图层,修改图层的属性,控制地图的显示等操作。"图层控制"对话框中显示了当前地图窗口中所有的图层及它们的属性状态,这些属性包括图层的可见、可编辑、可选择、自动标注属性。

(1)图层的可见:此选项控制一个图层在地图窗口是否可见。

(2)图层的可编辑:此选项控制一个图层在地图窗口中是否可以被编辑。如果用户需要对一个图层进行绘制对象、添加文本、删除对象等操作时,该图层必须处于可编辑状态。在每一个地图窗口中,只能有一个图层是处于可编辑状态的。

(3)图层的可选择:通过图层控制中的可选择属性,能够控制一个图层在地图窗口中是否可选择。与可编辑属性不同,在操作中,一次可以设置多个可选择图层。

(4)图层的自动标注:此选项可以控制一个图层在地图窗口中是否能够自动标注。

2 MapInfo 的地图操作

2.1 打开地图文件

在 MapInfo 中,可以通过 3 种方法打开已有的地图文件:

(1)点击“文件>打开”命令。

(2)点击标准工具栏上的“打开”按钮 。

(3)在“快速启动”对话框中选择 “打开表”选项。

2.1.1 打开矢量地图

(1)在“打开”对话框中,点击“文件类型”下拉框,选择 MapInfo 表。

(2)为要打开的表设定名称、目录和驱动器。

(3)点击“确定”按钮,该表被打开。

2.1.2 打开栅格地图

(1)在“打开”对话框中,点击“文件类型”下拉框,选择栅格图像。

(2)为要打开的表设定名称、目录和驱动器。

(3)点击“确定”按钮。

(4)如果该栅格图像未经过配准,将出现“图像配准”对话框。

(5)在“图像配准”对话框中,点击“显示”按钮,显示未配准的图像;点击“配准”按钮,进入图像配准对话框,完成图像配准的过程。

2.2 地图浏览

地图浏览是 MapInfo 的基本功能,它可以直观地为用户提供丰富的信息。在 MapInfo 系统中,用户可以利用窗口的放大、缩小、漫游等功能,方便快捷地在 MapInfo 地图窗口中浏览电子地图。

2.2.1 放大地图

(1)点击“主”工具栏的放大按钮 。

(2)将鼠标移动到需要放大区域的中心位置,并点击鼠标左键,地图被放大 2 倍。

(3)重复上一步的操作,直到将地图放大到合适。

2.2.2 缩小地图

(1)点击“主”工具栏的缩小按钮 。

(2)将鼠标移动到需要缩小区域的中心位置,点击鼠标左键,地图被缩小至原来的 1/2。

(3)重复上一步的操作,直到看到大小满意的地图。

2.2.3　移动地图

(1)点击“主”工具栏的“漫游”按钮。

(2)点击鼠标左键,并拖动地图。

(3)重复上一步的操作,直到地图被拖到合适的位置。

2.2.4　改变视图

用户在对地图进行操作的过程中,经常需要重新设置地图的大小、比例、中心等,而在MapInfo中,利用“改变视图”命令可以轻松地实现这些操作。

选择“地图>改变视图”命令或点击“主”工具栏中的“改变视图”按钮,打开“改变视图”对话框,如图10-4所示。设置对话框中的各个文本框内容,改变视图在窗口中的显示。

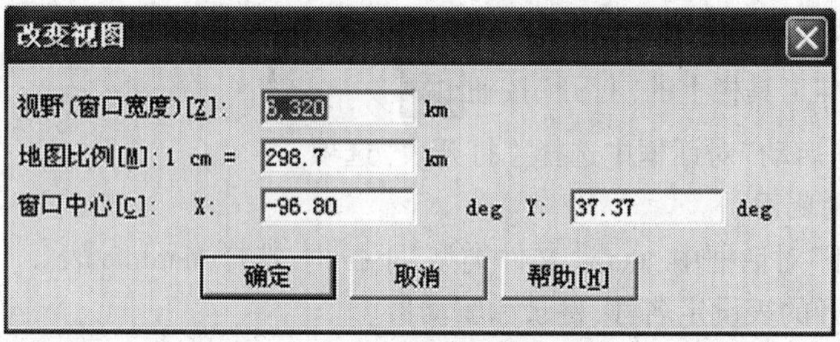

图10-4　“改变视图”对话框

(1)视野(窗口宽度)[Z]:设置重绘地图窗口时所要显示的地图宽度。

(2)地图比例[M]:地图中的1 cm长度代表的实际距离。

(3)窗口中心[C]:在两个文本框中输入地图的X、Y坐标,用来指定新视图的中心。

2.3　选择对象

选择对象是MapInfo的基本操作。在对MapInfo对象进行分析以前,往往要先选择对象。MapInfo的“主”工具栏中提供给用户5种地图选择工具,即选择、矩形选择、半径选择、多边形选择、边界选择。

2.3.1　选择

使用选择工具,可以选择一个或多个对象以供用户分析等操作。如果想选择多个对象,可以先按住Shift键,再单击对象。

具体操作步骤如下:

(1)在“主”工具栏中点击“选择”按钮。

(2)点击地图窗口中的对象,该对象被突出显示。

(3)如果想选择多个对象,则先按住Shift键,然后依次点击要选择的对象。

为了能够选择对象,对象所在的图层必须是可选择图层。

2.3.2　多边形选择

在图层可选择的情况下,使用多边形选择工具,可以搜索并选择位于所绘多边形区域内的所有对象。

(1)将要从中选择对象的图层设置为可选。

(2)在"主"工具栏中点击"多边形选择工具"按钮。

(3)将鼠标移动到地图窗口,鼠标变为手形。

(4)在地图窗口绘制多边形。

(5)绘制最后一个点时,双击鼠标左键结束。多边形区域内的所有对象被选中。

对于半径选择、矩形选择及边界选择,可以参照多边形选择操作。

3 MapInfo 的绘图操作

在地图化的操作中,绘图操作非常常见,MapInfo 拥有一套完整的绘图工具。用户利用这些工具可以方便地在地图窗口中绘制各种地图对象,并且可以自定义地图上对象的颜色、填充图案、线样式、符号样式、文本样式等。

3.1 点的绘制

在地图中,地名、单位名、车站、码头等许多地理信息需要以点的形式表现出来。在图层可编辑的条件下,使用 MapInfo 提供的符号工具,可以在地图中绘制点符号。

3.1.1 绘制点符号

(1)点击"绘图"工具栏中的"符号"按钮。

(2)将鼠标移动到地图窗口,鼠标变为十字。

(3)在需要绘制点的位置点击鼠标左键,该位置生成一个系统默认的点符号。

3.1.2 改变点符号样式

如果没有设置点符号的样式,绘制到地图上的点符号是系统默认的。用户可以根据自己的需要,修改点符号的样式。

(1)选中要修改的符号,点击"绘图"工具栏中的"符号样式"按钮,打开符号样式对话框。

(2)在"符号样式"对话框设置符号的字体、字号、样式、颜色、旋转角、背景、效果等,符号设置完成后,点击"确定"按钮,改变地图中符号的样式。

3.2 线的绘制

使用直线工具可以绘制直线,如电线、管线等地理信息,都须用直线工具才能将其描绘于地图上。

3.2.1 绘制直线

在图层可编辑的条件下,绘制直线的步骤如下:

(1)单击"绘图"工具栏上的"直线"按钮。

(2)将鼠标移动到地图窗口的要绘直线的起点。

(3)按住鼠标左键,拖动鼠标指针,屏幕上出现一条直线。

3.2.2 设置线的属性

如果用户想设置线状地物的属性,可以执行以下操作:

(1)选中一条直线,点击鼠标右键,在弹出的菜单中点击"获取信息"命令,弹出"线对象"对话框。

(2)在“线对象”对话框中,可以查看、修改线段的起点、终点坐标及线长度等信息。

(3)点击“样式”按钮,进入“线样式”对话框,在“线样式”对话框中可以设置线的样式、颜色及线宽等信息。

MapInfo 还提供了多种线的绘制工具,如绘制折线、绘制圆弧等,并且利用 MapInfo 相应的命令,可以完成对线条属性及线条样式的设置。

3.3　区域的绘制

在绘制地图过程中,多边形区域使用非常频繁。例如,在 MapInfo 中,行政区、农田、湖泊、绿地、学校等地理信息都需要用多边形区域来描述。

3.3.1　绘制多边形区域

在当前图层可编辑的状态下:

(1)点击“绘图”工具栏中的“多边形”按钮。

(2)将鼠标移动到地图窗口,定位于多边形的起点位置。

(3)点击鼠标左键,拖动鼠标到另一位置,再点击左键,这样就绘制了多边形的一条边。

(4)重复以上操作,绘制多边形的其他边,双击鼠标左键完成最后一个点,区域闭合。

3.3.2　设置多边形区域的属性

在图层可编辑的状态下,用户可以在“区域属性”对话框中改变多边形区域的属性信息,方法如下:

(1)选中需要修改属性的多边形区域,点击右键,在打开的快捷菜单中点击“获取信息”命令。

(2)打开“区域对象”对话框,如图 10-5 所示。在对话框中可以查看、修改区域的边界及区域对象中点坐标。

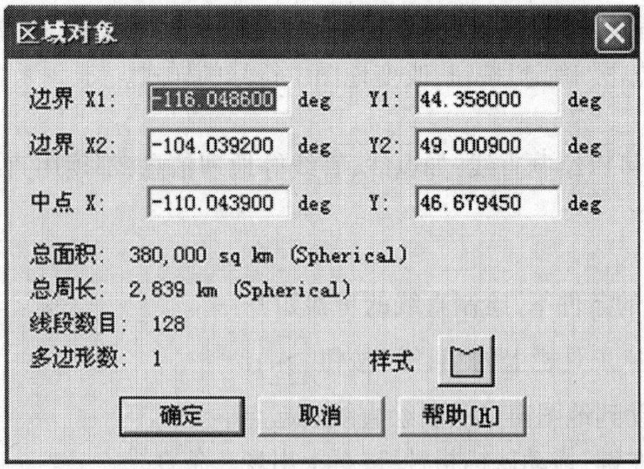

图 10-5　“区域对象”对话框

(3)点击“样式”按钮,可以打开“区域样式”对话框,如图 10-6 所示,设置多边形区域的样式。

3.3.3　修改区域的样式

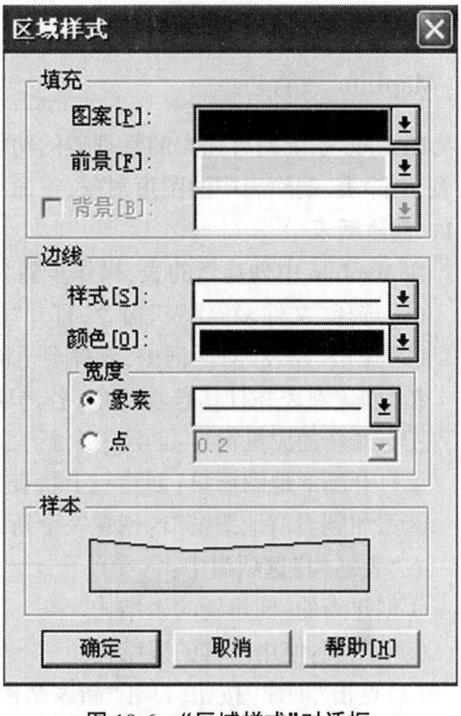

图 10-6　“区域样式”对话框

利用 MapInfo 绘制多边形工具绘成的区域，是按照系统默认的样式显示在地图窗口的，如果用户对系统默认的样式不满意，可以修改区域的样式，方法如下。

(1)选中需要修改的多边形区域，点击“绘图”工具栏的“区域样式”按钮  。

(2)打开“区域样式”对话框，如图 10-6 所示。在此对话框中，用户可以自定义多边形区域的样式。用户也可以定义区域的填充图案、前景色和背景色，定义区域边线的样式、颜色、宽度等。

MapInfo 系统不但提供了绘制多边形区域的功能，还可以利用绘图工具，方便地绘制椭圆、矩形、圆角矩形等，并修改它们的属性，改变它们的样式。

3.4　**绘制文本**

在任何地图中都可以看到大量的文本内容，它可以对地图对象起到说明、注释的作用。虽然 MapInfo 的标注功能可以满足用户的大部分需要，但是有时仍然需要利用文本工具创建文本对象，为地图添加注释。与标注不同，文本对象没有与数据进行链接。用户可以利用 MapInfo 系统提供的文本工具，在地图上进行注释等操作。

在当前图层可编辑的状态下，向地图中输入文本的步骤为：

(1)点击“绘图”工具栏中的“文本”按钮 。

(2)将鼠标移动到活动窗口，在要输入文本处点击鼠标左键，出现闪烁的光标。

(3)在光标处输入文本。

(4)按 Esc 键或点击主菜单栏的“选择”按钮，结束文本的输入。

在窗口中输入的文本是按照系统的默认样式显示的，如果想改变文本的样式，可以通过点击“绘图”工具栏中的“文本样式”按钮 ，在“文本样式”对话框中改变文本的样式。

第 3 节　MapInfo 数据表的管理与操作

在 MapInfo 中，数据的输入、编辑、维护与转出，点、线、区对象的建立，以及查询、分析等操作，都是对表的操作。我们常用的都是数据表，每一行为一个记录，表示一个特定的地理特征或事件等信息；每一列为一个字段，描述了数据表中数据项的特定类型的信息。

在 MapInfo 系统中，数据表的操作内涵丰富，集中体现在各菜单、命令中，本节将介绍

MapInfo 数据表的管理与操作。

1　MapInfo 表管理

MapInfo 系统拥有强大的管理表的功能,可以完成创建新表、修改表结构、保存表、关闭表、删除表、删除表中的图形对象、重命名表、转出表等任务。

1.1　创建新表

在 MapInfo 中创建新的表,操作步骤为:

(1)选择“文件>新建表”命令,打开“新建表”对话框,如图 10-7 所示。

(2)在“新建表”对话框中,选择合适的选项。

在“创建新表并且:”选项组中,各选项的作用如下。

①打开新的浏览窗口:创建一个新表并且在新的浏览窗口中打开。

②打开新的地图窗口:创建一个新表并且在新的地图窗口中打开。

③添加到当前地图窗口:创建一个新表并且将其添加到当前的地图窗口中。

在“表结构”选项组中:

①创建新的:创建新的表结构。

②使用表:使用已有的表结构。

(3)点击“创建”按钮,打开“新表结构”对话框,如图 10-8 所示。

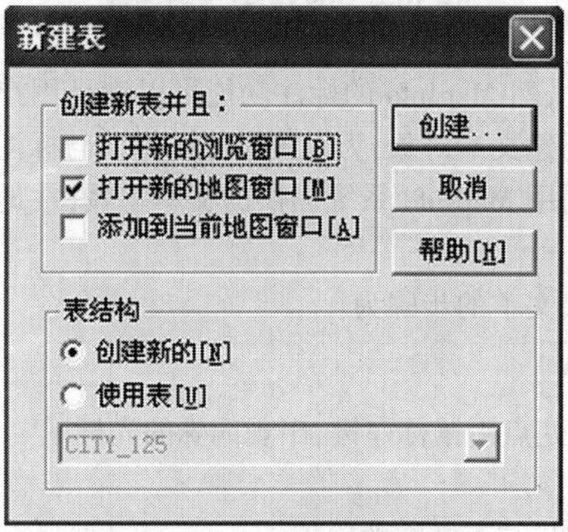

图 10-7　“新建表”对话框

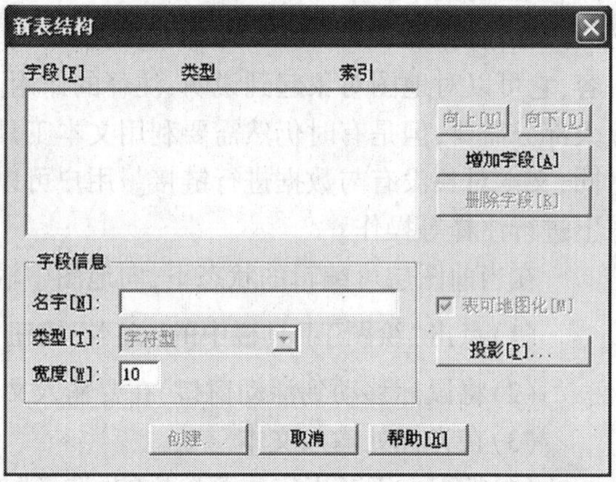

图 10-8　“新表结构”对话框

(4)在“字段信息”选项组中,填写字段信息:名字、类型、宽度,并设定该字段是否被索引。

(5)点击“创建”按钮,一个新的记录添加在列表框中,一个字段被创建完成。

(6)点击“增加字段”按钮,创建第二个字段的信息。

(7)点击“向上”“向下”按钮,调整字段在列表框中的顺序。

(8)如果想删除某个字段,可以选中要删除的字段,然后点击“删除字段”按钮。

1.2　修改表结构

MapInfo 表建立以后,用户可以根据自己的需要修改表的结构。可以增加、删除字段,改变字段的顺序、名称、类型、宽度及索引,在对话框中设定或改变表的投影等,具体操作步骤为：

(1)打开需要修改结构的表。

(2)点击“表>维护>表结构”菜单，打开“修改表结构”对话框。

(3)表中所有的字段都显示在对话框中，可以对这些字段进行各种操作，如字段的重排序、增加、删除、重命名、增加或删除索引等操作。

(4)修改操作完成后，点击“确定”按钮，关闭“修改表结构”对话框。

1.3 保存表

表在创建或者修改完毕以后，都需要保存。保存的操作步骤如下：

(1)点击“文件>保存表”命令，弹出“保存表”对话框；

(2)在“保存表”对话框中选择需要保存的表名，然后点击“保存”按钮。

1.4 关闭表

如果用户想关闭窗口中的一个表或所有表，可以执行下面的操作：

(1)点击“文件>关闭表”命令，打开“关闭表”对话框；

(2)在对话框中选择一个要关闭的表；

(3)点击“关闭”按钮，所选的表被关闭；

(4)点击“文件>全部关闭”命令，关闭所有打开的表。

如果被关闭的表处于当前编辑状态，关闭以前系统会提示用户是否保存。

1.5 删除表

MapInfo 允许删除 *.tab 文件和所有与该表相关联的组成文件，操作步骤如下：

(1)打开需要删除的表；

(2)点击“表>维护>删除表”命令，打开“删除表”对话框；

(3)在“删除表”对话框中选中需要删除的表，点击“删除”按钮；

(4)打开信息提示对话框，询问用户是否将表永久删除，点击“确定”按钮，将选中的表删除。

1.6 删除表中的图形对象

在实际操作中，用户经常遇到删除地图对象的情况。有时候用户须删除地图窗口中的图形对象，而保留表中的数据；有时候须将图形对象连同数据表中的数据一起删掉。删除表中的图形对象，需要执行下面的步骤。

(1)将包含删除对象的图层设置成可编辑；

(2)选择一个或多个对象，按 Shift 键选择多个对象；

(3)点击“编辑>只清除地图对象”命令，清除所选地图对象而保留其数据表中的数据；

(4)点击“编辑>清除”命令，清除所选地图对象及它们在数据表中所对应的数据。

1.7 重命名表

表在创建时，已经为表确定了名字。如果想改变表的名字，需按照以下步骤操作：

(1)打开需要重新命名的表；

(2)点击“表>维护>重命名表”命令，打开“重命名表”对话框；

(3)在“重命名表”对话框中选择需要重命名的表，点击“重命名”按钮；

(4)打开“重命名表”对话框,在“文件名”下拉框中,输入新的文件名称,在“保存类型”下拉框中选择保存的文件类型;

(5)点击“保存”按钮,完成表的重命名。

1.8　转出表

在 GIS 中,经常遇到数据格式之间的转换操作,这样有利于各种 GIS 软件共享数据。MapInfo 系统也可以将数据表转换成多种数据格式,如 ASCII、DXF、MIF、DBF 等,下面就以 ASCII 为例,介绍 MapInfo 的表数据转出的方法。

(1)点击“表>转出”命令,打开“转出表”对话框;

(2)在对话框中选择一个转出的数据表,点击“转出”按钮;

(3)打开“转出表到文件”对话框;

(4)在“文件名”下拉框中,输入新文件名,在“文件类型”下拉框中选择转出的文件类型 ASCII(或者 DXF、MIF、DBF 等其他类型);

(5)点击“保存”按钮,完成将 MapInfo 的表文件转换成 ASCII 文件的操作。

2　MapInfo 表编辑

建立了一个表,且具备了图形信息(如点、线、面)以后,这些图形对象就隐含于表中了。利用 MapInfo 工具,就可以向表中输入属性数据,选择、查看、删除图形对象及表中的数据。

2.1　使用信息工具输入、查询、修改表中数据

信息工具是 MapInfo 信息输入、查询、修改的重要工具。通过信息工具可以将数据信息输入到相应的数据表中,同时利用信息工具也可以查看、修改地图对象包含的空间、属性等数据信息。

在地图图层可以编辑的环境下,操作步骤为:

(1)点击“主”工具栏中的信息按钮 ,将鼠标移动到地图窗口,鼠标变为十字形状。

(2)用鼠标点击需要输入“信息”的图形对象,弹出“信息工具”对话框(一)(如图 10-9 所示)。对话框中列出了点击鼠标处存在的图层,选择图形对象所在的图层,点击鼠标左键,打开如图 10-10 所示的“信息工具”对话框(二)。

(3)在“信息工具”对话框中,列出了地图对应的表所包含的字段,在字段后输入图形对象的信息。

(4)一个图形对象的信息输入完毕后,再次点击另一个要输入信息的图形对象,继续输入图形对象的信息。

利用信息工具,可以依照上述的操作,查看、修改与图形对象相关联的信息数据。

2.2　在浏览窗口添加、修改信息

在 MapInfo 浏览窗口中,列出了地图窗口中所有与图形对象相对应的表格数据。如果用户想统一查看、添加或修改窗口中图形对象的所有信息,可以利用 MapInfo 的浏览窗口实现。

(1)打开需要编辑的表;

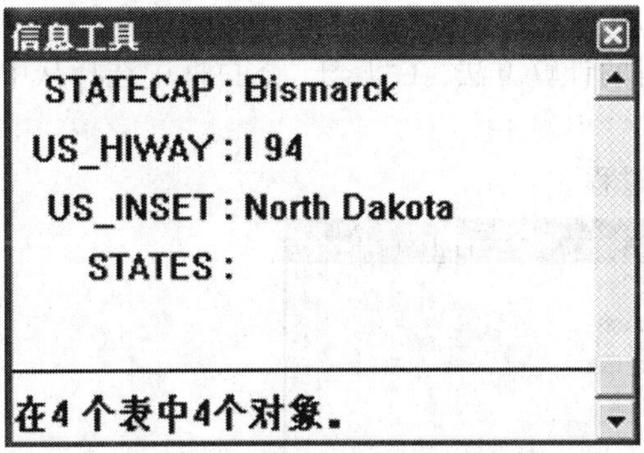

图 10-9　“信息工具”对话框(一)

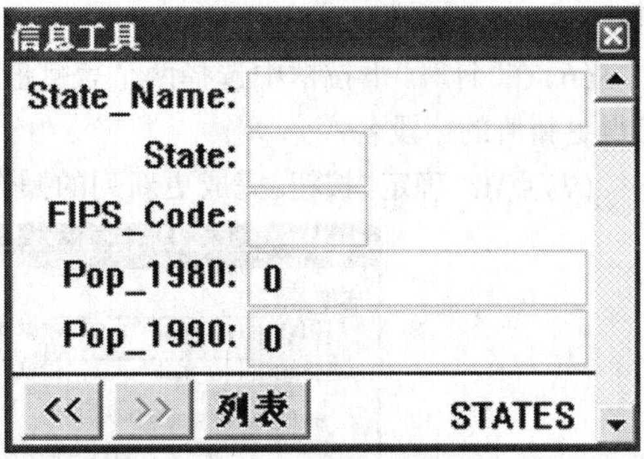

图 10-10　“信息工具”对话框(二)

(2)点击“窗口>新建浏览窗口”命令,打开“浏览表”对话框,在该对话框中,选择想要打开的表,点击“确定”按钮;

(3)打开浏览窗口,将鼠标移动到要修改的记录中点击,即可直接修改;

(4)点击鼠标右键,在打开的快捷菜单中选择“新建行”命令,在浏览窗口末尾添加一条空记录,用户可以在空记录中添加数据;

(5)如果想在浏览窗口删除记录,将鼠标移到需要删除记录的最左端的方格处点击,方格被选中而变黑,按 Delete 键,选中记录被删除,按住 Shift 键,可以选择多个记录。

2.3　利用“更新列”更新数据表

利用“更新列”命令,可以给列赋值、使用其他表中的数据增加新列、在列之间移动数据、向描述性数据的列中输入图形信息,因此在表操作中很重要。

更新列的操作步骤如下:

(1)打开至少两张表,并设置要更新的表为可编辑;

(2)点击“表>更新列”命令,打开“更新列”对话框,如图 10-11 所示;

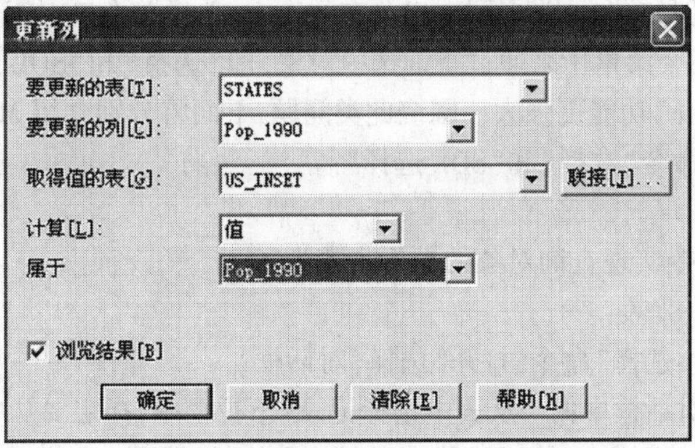

图 10-11　“更新列”对话框

(3)在“要更新的表”下拉框中选择要更新的表名,此时,在“要更新的列”下拉框中列出了选中表所包含的所有列,选择要更新的列名;

(4)在“取得值的表”下拉框中选择包含更新列的表;

(5)点击“联接”按钮,打开“指定联接”对话框,指定两张表的匹配字段,如图 10-12

所示;

(6)在“计算”下拉框中选择两个表赋值时的计算方法,在“属于”下拉框中选择从中获得更新值的字段名;

(7)点击“确定”按钮,完成更新列的操作过程。

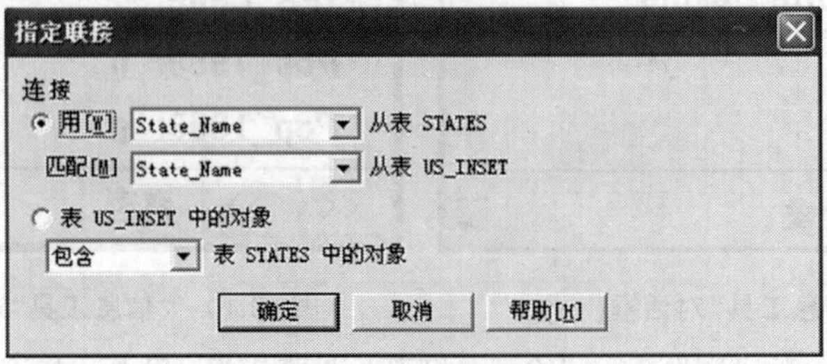

图 10-12 “指定联接”对话框

第4节 MapInfo空间查询与分析操作

MapInfo 为用户提供了空间查询与分析功能。MapInfo 的选择与查询功能,能按照特定的条件选择对象和记录,并突出地在地图或浏览窗口显示符合条件的对象,而查询、选择的结果也为分析操作提供了便利。本节将着重介绍 MapInfo 的空间查询与地理分析功能。

1 MapInfo 空间查询

MapInfo 的主工具条提供了 5 个选择工具,即选择、矩形选择、半径选择、多边形选择、边界选择。用它们在窗口中选择对象虽然很方便、直观,但是对于一些复杂的选择,这些工具就无法实现。例如,在一张全国人口分布的表中,选择总人口大于 1 000 万的省份。

MapInfo 提供两个菜单用来通过查询选中对象,即“选择”和“SQL 选择”。“选择”简便易行,而“SQL 选择”功能更强大。围绕此类问题,下面将分别介绍 MapInfo 所提供的两个功能强大的查询命令“选择”和“SQL 选择”。

1.1 选择查询

使用“选择”命令实现查询对象的操作步骤为:

(1)打开至少一张表;

(2)选择“查询>选择”命令,打开“选择”对话框;

(3)在“选择”对话框中的“从表中选择记录”下拉框中,指定要从中选择记录的表;

(4)在“满足条件”框中,输入查询表达式,或点击“辅助”按钮,打开“表达式”对话框,在“表达式”对话框中编辑查询条件表达式;

(5)在“保存结果与表”文本框中,输入一个临时表名,用以存储查询结果;

(6)选择“结果排序按列”下拉框,将查询结果按照所选列的值进行排列,此项为可选项,不选则查询结果无排序;

(7)点击“确定”按钮,执行选择查询。

完成“查询”操作后，满足查询条件的对象在地图窗口中突出显示，并创建了一个临时表，显示在浏览窗口中。

1.2　使用 SQL 选择查询

“选择”生成的查询表中，记录完全依赖于基表，在该生成的查询表中，只是将基表中选择的记录排在一起，而不会产生新的记录。而“SQL 选择”命令，用户可以利用基表中的记录由表达式创建出新的信息，也可以将一张或多张表进行合并、聚合等运算，只显示用户感兴趣的行或列，因此它的查询功能更强大。

进行“SQL 选择”通常的操作步骤如下：

(1)打开至少一张表，被执行查询操作的表称为基表；

(2)选择“查询>SQL 选择”命令，打开“SQL 选择”对话框，如图 10-13 所示。

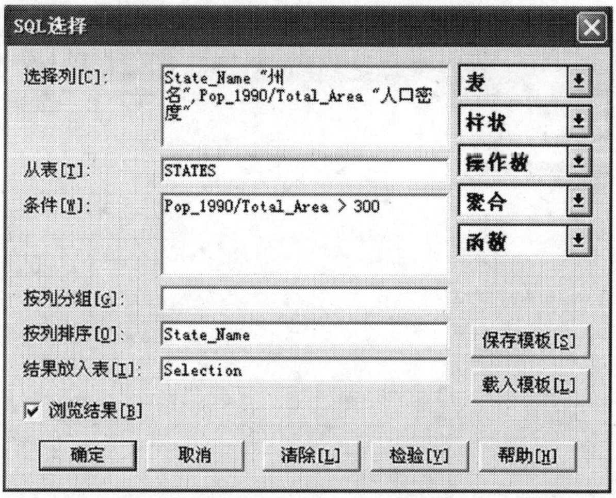

图 10-13　“SQL 选择”对话框

图中各选项主要包括：

①选择列[C]：说明查询结果表中包含有哪几列。缺省值为 * 号，表示查询结果表中包含基表中的每一列。若要结果表中显示某些列，可在此栏键入列名，列名间用逗号分开。

②从表[T]：该栏目告诉 MapInfo 查询哪张或哪几张表。至少输入一个表名，若要查询多个表，表名间应用逗号分开。

③条件[W]：根据不同的查询性质，该栏的用途也不同。当要查询单个表时，该栏为可选，若在此栏输入一个条件表达式来过滤表，将可看到那些满足条件的记录。如果查询涉及两个或多个表，则必须在此栏中设定条件表达式。在表达式中须指出 MapInfo 将如何连接这些表。

④按列分组[G]：当此栏指定值时，MapInfo 可以查询指定列以找出该列中哪些行的值相同。因此，此栏在对数据分类汇总或求聚合信息等方面非常有用。

⑤按列排序[O]：在对话框中使用此栏，可将结果表的记录排序。

⑥结果放入表[I]：该栏用于设置结果表的名称。缺省时，结果表被命名为 Selection。值得注意的是，该表始终是一个临时表，只有通过“另存为”命令才能将其保存为一个普

通表。

(3) 鼠标在“从表”框中点击,然后点击窗口右侧的“表”下拉框,选择一个查询基表。

(4) 在“选择列”框中输入查询结果表中要显示的字段名称。

(5) 在“条件”框中,可以借助对话框中右侧的列、运算符、聚合、函数等下拉框,编辑查询条件表达式。

(6) 在“按列分组”框中,输入一个或多个列名。

(7) 在“按列排序”框中,输入一个列名,MapInfo 将对结果表进行排序。

(8) 点击 “确定”按钮,执行 SQL 选择查询。

完成“查询”操作后,满足查询条件的对象在地图窗口中突出显示,并在浏览窗口创建了一个临时表,如图 10-14 所示。

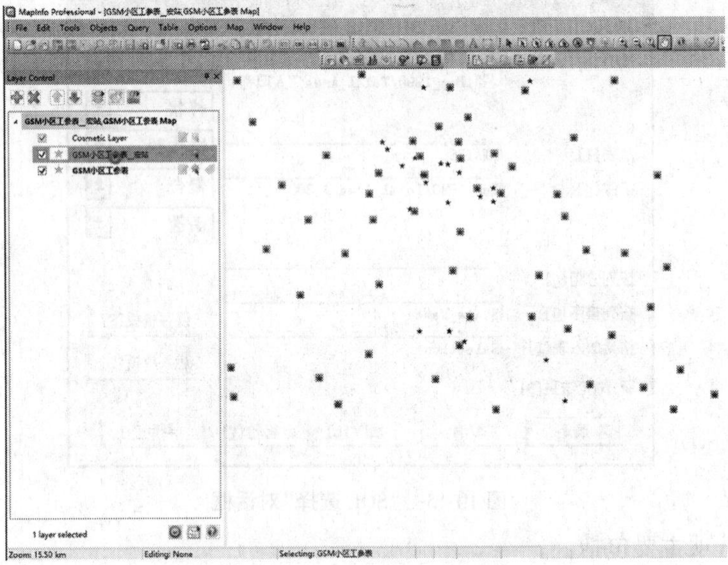

图 10-14 SQL 选择查询结果

2 MapInfo 地理分析

作为一种已经被广泛使用的 GIS 软件,MapInfo 具有较强的数据分析功能,用户可以使用 MapInfo 提供的分析工具,完成如设置目标、清除目标、对象分割、对象合并、对象擦除、叠压节点、缓冲区分析等操作,实现地理分析。

2.1 设置目标

设置目标的操作简单,但它是很多分析操作的前提,把地图对象设置为目标的操作过程为:

(1) 设置要编辑的对象所在的图层为可编辑;

(2) 选择要成为编辑目标的对象;

(3) 点击“对象>设置目标”命令,或点击鼠标右键,在快捷菜单中点击“编辑对象>设置目标”命令,所选的地图对象被设置为目标,如图 10-15 所示。

2.2　清除目标

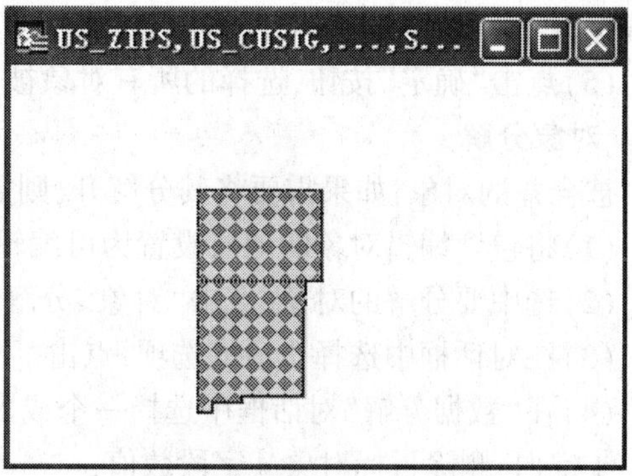

图 10-15　设置目标对象

清除目标是设置目标的反向过程。对象被设置成目标对象后,如果用户想撤销此项操作,可以清除目标,操作如下:

点击“对象>清除目标”命令,或点击鼠标右键,在快捷菜单中点击“编辑对象>清除目标”命令,目标对象被清除。

2.3　对象合并

合并功能可以将多个单独的地图对象合并成一个对象,因此在实际操作中经常用到。例如,大陆区周围有很多小岛,在绘制这个区域的时候,往往需要利用合并功能将这些小区域合并到大区域中,并且合并后仍然可以保持大区域的名字。对象的合并操作步骤如下:

(1)将要操作的图层设置成可编辑,并选择一个需要合并的对象。

(2)点击“对象>设置目标”命令,所选目标被突出显示。

(3)在地图窗口中选择一个或多个其他对象。

(4)选择“对象>合并”菜单,打开“数据聚合”对话框,如图 10-16 所示。设置“聚合方法”选项组如下:

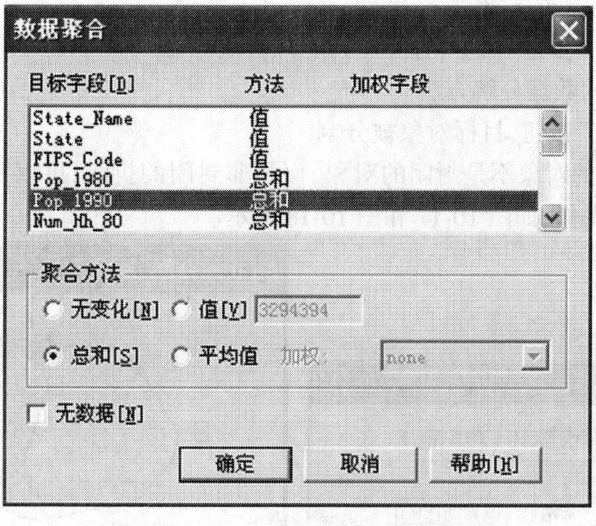

图 10-16　“数据聚合”对话框

①无变化:保持目标对象的值为新对象的值;

②值:为新对象的字段设置一个特定值;

③总和:对所有被合并对象的字段值求和,将总和赋为新对象的字段值;

④平均值:计算所有被合并对象字段值的平均值;

⑤加权:在下拉列表中选择某列作加权平均;

⑥无数据:在合并对象过程中,如果设定了目标,选中该复选框可使目标对象的所有

列值保持不变,如果没有设定目标,选中此复选框可使新行所有列存储为空白值。

(5)点击“确定”按钮,选择的所有对象被合并成一个新的对象。

2.4 对象分解

被合并的对象,如果需要将其分解开,则需要进行对象分解操作,具体步骤如下:

(1)将包含编辑对象的图层设置为可编辑。

(2)选中要分解的对象,点击“对象>分解”命令,打开“分解对象”对话框。

(3)在对话框中选择合适的选项,点击“下一步”,打开“数据分解”对话框。

(4)在“数据分解”对话框中选择一个或多个字段,选择分解方法。

①空白:删除目标对象某字段数值;

②值:为新对象的字段设置一个特定值;

③面积比率:将目标对象的数值根据新对象的面积按比例分解到各个新对象中。

(5)点击“确定”按钮,选定的对象被分解。

2.5 对象分割

对象分割功能可以将其他对象作为切割器,将目标对象分割成多个小对象,如可以将一个大区域分割成多个小区域。对象的分割操作如下:

(1)将包含编辑对象的图层设置为可编辑。

(2)选中要成为分割目标的对象,点击“对象>设置对象”命令,所选目标被突出显示。

(3)创建或选择一个或多个对象作为切割对象,这些对象应该是封闭的。

(4)选择用作切割的对象。

(5)点击“对象>分割”命令,打开“数据分解”对话框。

(6)选择合适的数据分解方法。

(7)点击“确定”按钮,目标对象被分割。

如果用作分割的对象不是封闭的对象,而是非封闭的折线,可以利用“对象>折线分割”命令完成分割操作,如图10-17和图10-18所示。

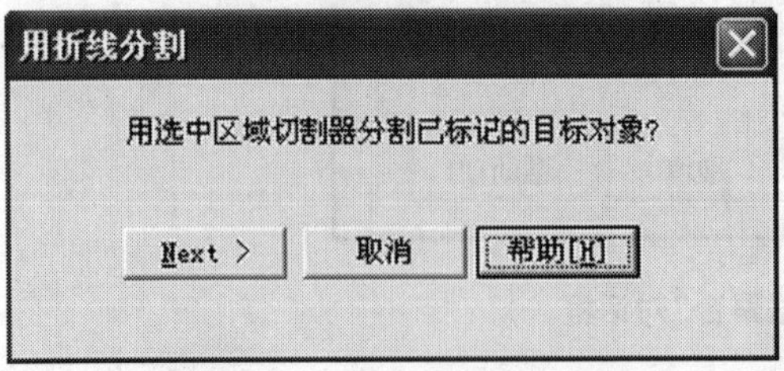

图10-17 “用折线分割”对话框

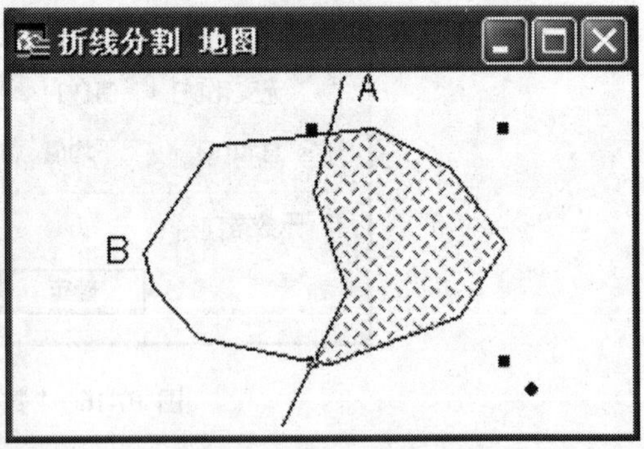

图10-18 折线A分割区域B

2.6 对象擦除

利用MapInfo的对象擦除功能可以擦除图形对象。应用擦除功能删除目标对象的一部分时有两种选择:使用“对象>擦除”命令可以擦除目标对象被切割对象覆盖的那部分,也可以使用“对象>擦除外部”命令将目标对象未被切割对象覆盖的那一部分擦除。“擦除”命令可以擦除区域和线对象,但不能擦除点或文本对象。

擦除对象的操作步骤如下:

(1)将包含编辑对象的图层设置为可编辑。

(2)选中要编辑的对象,点击“对象>设置对象”命令,所选目标被突出显示。

(3)创建或选择一个擦除对象,擦除对象需要闭合。

(4)选择“对象>擦除”菜单命令,打开“数据分解”对话框,选择分解方法。

(5)点击“确定”按钮,擦除对象所覆盖的部分被擦除。

如果想擦除目标对象中除切割对象所处位置外的部分,应该使用“对象>擦除外部”命令,执行的结果如图 10-19 和图 10-20 所示。

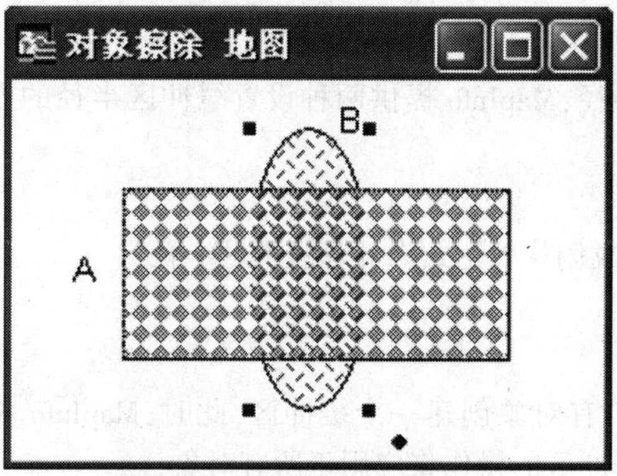

图 10-19 对象 A 被设置成目标

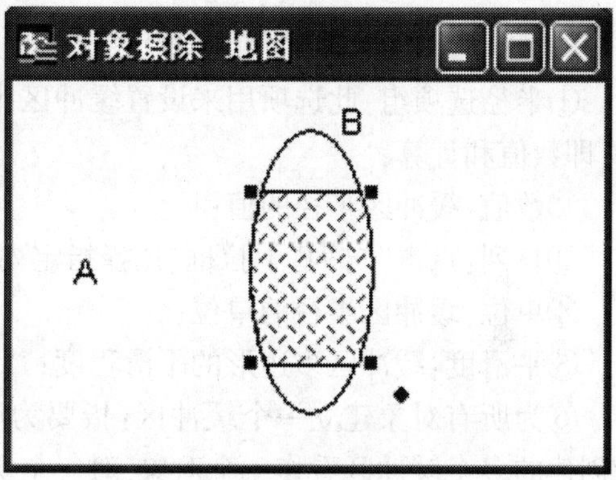

图 10-20 对象 A 被擦除

2.7 叠压节点

叠压节点命令允许在目标对象与切割对象的交叉处为目标对象增加节点。例如,在地图上增加新街道,新、旧街道交叉时,就可使用叠压节点命令在新街道上增加节点。叠压节点的操作步骤为:

(1)设置包含编辑对象的图层为可编辑。

(2)选中要增加节点的对象,点击“对象>设置对象”命令,所选目标被突出显示,如图 10-21 所示。

(3)在窗口的任意图层选择一个或多个与目标对象相交的对象作为切割对象。

(4)点击“对象>叠压节点”命令,在切割对象与目标对象相交处,为目标对象添加节点,如图 10-22 所示。

2.8 缓冲区分析

缓冲区是指离对象一定距离内的所有区域。例如,要统计某学校周围 5 km 范围内的所有学龄前儿童,或调查某大型超市的服务区状况等,都需要建立缓冲区。用户可以为点、线、区域创建缓冲区。

为了创建一个缓冲区,操作步骤为:

(1)将包含要创建缓冲区对象的图层设置为可编辑。

(2)选中要创建缓冲区的对象,点击“对象>缓冲区”命令,打开“缓冲区对象”对话框,设置对话框中各选项。

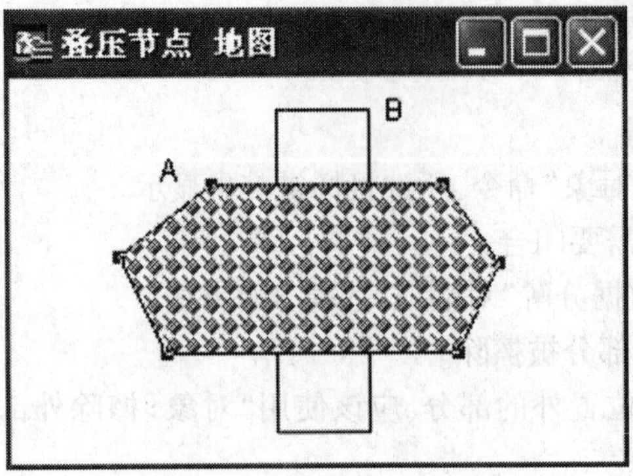

图 10-21 对象 A 被设置成目标

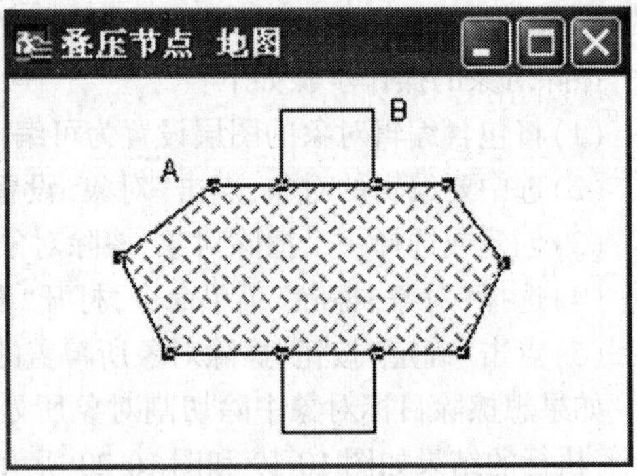

图 10-22 对象 A 的节点增加

①半径选项组:此选项用来设置缓冲区半径,MapInfo 提供两种设置缓冲区半径的方法,即数值和计算;

②数值:缓冲区半径的值;

③自列:点击“自列”下拉框,选择指定列或创建表达式来计算缓冲区半径;

④单位:缓冲区半径的单位;

⑤平滑度:缓冲区多边形的平滑程度;

⑥为所有对象建立一个缓冲区:指要为所有对象创建一个缓冲区,此时,MapInfo 将所创建的多个缓冲区看作一个对象,对一个缓冲区的操作将应用于所有对象;

⑦为每个对象各建立一个缓冲区:为每一个对象创建一个单独的缓冲区;

⑧缓冲区宽度距离使用选项组:此选项组提供了两种计算缓冲区宽度的方法,即球面坐标——计算大圆距离,笛卡儿坐标——计算笛卡儿坐标距离(平面距离)。

(3)设置好对话框中的选项,点击“下一步”按钮,打开“数据聚合”对话框。

(4)设置“数据聚合”对话框,点击“确定”按钮,窗口中出现缓冲区图形,如图 10-23 和图 10-24 所示。

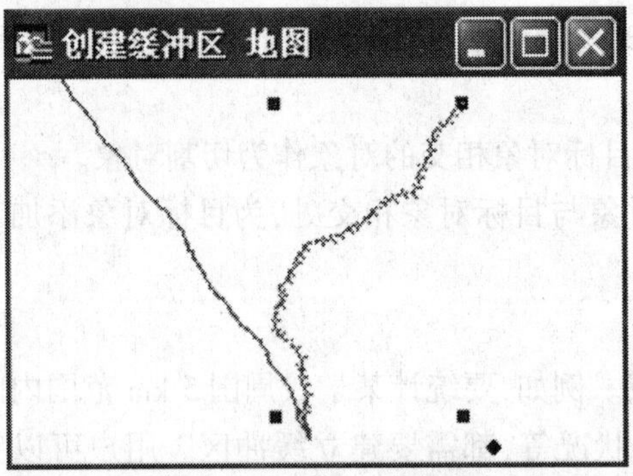

图 10-23 选定创建缓冲区对象

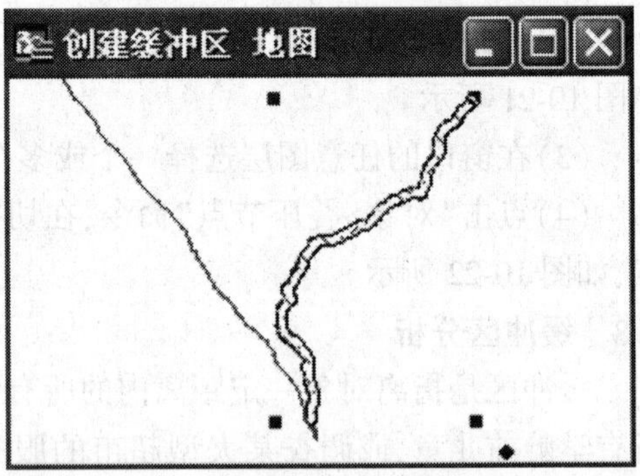

图 10-24 生成缓冲区

第 5 节 MapInfo 地图制图与输出

地图绘制完成后,用户有时需要将其输出。本节将介绍专题地图的制作、地图图例的生成及地图的布局排版与打印输出等操作。

1 制作专题地图

专题地图是 MapInfo 用于分析和表现数据的一个强有力的形式,用户利用专题地图,将数据图形化,使数据以更直观的形式在地图上表现出来。

MapInfo 提供了 7 种不同的专题地图制作类型,包括范围值图、直方图、饼图、等级符号图、点密度图、独立值图和网格图。用户可以根据实际需要制作不同类型的专题地图。

本节以创建范围值专题地图为例,介绍专题地图的建立过程。

(1)点击“文件>打开表”命令,选择需要打开的地图表;

(2)点击“地图>创建专题地图”命令,打开“创建专题地图—步骤 1/3”对话框;

(3)在“类”选项组中选择专题地图类型,在“模板”列表框中选择模板;

(4)点击“下一步”按钮,打开“创建专题地图—步骤 2/3”对话框,如图 10-25 所示;

图 10-25 “创建专题地图—步骤 2/3”对话框

(5)选择创建专题地图所需的表和字段(或表达式);

(6)点击“下一步”按钮,打开“创建专题地图—步骤 3/3”对话框,在此对话框中定义符号样式及图例;

(7)点击“确定”按钮,完成等级符号专题地图的创建,如图 10-26 所示。

2 生成地图图例

图例是使地图便于识别的重要要素,扩展了 MapInfo 的显示功能。在 MapInfo 中可以创建两种图例:专题图例和制图图例。专题图例是创建专题地图时系统自动生成的,制图图例可在地图窗口中创建应用于任何图层的图例。

2.1 创建地图图例

创建地图图例的步骤如下:

(1)点击“地图>创建图例”命令,打开“创建图例—步骤 1/3”对话框。

(2)通过“增加”和“删除”按钮,在“图例框”对话框中确定要在图例中使用的图层。

(3)点击“下一步”,打开“创建图例—步骤 2/3”对话框。

(4)指定图例属性和图例框缺省值,点击“完成”或点击“下一步”。点击 “完成”,完

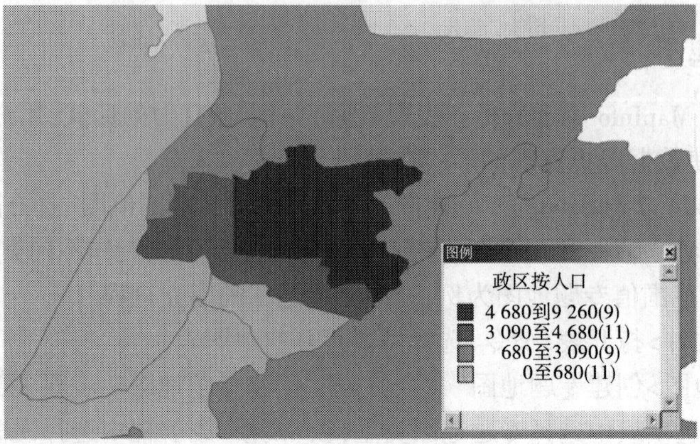

图 10-26　范围值专题地图

成图例设置并显现。点击“下一步”,打开“创建图例—步骤 3/3”对话框。

(5)在“创建图例—步骤 3/3”对话框中,分别设置每个图例框的属性。

(6)点击“完成”,完成每个图例框的设置,显示图例。

2.2　修改地图图例

如果想修改地图图例,可以使用“图例窗口属性”对话框完成,步骤如下:

(1)激活图例窗口;

(2)点击“图例>属性”命令,打开“图例框属性”对话框;

(3)在对话框中修改图例属性。

3　地图的布局排版与打印输出

3.1　布局窗口操作

创建了完整的地图以后,MapInfo 提供了一个布局窗口用来创建和自定义一个页面布局。在布局窗口中,地图窗口、浏览窗口、图例窗口的显示状况及打印输出都得到了明显改善。

3.1.1　创建布局窗口

创建布局窗口的操作如下:

(1)选择“窗口>新建布局窗口”菜单,打开“新建布局窗口”对话框;

(2)选择“一个窗口的框架”选项,点击“确定”按钮,MapInfo 将打开并显示布局,如图 10-27 所示。

3.1.2　设置布局窗口

布局窗口创建完成以后,可以通过 MapInfo 提供的工具对布局窗口进行各种设置,使布局窗口更完美。当布局窗口处于激活状态的情况下,MapInfo 的菜单栏上会增加一个“布局”菜单,通过此菜单,就可以完成对布局窗口的设置。

3.1.2.1　在框架中显示窗口

用户可以自己定义窗口在布局框架中的显示方式,操作步骤如下所述。

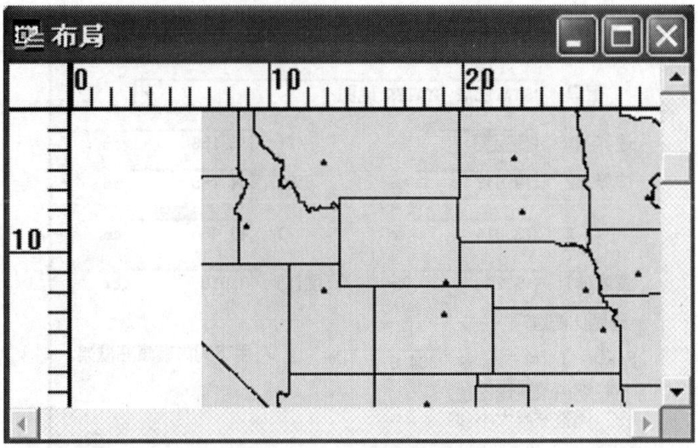

图 10-27 布局窗口

(1)点击“布局>选项”命令,打开“布局显示选项”对话框。

(2)在“显示框架内容”选项组中,各选项的意义如下:

总是:总是显示框架的内容,甚至当它未被激活的时候也显示。

仅当布局窗口被激活时:仅当布局窗口被激活时才显示框架的内容。

从不:不显示框架中的内容,只显示框架中窗口的标题。

(3)选择一个选项,点击“确定”按钮,打开布局窗口。

3.1.2.2 给布局添加文字

如果用户希望为布局加上标题说明或为布局中对象添加标注时,可以使用绘图工具中的文字工具。

如果需要改变输入文本的样式,选中该文本,点击“选项>文本样式”命令,在“文本样式”对话框中设置文本的字体、大小、颜色、背景及显示效果。

3.1.2.3 创建阴影

如果用户想在布局对象的周围创建阴影以产生三维效果,先选中需要创建阴影的对象,再选择“布局>创建阴影”菜单,在“创建阴影”对话框中指定阴影的水平位移、垂直位移。值得注意的是,对象和阴影并非相关,所以在改变对象的大小或位置时,阴影并不改变。

3.1.2.4 添加框架

如果用户想在布局窗口中绘制一个框架,需要执行以下操作:

(1)激活布局窗口或新建一个布局窗口;

(2)点击“绘图”工具栏中的“框架”按钮,将鼠标移动至布局窗口;

(3)在需要绘制框架的位置,点击鼠标左键并拖动,绘制框架;

(4)松开鼠标,打开“框架对象”对话框,如图 10-28 所示;

(5)在对话框中选择合适的选项,然后点击“确定”按钮,在布局窗口中建立一个框架。

3.2 地图输出

绘制好 MapInfo 地图以后,可以利用 MapInfo 的相关功能打印地图。

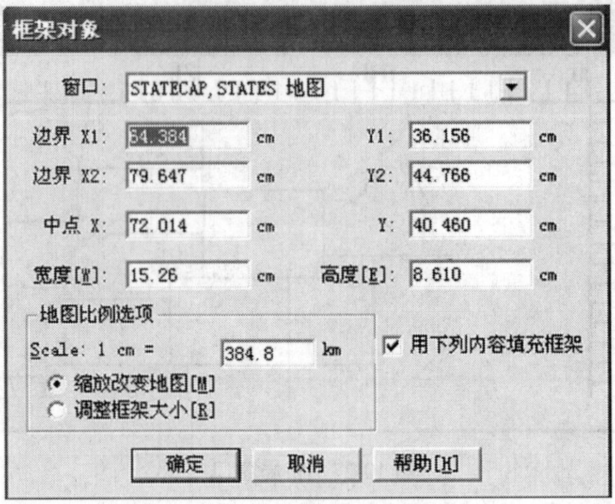

图 10-28　“框架对象”对话框

3.2.1　页面设置

在打印地图以前,应该先检查页面设置是否满足要求。对页面设置的更改将影响布局窗口,因此在打印前要检查一下布局更改以后的效果。点击“文件>页面设置”菜单,在打开的“页面设置”对话框中设置页面的方向(横向或纵向)、页面的边缘及纸张的尺寸及来源等项。

3.2.2　打印地图

准备打印时,用户需要执行以下操作:

(1)选择需要打印的地图窗口。

(2)点击“文件>打印”命令,打开“打印”对话框。

(3)在对话框中设置打印的份数及打印的范围。

(4)点击“高级”按钮,打开“高级打印选项”对话框,确定下列选项:

在“输出方法”选项组中,提供了两种打印方法:①直接打印到设备:MapInfo6.0 之前的版本使用的打印方法;②利用增强的图元文件(EMF)打印:MapInfo6.0 版本及以后的打印方法,生成一个包含打印内容的增强图元文件并发送到打印机。

“打印地图窗口的表框”选项:在输出地图时,打印一个矩形的边框。

“内部处理透明向量填充和符号”选项:如果输出中有透明填充图案或位图时,可以进行特殊的透明处理。

“用 ROP 方法显示透明栅格图像”选项:通过栅格操作对透明像素进行处理,通过此方法,就可以在屏幕上绘制透明或不透明的图像。

“尽量以真彩色打印栅格图像”选项:使用 24 位真彩色打印图像。

“抖动方法”选项:当打印栅格或网格图像时,可以应用这个选项,并在此下拉框中选择一个抖动方法。

(5)完成所有设置,点击“确定”按钮,开始打印地图。

思考题

一、填空题

1. MapInfo 中文版常用工具栏有__________、__________、__________。

2. MapInfo 的表可以分为两类，它们是__________和__________。

3. MapInfo 的“图层控制”对话框中可以设置每一个图层的 4 个属性，它们是__________、__________、__________、__________。

4. MapInfo 的“主”工具栏中提供了 5 种选择工具，它们是__________、__________、__________、__________、__________。

5. MapInfo 提供了 7 种专题地图类型，包括__________、__________、__________、__________、__________、__________和__________。

二、简答题

1. 在 MapInfo 中，支持 MapInfo 直接打开的数据类型有哪些？

2. 简述利用折线分割一个区域对象的步骤。

三、操作题

1. 在 MapInfo 中打开一张矢量地图，为地图创建一张表，表名为“企业信息”，表中包括下面的字段：

企业名称　Char(10)

法人姓名　Char(8)

联系方式　Char(12)

保存表后，将“企业名称”字段长度改为 16，再向表中添加一个字段“注册资金”，类型为整形，长度为 10。

2. 在 MapInfo 中绘制一条折线，然后为该折线创建缓冲区。

3. 使用“选择”和“SQL 选择”命令对已有的表进行查询操作。

参考文献

[1] 邬伦,刘瑜. 地理信息系统原理、方法和应用[M]. 北京:科学出版社,2001.
[2] 黄杏元,汤勤. 地理信息系统概论[M]. 北京:高等教育出版社,2001.
[3] 张成才. GIS 空间分析理论与方法[M]. 武汉:武汉大学出版社,2004.
[4] 张超. 地理信息系统实习教程[M]. 北京:高等教育出版社,2000.
[5] 胡鹏,黄杏元,华一新,等. 地理信息系统教程[M]. 武汉:武汉大学出版社,2002.
[6] 陆守一,唐小明,王国胜,等. 地理信息系统实用教程[M]. 北京:中国林业出版社,2003.
[7] 党安荣,贾海峰,等. ArcGIS 8 Desktop 地理信息系统应用指南[M]. 北京:清华大学出版社,2005.
[8] 汤国安. 地理信息系统教程[M]. 2 版. 北京:科学出版社,2019.
[9] 邬伦. 地理信息系统[M]. 北京:电子工业出版社,2002.
[10] 王家耀. 地图制图学与地理信息工程学科进展与成就[M]. 北京:测绘出版社,2011.
[11] 李建松,唐雪华. 地理信息系统原理[M]. 2 版. 武汉:武汉大学出版社,2014.
[12] 张景雄. 地理信息系统与科学[M]. 武汉:武汉大学出版社,2010.
[13] 国家测绘地理信息局职业技能鉴定指导中心. 测绘综合能力[M]. 北京:测绘出版社,2012.
[14] 李建辉. GIS 技术及应用[M]. 郑州:黄河水利出版社,2023.